ETNOBOTÁNICA MIXTECA

SOCIEDAD, CULTURA
Y RECURSOS NATURALES
EN LA MONTAÑA DE GUERRERO

COLECCIÓN

PRESENCIAS

67

ETNOBOTÁNICA MIXTECA

SOCIEDAD, CULTURA
Y RECURSOS NATURALES
EN LA MONTAÑA DE GUERRERO

ALEJANDRO CASAS
JUAN LUIS VIVEROS
JAVIER CABALLERO

DIRECCIÓN GENERAL DE PUBLICACIONES
DEL CONSEJO NACIONAL PARA
LA CULTURA Y LAS ARTES

INSTITUTO NACIONAL INDIGENISTA

Primera edición en Presencias: 1994

Coedición: Dirección General de Publicaciones del
CONSEJO NACIONAL PARA LA CULTURA Y LAS ARTES/
INSTITUTO NACIONAL INDIGENISTA

ISBN 968-29-6421-0

Impreso y hecho en México

AGRADECIMIENTOS

Numerosas personas e instituciones apoyaron a lo largo de su desarrollo el presente estudio. El Instituto Nacional Indigenista, a través del antropólogo Pedro Valencia, brindó apoyo logístico durante las fases iniciales de la investigación de campo. La Dirección de Desarrollo Rural del estado de Guerrero patrocinó esta investigación durante su fase de trabajo de campo; y el entonces director de esta dependencia, licenciado Álvaro Urreta, no sólo procuró los fondos necesarios sino que siempre alentó su realización.

Estamos en deuda con todos los compañeros del Programa de Aprovechamiento Integral de los Recursos Naturales (PAIR). Todos ellos nos brindaron su valiosa colaboración en el trabajo de campo e hicieron importantes críticas y sugerencias que enriquecieron nuestros estudios. Agradecemos a ellos la oportunidad de compartir la experiencia humana y académica de trabajar con la población de Alcozauca, Guerrero, en un esfuerzo unido para tratar de contribuir al cambio de la situación de extrema pobreza y marginación en la que viven los habitantes de esa parte del país. De manera especial queremos expresar nuestra gratitud a Julia Carabias y Carlos Toledo por su interés en esta investigación y el apoyo que nos dieron para su realización; agradecemos también el tiempo que compartieron en el trabajo, sobre todo en sus primeras fases, quizá las más difíciles.

Cristina Mapes, José Arellano, María del Carmen Vázquez, Alberto Villa, Elia Herrera, Patricia Balvanera y Laura Cortés, todos ellos colegas y amigos del Laboratorio de Etnobotánica del

Jardín Botánico de la UNAM, siguieron siempre muy de cerca nuestro trabajo y sus observaciones fueron muy importantes a lo largo de la investigación. Los maestros en ciencias Víctor Toledo y Miguel Ángel Martínez Alfaro, así como el doctor Robert Bye, hicieron una revisión de las primeras versiones de este manuscrito. No obstante, todos los errores de la presente obra son responsabilidad única de los autores.

A Frida Somohano y Constantino Macías agradecemos su ayuda en la organización de la información. A Alfonso Valiente, Oswaldo Téllez y Lourdes Rico, su importante colaboración en la identificación del material botánico. A Pedro Díaz Maeda y a Jorge Cabrera agradecemos su contribución en el trabajo de campo y en la elaboración de los dibujos que ilustran esta obra. Ricardo María Garibay, Anairamiz Aranguren, María del Carmen Rojas, Raúl López-Vargas y Rafael Obregón nos proporcionaron amablemente sus archivos fotográficos de la Montaña de Guerrero, a ellos toda nuestra gratitud.

La gente de Alcozauca, cálida y solidaria, siempre manifestó su confianza y apoyo hacia "los biólogos". Nuestro sincero agradecimiento a Arturo Martínez, don Lupe Chávez, Rutilio Basurto, don Alberto Ambrosio, don Eugenio Pastor, Alejandro Hernández, Gregorio Ramos, Rufino Hernández, Ricardo y Virginio Diego, doña Macaria, don Juan Milán, Julia Flores, doña Marti, don Cleto Martínez, Felícito Maldonado, Rodolfo Neri, don Filo Manzano, doña Noya, doña Esperancita, don Olivo, y a todas las personas que nos prestaron su valiosa cooperación y con quienes tuvimos la fortuna de convivir en Alcozauca.

ÍNDICE

TERCERA PARTE
ALIMENTACIÓN

APÉNDICES

PREFACIO

El presente estudio surgió como resultado de la vinculación de dos tipos de investigación: el proyecto "Etnobotánica de plantas útiles de México", del Jardín Botánico, Instituto de Biología, UNAM, y el Programa de Aprovechamiento Integral de los Recursos Naturales (PAIR) en la región de la Montaña del estado de Guerrero, impulsado por la Facultad de Ciencias de la UNAM.

El primer proyecto tiene como fin realizar un inventario de la flora útil de México mediante el Banco de Información Etnobotánica sobre Recursos Genéticos (BIERGEN). Asimismo, lleva a cabo estudios etnobotánicos en distintas regiones del país con el fin de ampliar la información actual sobre flora útil, analizar la importancia de los recursos vegetales en la subsistencia campesina tradicional y evaluar las potencialidades que tienen estos recursos en distintas áreas de producción.

Por su parte, el PAIR realiza investigaciones multidisciplinarias dirigidas a generar propuestas para un desarrollo sustentable en áreas rurales marginadas. Pretende desarrollar estrategias óptimas de aprovechamiento de los recursos naturales renovables, como una condición para aumentar y sostener la producción y para mejorar las condiciones de subsistencia de la población local. Este proyecto se encamina enfáticamente en el logro de la autosuficiencia alimentaria tanto a nivel familiar como local y regional.

En ambos casos, el presente estudio contribuyó a reconocer las especies de plantas útiles que existen en el municipio de Alcozauca, Guerrero. Para cada una de tales especies se registraron las condiciones del hábitat en el cual se les encuentra, su distribución y abundancia. Se documentaron, además, aspectos culturales tales como la nomenclatura mixteca, los usos y las formas de manejo que les da la población local. Se evaluó también la importancia que tienen en la subsistencia campesina. Finalmente, se analizaron las potencialidades que como recursos útiles tienen las diferentes especies vegetales a escala comunitaria, regional y nacional.

El presente texto pretende sintetizar y analizar la información generada. Asimismo, integra un conjunto de reflexiones sobre el papel que desempeña este tipo de investigaciones en la detección de recursos genéticos, su conservación y su vinculación con los problemas del desarrollo nacional.

Los temas que se abordan han sido organizados en tres grandes apartados. El primero de ellos reúne un conjunto de información geográfica, ecológica, histórica, socioeconómica y cultural. Tal información se ha considerado de utilidad como marco de referencia del universo social y natural de la región de la Montaña de Guerrero y del municipio de Alcozauca.

En el segundo apartado se presenta un panorama de los sistemas de producción que se practican en el área de estudio, así como el papel que ejercen en la subsistencia campesina. Este tema permite apreciar las formas que adoptan en Alcozauca las interacciones entre la sociedad y la naturaleza, y la manera en que en ellas se integran los recursos vegetales.

En el apartado restante se trata con mayor detalle la relación de las plantas con la alimentación campesina. Una parte se dedica a analizar los recursos vegetales comestibles, los distintos grupos de alimentos que conforman, su valor nutricional, su distribución y abundancia, y su disponibilidad temporal a lo largo del año. En la última parte se estudian los patrones de alimentación y se evalúa la importancia relativa de los distintos grupos de alimentos, tanto para la dieta como para la nutrición. Esta evaluación permite apreciar con mayor claridad el papel que desempeñan las plantas silvestres, arvenses y domesticadas en la alimentación. Finalmente, se discute de manera global la importancia de las plantas en la subsistencia campesina y, con base en la información ecológica y cultural, se analizan las potencialidades de los distintos recursos vegetales para el desarrollo regional.

INTRODUCCIÓN

Por su diversidad natural y cultural, el territorio mexicano es hoy en día uno de los campos más fértiles del mundo para las investigaciones etnobotánicas. Se calcula que en él existen alrededor de 30 000 especies de plantas vasculares,[1] lo que hace del país una de las zonas florísticamente más ricas del planeta.[2] Al mismo tiempo, ha sido el escenario de grandes civilizaciones cuya historia se inició hace más de 10 000 años. Semo estima que a la llegada de los españoles, en el actual territorio de México se hablaban alrededor de 80 lenguas indígenas, y aún en el presente subsisten más de 50.[3] Esta enorme historia cultural significa para los etnobotánicos una larga y diversa historia de interacciones hombre-plantas, en la cual los conocimientos que de las plantas desarrollaron los antiguos cazadores-recolectores y los primeros domesticadores mesoamericanos fueron incorporados generación tras generación a la cultura y, al paso de los siglos y milenios, conformaron la vasta sabiduría botánica que en la actualidad poseen los pueblos indios de México.

A lo largo de tal proceso, las culturas indígenas del país han logrado domesticar total o parcialmente cerca de 100 especies de plantas y han incorporado más de 5 000 especies vegetales silves-

[1] V. M. Toledo M., "La diversidad biológica de México", en *Ciencia y Desarrollo*, núm. 81, vol. XIV, 1988, pp. 17-30.

[2] J. Rzedowski, *Vegetación de México*, México, Limusa, 1978.

[3] E. Semo, *Historia del capitalismo en México. Los orígenes, 1521-1763*, México, ERA, 1978.

tres para resolver sus diferentes problemas de subsistencia.[4] Esto significa que en México la biodiversidad y la historia cultural han tenido una conjugación excepcional, lo cual permite que el territorio nacional albergue actualmente más de 10 por ciento de la flora útil del mundo, calculada en aproximadamente 50 000 especies.[5]

Una de las principales tareas de la etnobotánica en México es su contribución para descubrir tan inmensa cultura diseminada en sus regiones y pueblos, transmitirla al resto de la sociedad y reconocer esta herencia de la cultura nacional como un patrimonio valioso para resolver los grandes problemas actuales del país. Ello quiere decir que los estudios etnobotánicos pueden proporcionar información sobre la diversidad de recursos vegetales disponibles en el territorio nacional, los cuales constituyen un reservorio de opciones con un incalculable valor para distintas esferas de la producción.

La etnobotánica también puede aportar información sobre las tecnologías indígenas para usar y manejar los recursos vegetales. Como estas tecnologías son resultado de ensayos empíricos de prueba y error a lo largo de miles de años, constituyen un elemento muy valioso para lograr un uso y manejo eficiente y sostenido de los recursos naturales. Al respecto, varios autores coinciden en que las comunidades campesinas de México no sólo presentan las formas productivas menos perjudiciales al ambiente, sino que además constituyen una garantía para preservar *in situ* la gran diversidad genética de plantas útiles puesta en peligro por la agricultura especializada moderna.[6]

La región de la Montaña de Guerrero es una de las zonas de mayor marginación socioeconómica en México; sin embargo, es depositaria de una considerable riqueza cultural autóctona, generada por los grupos mixtecos, nahuas y tlapanecos que la han habitado desde hace cientos de años. Existe también una consi-

[4] N. J. Caballero, "Recursos comestibles potenciales", en T. T. Reyna (ed.), *Seminario sobre la alimentación en México*, México, Instituto de Geografía, UNAM, 1984, pp. 114-125.

[5] D. M. Bates, "Plant Utilization: Patterns and Prospects", en *Economic Botany*, núm. 39, vol. 3, 1985, pp. 241-265.

[6] V. M. Toledo M., *op. cit.*

derable riqueza de recursos vegetales poco conocidos y económicamente subestimados. Desde este punto de vista, la Montaña de Guerrero es una región que puede proporcionar valiosos conocimientos sobre el uso y manejo de los recursos naturales, aplicables a nivel local, como base para resolver los problemas actuales de deterioro ambiental y baja productividad, y además para lograr un nuevo desarrollo fundado en el principio de la sustentabilidad. Estos conocimientos también pueden ser aplicables a otras regiones del país que han sufrido procesos similares de marginación en los programas de desarrollo. Asimismo, se considera que el entrelazamiento de este conocimiento tradicional con el conocimiento científico y tecnológico moderno puede resultar clave para el desarrollo de nuevas y mejores estrategias de aprovechamiento de los recursos naturales.

El presente estudio se realizó en cuatro comunidades indígenas mixtecas del municipio de Alcozauca, Guerrero. Su objetivo es presentar un inventario de los recursos vegetales utilizados por la población local para satisfacer sus necesidades de subsistencia; caracterizar los aspectos ecológicos y biológicos de tales recursos; así como el conocimiento tradicional en torno a las formas de uso y manejo de los recursos en el contexto económico, social y cultural de la región. De manera más específica, se discute la importancia de los recursos silvestres y semicultivados en el patrón alimentario de la población, su valor nutricional y su disponibilidad espacial y temporal. Tomando como base estos criterios, se hace un recuento de aquellas especies altamente significativas que pueden desarrollarse potencialmente como recursos a nivel regional y nacional.

En cada una de las comunidades estudiadas se realizaron entrevistas a familias de distintas condiciones socioeconómicas y culturales, con el fin de identificar las diferentes tácticas para la apropiación de los recursos naturales. Esta información se complementó con observaciones directas realizadas durante la convivencia con los pobladores a lo largo de dos años de trabajo de campo.

Se hizo un inventario de las plantas utilizadas en las diferentes prácticas de subsistencia. Para ello se realizaron colectas botánicas en comunidades vegetales primarias y secundarias, así como en los campos de cultivo y mercados. Durante estas colectas se contó con la participación de campesinos mixtecos. Se trabajó con un grupo permanente de 28 campesinos, aunque se hicieron también reuniones amplias con otras personas, las cuales aportaron información complementaria sobre las plantas colectadas. La observación directa durante la convivencia permitió precisar y cotejar los datos.

Los especímenes herborizados y en *espíritu* (fijados en alcohol) se encuentran depositados en el Herbario Nacional del Instituto de Biología, UNAM (MEXU) y en el Laboratorio de Etnobotánica del Jardín Botánico de la UNAM.

Se realizó una evaluación de la distribución y abundancia de las plantas arvenses con base en muestreos cuantitativos en campos de cultivo, procurando representar las diferentes condiciones tecnológicas y ambientales. Asimismo, se hicieron observaciones cualitativas en las distintas unidades de vegetación para evaluar los parámetros arriba mencionados en el caso de las especies silvestres.

Para la caracterización de la dieta campesina se evaluó el consumo de nutrimentos diario per cápita con base en la cantidad de los alimentos consumidos, usando tablas de valor nutricional.[7] Del total de las plantas comestibles identificadas, se eligieron aquéllas con mayor importancia como recurso para la población local, con el fin de determinar su valor nutritivo. Estos estudios se efectuaron con la colaboración de la División de Nutrición del Instituto Nacional de Nutrición.

Se evaluó también la disponibilidad temporal de los recursos vegetales comestibles con base en la información proporcionada por los campesinos sobre épocas de floración, fructificación y pérdida de follaje de las distintas especies, así como los periodos en los cuales éstos son consumidos. Esta información se cotejó en el campo mediante observaciones directas y colectas botánicas realizadas en distintas épocas del año.

[7] M. Hernández *et al.*, *Valor nutritivo de los alimentos mexicanos. Tablas de uso práctico*, México, pub. L-12, División de Nutrición, INN, 1983.

PRIMERA PARTE

EL MEDIO NATURAL Y SOCIAL

I. EL MEDIO NATURAL

INTRODUCCIÓN

La zona conocida como región de la Montaña de Guerrero se encuentra ubicada al noreste del estado de Guerrero y ocupa una extensión de 10 775.4 km^2 (17.8 por ciento de la superficie del estado). En esta región confluyen tres grandes accidentes geográficos: la depresión del río Balsas, en la porción norte; la Sierra Madre del Sur, en la parte meridional, y la sierra Mixteca, hacia el sureste. Este hecho explica la gran diversidad de tipos de unidades ambientales que caracterizan al área de estudio.

La topografía es sumamente accidentada y tiene un complejo y escarpado sistema montañoso en el que se encuentran profundas depresiones y numerosas barrancas. El intervalo altitudinal va desde 700 hasta 3 000 metros sobre el nivel del mar (msnm). Esta compleja fisiografía se encuentra asociada con una gran variedad de climas y con la existencia de una cubierta vegetal notablemente diversa tanto en su fisonomía como en su composición; sin embargo, la cubierta vegetal está fuertemente perturbada en la actualidad. Áreas considerablemente grandes, ocupadas antes por la vegetación natural, han sido totalmente destruidas y presentan altos grados de erosión.[1] Tan grave deterioro ambiental es resultado principalmente del impacto humano, producto de la larga historia de poblamiento que tiene la región y que se ha vis-

[1] R. Landa O., ''Evaluación regional del deterioro ambiental en la Montaña de Guerrero'', México, tesis de maestría, Facultad de Ciencias, UNAM, 1992.

to acentuado en este siglo como resultado de grandes cambios tecnológicos y socioeconómicos, los cuales han determinado la intensificación del uso de la tierra y han alterado los antiguos ritmos tradicionales de uso y descanso.

El área de estudio

El municipio de Alcozauca forma parte de la región de la Montaña y ocupa una superficie aproximada de 550 km^2. Limita al norte con el municipio de Tlalixtaquilla, al noroeste con el de Tlapa, al sur con el de Metlatonoc, al este con el estado de Oaxaca, al oeste con el municipio de Xalpatlahuac y al suroeste con el de Atlamajalcingo, Guerrero (figura 1).

Aspectos fisiográficos

El municipio se caracteriza por la presencia de un complejo sistema montañoso con estrechos valles intermontanos. Este sistema se encuentra disectado por dos cañadas: la del río Alcozauca, que ocupa una posición central y corre hacia el norte del municipio; y la del río Igualita, en el oeste (figura 2). Las cimas más elevadas se encuentran en la porción sur del municipio, entre ellas está el cerro del Metlapil —la máxima altitud— con 2 960 msnm, le siguen la Cueva Zacatosa con 2 940, el cerro del Quince con 2 820, y el cerro del Gavilán con 2 300. Las depresiones de menor altitud se localizan en la cañada del río Igualita, en las proximidades de Petlacalancingo (1 200 msnm), en la porción occidental del municipio. Casi todos los terrenos son sumamente escarpados. Dominan las pendientes fuertes, aunque existen algunas excepciones en las zonas de aluvión y de coluvión. Las primeras son valles fluviales sobre los que se asientan varias poblaciones, y las segundas se encuentran muy a menudo en las laderas de los cerros, especialmente donde se forman escalones o terrazas naturales, o bien en depresiones de acumulación o *jollas*. Éstas, aunque numerosas, son pequeñas y dispersas (fotografía 1).

En las numerosas barrancas y cañadas de Alcozauca fluyen arroyos y corrientes intermitentes que alimentan a los ríos Iguali-

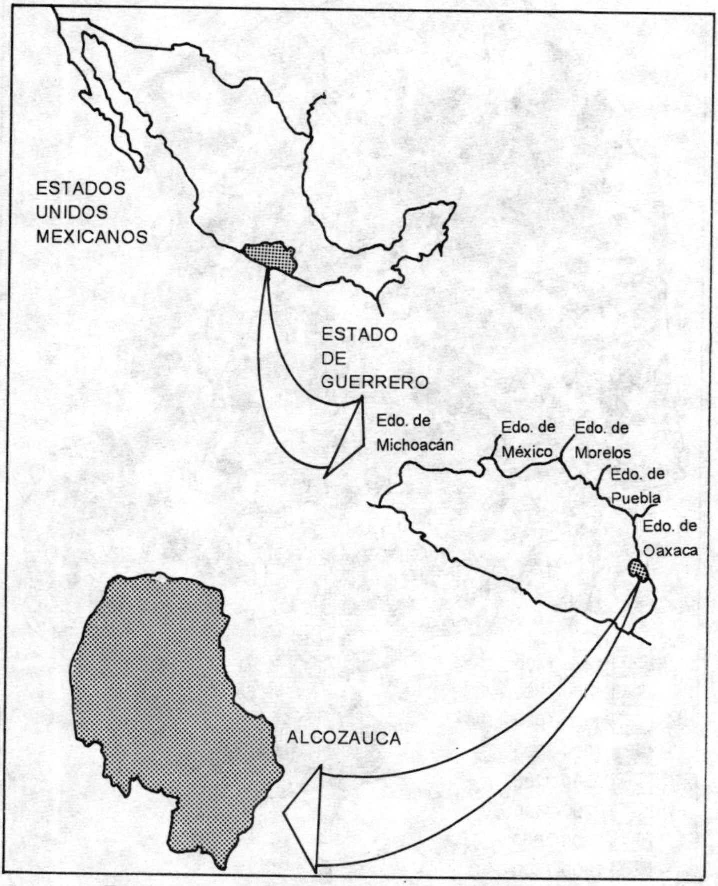

Figura 1. Localización del municipio de Alcozauca.

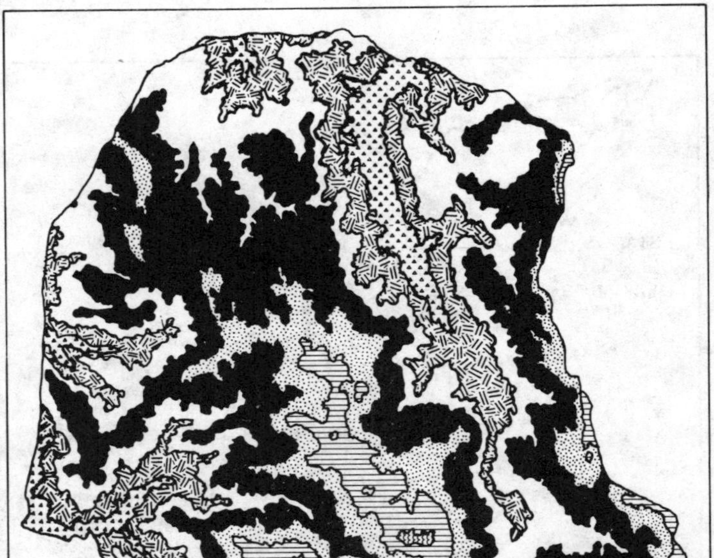

Figura 2. Carta altimétrica de Alcozauca.

ta y Alcozauca-Tlalixtaquilla. Estos dos ríos se unen en el municipio de Tlapa y nutren al río Tlapaneco, el cual a su vez se junta con el Mixteco para formar el Mezcala, que desemboca en la cuenca principal del río Balsas. En la región de estudio también se encuentran dos pequeños cuerpos lagunares, uno en San José Laguna y otro en Zoyatlán.

Como se verá más adelante, estos rasgos fisiográficos son de gran importancia para el estudio de las prácticas productivas de la población local, ya que éstas determinan diferentes unidades ambientales, las cuales a su vez están relacionadas con diferentes estrategias agrícolas, pecuarias y forestales que existen en la zona.

Climas

De acuerdo con los datos de la estación meteorológica ubicada en la cabecera municipal, el clima de Alcozauca corresponde al de tipo (A)Cw(w)a(i')g, semicálido subhúmedo del grupo de los templados con lluvias en verano y el mes más caliente en esta misma estación[2] (cuadro 1). La temperatura media anual es de

Cuadro 1

VALORES PROMEDIO DE TEMPERATURA Y PRECIPITACIÓN EN EL MUNICIPIO DE ALCOZAUCA

MESES	*E*	*F*	*M*	*A*	*M*	*J*	*J*	*A*	*S*	*O*	*N*	*D*
Temperatura (°C)	17.6	19.6	21.2	22.7	23.2	22.3	21	21.1	20.4	19.6	18.5	17.7
Precipitación (mm)	5.9	2.8	5.1	23.4	66.9	161.9	165.5	169.5	159	67.1	14.1	5.1

[2] E. García, *Modificaciones al sistema de clasificación climática de Koppen (Para adaptarlo a las condiciones de la República Mexicana)*, México, Offset Larios, 1981.

20.4° C y el promedio anual de precipitación es de 846.3 mm. La época húmeda y cálida del año va de mayo a octubre (figura 3).

En la carta climática escala 1:500 000[3] se registran tres climas para el municipio: el A(C)w (semicálido subhúmedo, el más seco de los semicálidos), ubicado hacia la porción norte del municipio; el (A)Cw (cálido subhúmedo del grupo de los templados, intermedio por su grado de humedad), hacia la porción central; y el clima $C(w_2)$ (el más húmedo de los templados subhúmedos), en las zonas más altas del sur del municipio.

En un diagnóstico ecogeográfico realizado en el municipio, Toledo hace distinciones más finas de los climas existentes y reconoce los siguientes tipos:[4]

a) Clima $A(C)w_0$. El más seco de los semicálidos subhúmedos dentro del grupo de los semicálidos. Se localiza en los fondos de las cañadas, entre 1 200 y 1 600 msnm. Se encuentra definido por el bosque tropical caducifolio, con diferentes especies de cuajiotes y copales entre los más importantes: *Bursera copallifera*, *B. ariensis* y *B. bipinnata*; así como el palo dulce, *Eysenhardtia polystachya*; el calahuate *Heliocarpus tomentosus*, y los casahuates *Ipomoea arborescens* e *I. murucoides*. Este clima ocupa aproximadamente tres por ciento de la superficie del municipio (figura 4).

b) Clima $A(C)w_1$. Semicálido, del grupo de los cálidos subhúmedos, intermedio por su grado de humedad. Cubre aproximadamente 15 por ciento de la superficie de Alcozauca. Se presenta también en los dos grandes cañones de los ríos Igualita y Alcozauca, en altitudes que van desde 1 400 hasta 1 700 msnm. Definen a este clima las asociaciones del bosque tropical caducifolio de mayores altitudes y el bosque dominado por el encino prieto, *Quercus glaucoides*.

c) Clima $(A)C(w_1)$. Semicálido, pero del grupo de los templados subhúmedos, intermedio por su grado de humedad. Se localiza en un amplio rango de altitudes que van desde 1 400 hasta

[3] Secretaría de Programación y Presupuesto (SPP), *Atlas nacional del medio físico*, México, 1981.

[4] M. C. Toledo, "Las unidades ambientales y su aprovechamiento en el municipio de Alcozauca, Guerrero", México, tesis de maestría, Facultad de Ciencias, UNAM, 1993.

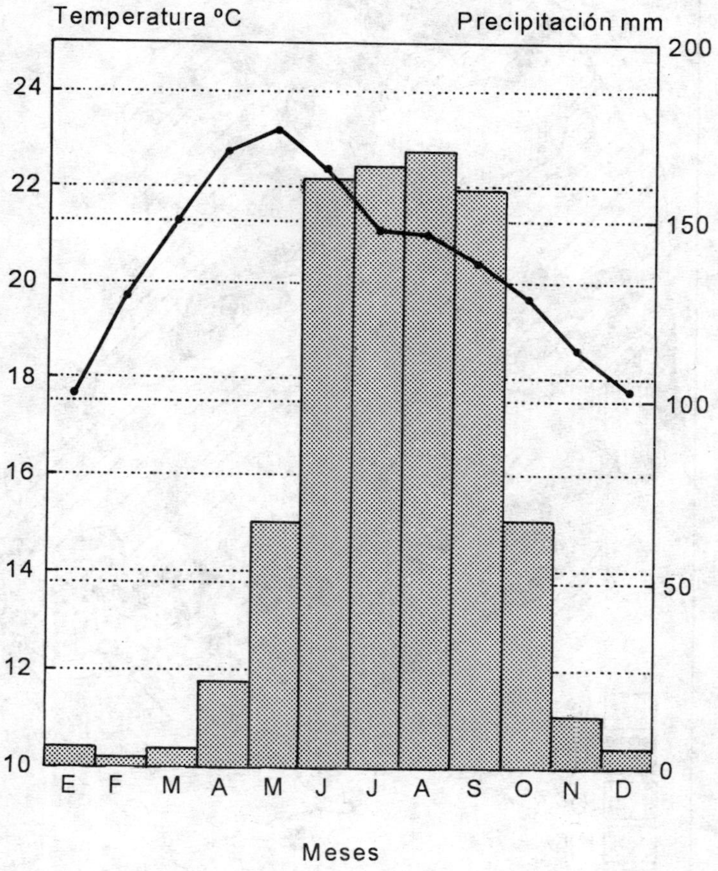

Figura 3. Diagrama ombrotérmico de Alcozauca.

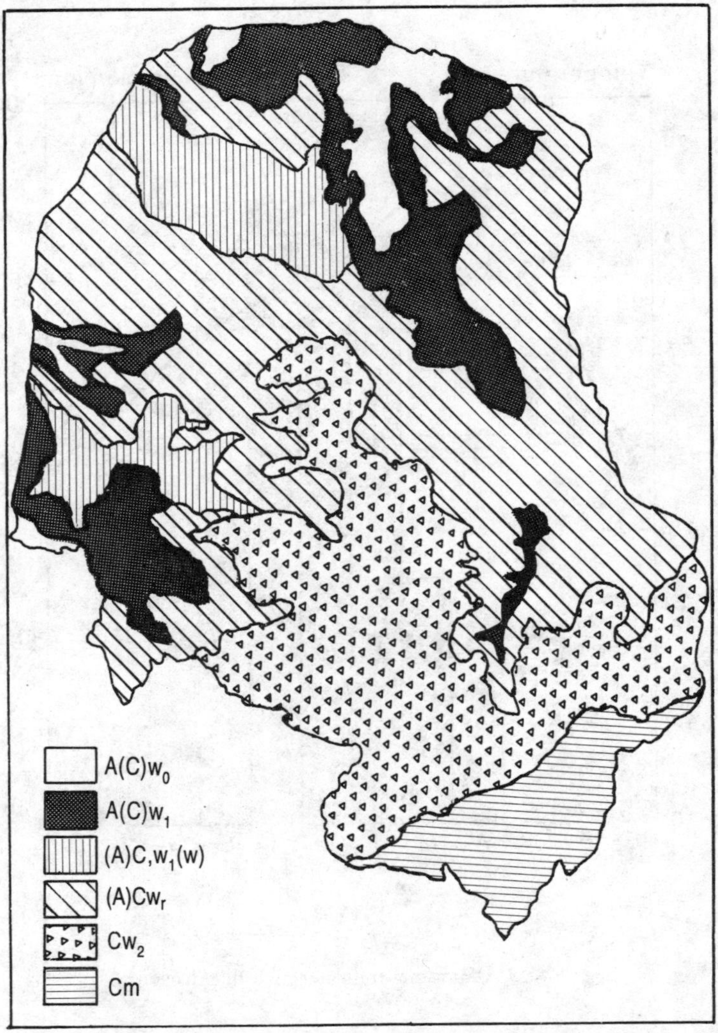

Figura 4. Carta mesoclimática de Alcozauca.

2 000 msnm, llegando en ocasiones a 2 300. Este clima se define por la presencia de bosques dominados por el encino blanco, *Quercus magnoliifolia*, así como por los bosques de pino y encino donde se encuentra también *Q. magnoliifolia*. Este clima se presenta en 40 por ciento del área del municipio.

d) Clima $(A)Cw_1(w)$. Variante del clima anterior, pero ligeramente más seco. Se localiza entre 1 700 y 2 000 msnm, abarcando cerca de ocho por ciento de la superficie del municipio. También definen a este clima los bosques en los que se encuentra el encino *Quercus magnoliifolia*, sólo que en este caso los bosques son más bajos y abiertos en comparación con los del clima anterior.

e) Clima Cw_2. Templado subhúmedo. Se encuentra en un rango altitudinal que va desde 1 900 hasta 2 600 msnm, cubriendo una superficie aproximada de 27 por ciento del total del municipio. Está definido por los bosques de encino y de pino y encino donde se encuentran los encinos *Quercus crassifolia*, *Q. elliptica*, *Q. scytophylla* y varias especies más.

f) Clima Cm. Templado húmedo. Se presenta en aquellas zonas del sur del municipio con altitudes mayores a 2 600 msnm. Ocupa siete por ciento aproximado del área total del municipio. Se caracteriza por la presencia de bosques de pino donde predominan *Pinus pseudostrobus*, *P. ayacahuite*, así como los encinos *Quercus martinezii* y *Q. laurina*, entre otros.

Suelos

De acuerdo con la carta edafológica escala 1:100 000,[5] en toda la región de la Montaña de Guerrero predominan los litosoles, que son suelos sin desarrollo y con una profundidad menor de 10 cm. También son importantes los regosoles, que se caracterizan por no presentar diferenciación de capas. Éstos son de color claro y se parecen a la roca que les dio origen.

[5] SPP, *op. cit.*

Los suelos del municipio son de tres tipos principales:

a) Suelos aluviales. Son aquellos que se encuentran en las zonas de vega y en los valles intermontanos; generalmente son profundos, con texturas variables y horizontes diferenciados en los que se intercalan arenas y limos. Las características particulares de estos suelos dependen de las mezclas de los materiales de depósito.
b) Suelos coluviales. Se originan mediante el depósito de materiales que caen por gravedad. Se encuentran dispersos a lo largo de todos los climas descritos anteriormente, lo cual influye en la diversidad de sus características. Generalmente se encuentran en las *jollas* y pies de monte con pendientes débiles y regulares, razón por la cual tienen gran importancia para la agricultura.
c) Suelos eluviales. Estos suelos se originan a partir del sustrato litológico en el mismo lugar donde se encuentran. Pueden presentarse en zonas planas o en pendientes regulares o fuertes.

La vegetación

La diversidad geomorfológica, la amplitud del rango altitudinal, la variación climática, así como la del sustrato litológico que existen en el municipio, se expresan en una amplia variedad de la cubierta vegetal. Con base en los estudios realizados por Toledo,[6] y en las colectas botánicas realizadas por los propios autores, se puede calcular que en el municipio de Alcozauca existen alrededor de 800 especies de plantas vasculares. Todas estas especies se presentan en una considerable variedad de asociaciones vegetales, las cuales definen las unidades ambientales sobre las que el hombre ejerce sus interacciones.

Las asociaciones vegetales pueden presentarse a veces con patrones de distribución y composición florística sumamente complejos. Un factor que dificulta la distinción de las unidades de vegetación es sin duda la enorme perturbación que existe y que

[6] M. C. Toledo, *op. cit.*

paulatinamente va acabando con la vegetación primaria. Tal y como sucede a nivel regional, es en los últimos años cuando este proceso ha tenido mayor impacto en Alcozauca. Las principales causas de la destrucción del bosque son la expansión de la frontera agrícola, el pastoreo nómada de cabras, la extracción forestal (leña, madera, maguey mezcalero y palma), así como los numerosos incendios, en ocasiones accidentales pero a veces también intencionales, con el fin de inducir pastizales. En la comunidad de Zoyatlán existió un aserradero que ocasionó grandes perturbaciones en los bosques de coníferas del sur del municipio; sin embargo, dicho aserradero dejó de operar a principios de la década de los años setenta. Aunque actualmente la extracción de madera para construcción no causa gran impacto, se conocen algunos casos de tráfico de madera que han ocasionado conflictos sociales en algunas comunidades.

Con base en el estudio de Toledo,[7] y las propias observaciones de campo de los autores, se pueden reconocer cinco tipos de vegetación presentes en el área del municipio de Alcozauca. Éstos son el bosque de pino y encino, el bosque de encino, el bosque de *Juniperus*, el bosque tropical caducifolio y el bosque de galería o vegetación riparia.[8] Estos tipos de vegetación están representados cada uno por diferentes comunidades resultantes de la presencia y la dominancia de algunas especies, principalmente de árboles.

BOSQUE DE PINO Y ENCINO

a) En altitudes mayores a 2 700 msnm, en el clima más húmedo (Cm) sobre tobas volcánicas, se presentan bosques de pino y encino con árboles de hasta 35 m donde predominan *Pinus ayacahuite*, *P. pseudostrobus*, *Quercus scytophylla* y *Arbutus xalapensis*. En el estrato herbáceo predominan *Muhlenbergia macroura*, *Sedum sp.* (especie) y *Festuca sp.*
b) Entre 2 300 y 2 400 msnm, sobre sustrato de areniscas y en el mismo clima que la comunidad anterior, pueden encontrarse

[7] *Idem.*
[8] J. Rzedowski, *op. cit.*

bosques con un estrato arbóreo de hasta 40 m donde predominan *Pinus pringlei*, *Quercus crassifolia*, *Q. martinezizi*, *Q. elliptica*, *Q. peduncularis*, *Q. salicifolia*, *Alnus sp*., *Arctostaphylos polyfolia*, *Ternstroemia pringlei* y *Cornus disciflora*. En el estrato herbáceo se encuentran entre otras *Tibouchina* aff. (afinidad) *duranguensis*, *Dorstenya drakeana* y *Selaginella lepidophylla*.

c) Entre 2 000 y 2 800 msnm, sobre sustrato volcánico y en clima Cw_2, se desarrolla el bosque donde predominan *Quercus candicans*, *Q. obtusata*, *Q. crassifolia*, *Q. scytophylla*, *Pinus teocote* y *P. pringlei*, los cuales forman un estrato arbóreo de hasta 20 m. En el estrato arbustivo de este bosque dominan *Baccharis conferta*, *Ternstroemia pringlei* y *Arbutus xalapensis*. En el estrato herbáceo se encuentran *Pteridium aquilinum*, *Stevia sp*., *Salvia sp*., y *Bidens sp*., entre otras.

d) Entre 2 000 y 2 500 msnm, en clima Cw_2 y sobre areniscas, cuarcitas y lutitas, existen bosques con un estrato arbóreo que mide entre seis y doce metros, donde predominan *Pinus pringlei*, *P. montezumae*, *P. lawsonii*, *Quercus candicans*, *Q. obtusata* y *Q. elliptica*. En el estrato arbustivo predominan *Bacharis conferta* y *Tibouchina sp*. En el estrato herbáceo son abundantes *Lamouroxia multifida*, *Pteridium aquilinum*, *Stevia neptifolia*, *Eringium sp*., *Iostephane heterophylla*, entre otras.

e) En altitudes de 2 200 msnm, sobre calizas y en clima Cw_2, se encuentra un bosque en cuyo estrato arbóreo predominan *Pinus montezumae*, *P. pringlei* y *Quercus magnoliifolia*. En el estrato arbustivo son dominantes *Juniperus flaccida*, *Cercocarpus pringlei* y *Brougniartia sp*. En el estrato herbáceo abundan *Muhlenbergia robusta*, *Porophyllum tagetoides* y *Lasciasis nigra*, entre otras.

f) Entre 1 700 y 2 000 msnm, sobre areniscas y conglomerados de cuarzo y con clima del tipo (A)Cw_1 se presenta la asociación de *Pinus oocarpa*, *P. pringlei* y *Quercus magnoliifolia*, en el estrato arbóreo. El estrato arbustivo está constituido por algunos individuos de *Acacia pennatula* y *Juniperus flaccida*. En el estrato herbáceo se encuentran *Muhlenbergia robusta*, *Eragrostis mexicana*, *Porophyllum tagetoides*, *Symsia sanguinea* y algunas pteridofitas.

h) Entre 1 700 y 1 900 msnm, sobre sustrato volcánico y con clima (A)Cw_1(w), se desarrolla un bosque de encinos y pinos cuyo estrato arbóreo alcanza entre cuatro y diez metros de altura. En este estrato predominan *Quercus magnoliifolia*, *Pinus montezumae* y *Lysiloma acapulcensis*. En el estrato arbustivo predominan *Leucaena esculenta*, *Arbutus sp.* y *Agave sp.* En el estrato herbáceo crecen diversas gramíneas como *Muhlenbergia sp.*, *Bouteloua gracilis*, *Heteropogon contortus*, *Aristida schiediana*, *A. ternipes* y también algunos helechos tales como *Phlebodium aureum*, *Midleja ultramarginalis* y *Elaphloglossum sp.* (fotografía 2).

BOSQUE DE ENCINO

a) En las elevaciones por arriba de 2 400 msnm, y sobre rocas volcánicas, hay bosques cuyo dosel alcanza hasta 30 m. Estos bosques están formados en su estrato arbóreo por *Quercus crassifolia*, *Q. laurina* y *Q. martinezii*. El estrato arbustivo está representado por *Cestrum nocturnum*, *Fuchsia splendens*, *Sedum praealtum* y *Piper sp.* En el estrato herbáceo se encuentran, entre otras, *Tibouchina* aff. *duranguensis*, *Paspalum notatum*, *Muhlenbergia rigida*, *Aegopogon cenchroides*, *M. robusta*, *M. macroura* y *Cuphea cyanea*.

b) Entre 2 400 y 2 800 msnm, sobre roca volcánica y en clima CW_2 hay encinares con estrato arbóreo desde cinco hasta quince metros y está dominado por *Quercus crassifolia*, *Q. laurina* y *Alnus sp.* En el estrato arbustivo se encuentran como especies dominantes *Ternstroemia pringlei*, *Bacharis conferta*, *Stevia sp.* En el estrato herbáceo se encuentran *Pteridium aquilinum*, *Stevia perfoliata*, *Satureja macrostema*, *Castilleja* aff. *tenuifolia* y *Salvia spp.* (especies).

c) En el clima Cw_2, sobre areniscas y areniscas-lutitas, se presenta un bosque con estrato arbóreo hasta de doce metros dominado por *Quercus elliptica*, *Q. crassifolia* y *Arbutus xalapensis*. El estrato arbustivo está representado por *Calliandra grandiflora*, *Solanum hartwegii*, *Phyladelphus mexicanus*, *Croton mexicanus* y *Montanoa sp.* En el estrato herbáceo se presentan *Salvia purpurea*, *S. mexicana*, *S. cinnabrina*, *Ti-*

bouchina aff. *duranguensis*, *Selaginella lepidophylla*, *Bouteloua radicosa*, *B. curtipendula* y *Doyrstenia drakeana*.

d) Alrededor de 2 500 msnm, sobre sustrato calizo, en clima Cw_2, existen bosques con estrato arbóreo dominado por *Quercus candicans*, *Juniperus flaccida*, *Lysiloma acapulcensis*, *Annona cherimolia*, *Juglans mollis* y *Q. acutifolia*. En el estrato arbustivo se presentan *Acacia farnesiana*, *A. cochliacantha* y *Calliandra grandiflora*. En el estrato herbáceo se encuentran *Sanvitalia procumbens*, *Lantana hispida*, *Ageratum corimbosum*, *Bouteloua hirsuta* y *Cenchros equinatus*.

e) En el clima $(A)Cw_1$ se encuentra una asociación muy característica, casi siempre dominada por *Quercus magnoliifolia*, que se presenta con ciertas variantes dependiendo de las características litológicas. Algunas especies que frecuentemente la acompañan en el estrato arbóreo son *Lysiloma acapulcensis*, *Dyphisa suberosa*, *Juniperus flaccida*, *Eysenhardtia polystachia*, *Q. acutifolia*, *Q. conspersa*, *Q. glaucoides*, *Q. urbanii*, *Bepharia mexicana*, *Arctostaphylos polifolia* y *Juglans mollis*. En el estrato arbustivo son frecuentes *Brahea dulcis*, *Acacia pennatula*, *A. farnesiana* y *A. cochliacantha*. En el estrato herbáceo abundan *Muhlenbergia robusta*, *Castilleja gracilis*, *Salvia purpurea*, *Aristida ternipes*, *Stevia perfoliata*, *S. nepetifolia*, *Desmodium cericophyllum*, *Ageratum corymbosum*, *Ipomoea purpurea*, *Lantana hispida* y *Sanvitalia procumbens*, entre otros.

f) En el clima $(A)Cw_1$ se presenta un encinar dominado por *Quercus glaucoides*. El estrato herbáceo de este bosque muestra una mezcla de especies que son propias de los encinares de mayor altitud y del bosque tropical caducifolio (fotografía 3).

BOSQUE TROPICAL CADUCIFOLIO

a) En el clima $A(C)w_0$ en el estrato arbóreo de tres a diez metros, las especies más frecuentes son *Heliocarpus spp.*, *Leucaena esculenta*, *Bursera glabrifolia*, *B. bipinnata*, *B. ariensis*, *Ipomoea arborescens*, *I. murucoides*, *Actinocheitia filiciana*, *Lysiloma acapulcensis*, *Eysenhardtia polystachya*, *Juglans mollis*, entre otras. En el estrato arbustivo son frecuentes *Bra-*

hea dulcis, *Agave sp.*, *Tecoma stans*, *Acacia pennatula*, *A. farnesiana*, *A. cochliacantha*, *Rhus rubifolia*, *Dodonaea viscosa*, entre otras. En el herbáceo, *Ageratum corymbosum*, *Melampodium divaricata*, *Viguiera sphaerocephala*, *Symsia sanguinea*, *Sanvitalia procumbens*, *Bouteloua radicosa*, *Bidens serrulata*, *Lopezia hirsuta*, *Lantana hintonii*, *Rhynchelitrum repens*, entre otras.

b) En el clima A(C)w_1 son frecuentes en el estrato arbóreo *Lysiloma acapulcensis*, *Bursera lancifolia*, *B. morelensis*, *B. longipes*, *Heliocarpus sp.*, *Vitex mollis*, *Plumeria acutifolia*, *Thevetia thevetioides*, *Ceiba parvifolia*, *Xantoxilum sp.*, *Lysiloma divaricata*, *Eysenhardtia polystachia*, *Juniperus flaccida*, *Leucaena esculenta*, *L. macrophylla*, entre otras. En el arbustivo y herbáceo se presentan muchas especies en común con la asociación antes descrita (fotografía 4).

BOSQUE DE GALERÍA O VEGETACIÓN RIPARIA

La vegetación riparia es muy rica en especies y presenta diversas asociaciones de acuerdo con las variaciones climáticas. En las zonas más cálidas y secas son frecuentes en el estrato arbóreo *Asthianthus viminalis*, *Ficus petiolaris*, *F. segoviae*, *Juglans mollis* y en ocasiones *Taxodium mucronatum*. En el estrato arbustivo son abundantes *Tecoma stans*, *Litsea glaucescens*, *Cuphea angustifolia*, *Phytolacca spp.*, *Amelia versicolor*, *Zanthoxylum* aff. *arborescens*, entre otros. En el estrato herbáceo abundan *Asclepsias curassavica*, *Porophyllum spp.*, *Zinnia peruviana*, *Cyclantera naudiniana*, *Phaseolus spp.*, *Passiflora spp.*, *Melothria pringleii* y *Euphorbia spp.*, entre otras (fotografía 5).

BOSQUE DE *JUNIPERUS*

Aunque *Juniperus flaccida* es un elemento importante en otras asociaciones, también forma bosquetes en zonas cálidas y secas, sobre todo en los lugares donde existen afloramientos de rocas calizas.

Figura 5. Las comunidades de estudio, Alcozauca.

Las unidades ambientales en las comunidades estudiadas

Uno de los criterios para elegir las comunidades estudiadas fue representar las diferentes condiciones ambientales del municipio de Alcozauca, con el fin de apreciar en qué medida varían los patrones de aprovechamiento de los recursos naturales de acuerdo con las características del medio rural. Amapilca y Alcozauca se encuentran en la porción más septentrional del municipio; San José Laguna, al noroeste; e Ixcuinatoyac, en el extremo meridional (figura 5).

A partir de la interrelación de los diferentes rasgos fisiográficos con los factores edáficos y climáticos, así como las diferentes comunidades vegetales, es posible distinguir una serie de unidades ambientales. Alcozauca y Amalpica, por ejemplo, se encuentran establecidas en las zonas de menor altitud, donde predominan los climas más secos y calientes del municipio. Estas dos comunidades forman parte de la llamada *tierra caliente*. Aunque en los límites de Alcozauca y Amalpica pueden encontrarse las cinco grandes comunidades vegetales descritas anteriormente, la población humana tiene una interacción más intensa con el bosque tropical caducifolio y el bosque de encino.

Los poblados de San José Laguna e Ixcuinatoyac se encuentran establecidos en zonas de mayor altitud con climas más húmedos y fríos que en los dos casos anteriores. Estos pueblos forman parte de la zona llamada localmente *montaña*. En San José Laguna se presentan también los cinco tipos de comunidades vegetales antes descritos, pues dentro de sus límites se encuentra una de las depresiones importantes del municipio, la Barranca Grande, que determina la presencia de climas con dos grados distintos de humedad. En Ixcuinatoyac se presenta el gradiente altitudinal más amplio y en sus límites se localizan los climas más fríos y más húmedos del municipio, predominando los bosques de encino, de pino y encino y de pino. Los habitantes de San José Laguna e Ixcuinatoyac realizan una interacción más fuerte con las comunidades vegetales de bosque de encino y de pino y encino, en comparación con los pobladores de *tierra caliente*.

II. SOCIEDAD, ECONOMÍA Y CULTURA

INTRODUCCIÓN

En términos generales, la cultura mixteca se extiende en gran parte del oeste y norte de Oaxaca, así como en algunas porciones del sur de Puebla y oriente de Guerrero. La región Mixteca deriva su nombre de la palabra náhuatl *mixtecapan* que significa "lugar de las nubes". También es conocida con el nombre mixteco de *ñú ñuma*, que significa "tierra que humea" y *ñú sa'vi*, o "pueblo de la lluvia". Tradicionalmente se ha dividido a la Mixteca en tres subregiones: la Mixteca Alta, la Mixteca de la Costa y la Mixteca Baja. Cada una de ellas con características geográficas y culturales diferentes.[1]

La Mixteca Baja incluye a los distritos oaxaqueños de Huajuapan de León, Juxtlahuaca, Teposcolula y Silacayoapan, así como los distritos de Acatlán, Chiautla, Tehuacán y Tepeji de Rodríguez, del sur de Puebla.[2] Incluye también ocho municipios de la región de la Montaña de Guerrero, entre ellos el de Alcozauca.

Los mixtecos del estado de Guerrero habitan la porción más oriental de la región de la Montaña. El área mixteca ocupa cerca de 5 500 km^2 y se ubica principalmente en ocho de los diez municipios que integran el distrito de Morelos (figura 6). Al norte

[1] B. Dahlgren, *La Mixteca. Su cultura e historia prehispánicas*, México, UNAM (Cultura Mexicana, 11), 1966.

[2] *Idem.*

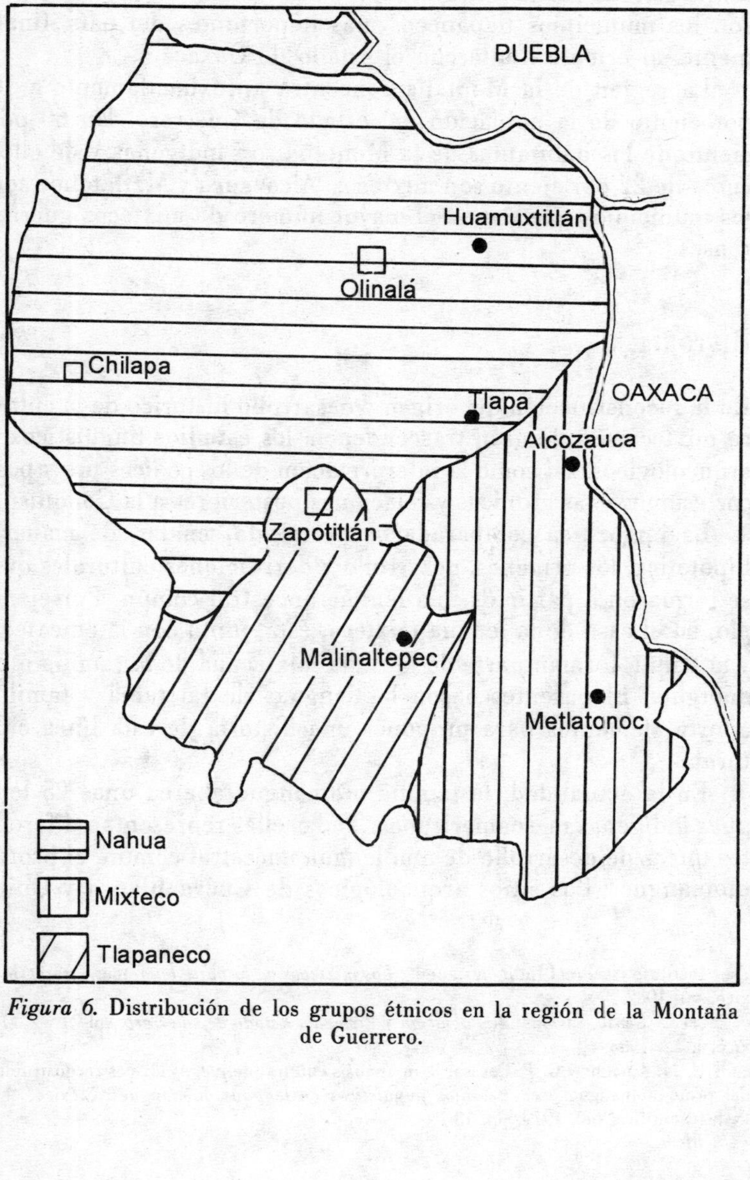

Figura 6. Distribución de los grupos étnicos en la región de la Montaña de Guerrero.

y al occidente limita con los municipios nahuas de los distritos de Álvarez y Zaragoza, ambos de la región de la Montaña; al sur limita con Malinaltepec, Tlacoapa y Zapotitlán Tablas, los cuales son los municipios tlapanecos más importantes del país; finalmente, al oriente limita con el estado de Oaxaca.[3]

La región de la Montaña concentra aproximadamente a 10 por ciento de la población del estado de Guerrero. Un 60 por ciento de los habitantes de la Montaña son indígenas y de ellos cerca de 22 por ciento son mixtecos. Alcozauca y Metlatonoc son los municipios que tienen el mayor número de mixtecos guerrerenses.[4]

HISTORIA

En la reconstrucción del origen y desarrollo histórico de la cultura mixteca son de gran trascendencia los estudios lingüísticos y arqueológicos, así como la interpretación de los códices pre y poscortesianos y las crónicas y relaciones posteriores a la Conquista.

La lingüística comparada ha permitido señalar, de manera hipotética, los orígenes, desarrollo y derivaciones culturales que se formaron a partir de una lengua ancestral común. Por ejemplo, en el caso de la lengua mixteca, ésta, junto con la cuicateca y la triqui, forman parte de la rama mixtecana de la familia otomangue.[5] El parentesco con las lenguas de tal rama y familia aporta elementos para proponer una historia de esta línea cultural.

En la actualidad, la familia otomangue abarca unas 25 lenguas indígenas mesoamericanas. Todas ellas representan diferentes líneas de desarrollo de una lengua ancestral común, el protootomangue.[6] Los sitios arqueológicos de Cueva Blanca y Guilá

[3] Instituto Nacional Indigenista (ed.), *Los mixtecos de la parte baja*, monografía, México, INI, 1982.

[4] SPP, *X Censo Nacional de Población y Vivienda. Estado de Guerrero*, vols. 1 y 2, México, t. 12, 1983.

[5] H. M. Amador y G. P. Casasa, "Un análisis cultural de juegos léxicos reconstruidos del proto-otomangue", en *Estudios lingüísticos en lenguas otomangues*, México, SEP/INAH (Científica, 68), 1979, pp. 13-19.

[6] *Idem.*

Naquitz en el estado de Oaxaca,[7] así como el complejo arqueológico de Tehuacán[8] (Puebla), hacen evidente la presencia humana desde hace más de 10 000 años en parte del territorio que ha sido influido por las culturas de esta familia lingüística a lo largo de la historia. Es entre estos antiguos grupos humanos donde es probable encontrar las raíces de la cultura mixteca. Es posible, entonces, que los antiguos hablantes del proto-otomangue hayan sido quienes participaron activamente en la domesticación de las plantas que registra la arqueología y en la difusión de una de las culturas agrícolas más antiguas hacia el resto de Mesoamérica.

En la actualidad, las lenguas otomangues se encuentran bien repartidas a lo largo y ancho del área mesoamericana. De hecho, la mayoría de las lenguas indígenas mexicanas pertenece a dicha familia. Fue hace aproximadamente 4 000 años cuando comenzó a diferenciarse la rama mixtecana.[9] Esto sucedió un poco antes de que se desarrollara la tecnología agrícola de irrigación, la cual al parecer tiene sus restos más antiguos en las cañadas de los ríos de la cuenca del Balsas,[10] muy cerca de las mixtecas poblana y guerrerense.

El primer horizonte arqueológico plenamente mixteco es Monte Negro. Éste corresponde aproximadamente a la época de Monte Albán I, la cual abarca desde el año 300 a.C. hasta el 150 o 200 d.C.[11] Es pertinente señalar que con anterioridad a este horizonte, alrededor del año 1000 a.C., ocurrió una infiltración de los olmecas del Golfo de México hacia la parte de la meseta central.[12] Este hecho definió muchos de los aspectos culturales de toda Mesoamérica, incluyendo los de la entonces naciente cultura mixteca.

[7] Flannery K. V. (ed.), *Guilá Naquitz*, Nueva York, Academic Press, 1986.

[8] D. S. Byers (ed.), *The prehistory of the Tehuacan Valley. Environment and subsistence*, vol. 1, Austin, University of Texas Press, 1967.

[9] H. M. Amador y G. P. Casasa, *op. cit.*

[10] P. Armillas, ''Notas sobre sistemas de cultivo en Mesoamérica. Cultivos de riego y humedad en la cuenca del río de las Balsas'', en *Anales del INAH*, vol. III, 1949, pp. 85-113; P. Armillas, ''Land Use in Precolumbian America'', en L. Dudley Stamp (ed.), *A history* of land use in arid regions, vol. XVII, UNESCO, 1961, pp. 255-276.

[11] B. Dahlgren, *op. cit.*

[12] Maurilio Muñoz, *Mixteca Nahua-Tlapaneca*, Memorias del Instituto Nacional Indigenista, vol. IX, México, INI, 1963.

Con base en algunos de los códices mixtecos, Caso logró reconstruir una historia gráfica de la Mixteca a partir del siglo VII d.C.[13] En esta investigación se encontraron notables coincidencias entre la cronología arqueológica y la cronología dinástica de los códices.[14]

Fray Antonio de los Reyes registró uno de los relatos mitológicos indígenas más difundidos que explican el origen de los señoríos y dioses mixtecos:

> Vulgar opinión fue entre los naturales mixtecos que el origen y principio de sus falsos dioses y señores había sido en Apoala, pueblo de esta Mixteca, que en su lengua llaman YUTA TNOHO, que es el río donde salieron los señores, porque decían haber sido desgajados de unos árboles que salían de aquel río...[15]

Algunos relatos similares de la mitología del génesis mixteco han sido registrados por diversos autores sin que por el momento se hayan podido interpretar de acuerdo con los registros arqueológicos.

En la región de la Montaña los moradores más antiguos fueron los mixtecos y tlapanecos,[16] cuya cultura se vio influida por varias oleadas de inmigraciones nahuas. La primera de éstas parece haber sido de origen teotihuacano, la cual probablemente inició su penetración en la parte occidental de la región. La segunda fue de origen tolteca e influyó fuertemente en el área de la mixteca guerrerense, cuyo territorio, por cierto, se extendía más allá de sus actuales límites. Durante los siglos XV y XVI llegaron por la cuenca del Balsas los grupos tepanecas y mexicas. Tlapa fue sojuzgada por los mexicas entre 1480 y 1486. Los tlapanecos y sus vecinos se convirtieron en tributarios de Tenochtitlan a partir de 1487. Pagaban anualmente una considerable cantidad de prendas: lienzos, miel, piedras preciosas y oro, entre otros tributos.[17]

[13] A. Caso, *Reyes y reinos de la mixteca*, 2 t., México, FCE, 1977.

[14] *Idem.*

[15] Fray Antonio de los Reyes, *Arte en la lengua mixteca*, Charencey, París, 1890, citado en B. Dahlgren, *op. cit.*

[16] Maurilio Muñoz, *op. cit.*

[17] *Idem.*

Tlapa fue guarnición azteca y probablemente también centro de acopio de las tributaciones que hacían todos los pueblos de esa jurisdicción. Los conquistadores mexicas tuvieron mucho cuidado de mantener las formas tradicionales de gobierno y organización social, que facilitaban el cumplimiento de las leyes tributarias, junto con la regencia de un consejo militar azteca controlado desde Tenochtitlan.[18]

Los primeros españoles encontraron a la región de la Montaña muy poco tiempo después de la conquista de México-Tenochtitlan. Tlapa fue controlada por el mismo Hernán Cortés en el año 1524, quien inmediatamente procedió a repartir las encomiendas y la población indígena entre sus soldados. El móvil principal que llevó a Cortés a esta zona fue la información que le dieron acerca de la abundancia de oro en estos lugares. En la conquista de la región, los españoles probablemente se vieron ayudados por los mixtecos y tlapanecos sojuzgados por los aztecas. Sin embargo, la llegada de los conquistadores europeos al parecer no significó cambios sustanciales en las relaciones tributarias de la región. Así, los encomenderos españoles fueron los nuevos beneficiarios de la riqueza que los mixtecos y tlapanecos tributaban anteriormente a los aztecas.[19]

La presencia de la Iglesia católica tuvo efectos no muy diferentes a los que se presentaron en toda América. En 1535 llegaron a Tlapa los frailes agustinos, y ya para 1574 Santa Mónica Alcozauca, hasta entonces Visita de Tlapa, llegó a tener una Iglesia independiente. En el archivo eclesiástico de Alcozauca hay documentos del año 1609 en los que se constatan los primeros bautizos efectuados a los indígenas alcozauquenses.

De acuerdo con la información del archivo mencionado, durante el periodo colonial fueron desarrolladas en forma importante la minería, la ganadería y se introdujo el cultivo de la caña de azúcar en las zonas de vega. Se desconocen, sin embargo, las relaciones económicas que se mantenían con los pueblos circunvecinos. Con base en esta fuente es posible saber que en 1791 Alcozauca adquirió la categoría de cabecera municipal.

[18] *Idem.*
[19] *Idem.*

Los mixtecos de la parte baja participaron activamente en el movimiento independentista de las primeras décadas del siglo XIX. En la región de la Montaña, incluyendo al municipio de Alcozauca, se desarrolló la gesta de la guerrilla dirigida por Vicente Guerrero. Sobre estos hechos existen numerosos documentos históricos. En el archivo eclesiástico de Alcozauca se encuentran algunos documentos antiguos con declaraciones antindependentistas plasmadas en cartas de sacerdotes locales dirigidas a la alta jerarquía de la Iglesia, así como carteles tendientes a hacer sentir entre la población rechazo a aquel movimiento popular.

Los pobladores de Alcozauca participaron en los movimientos campesinos que se llevaron a cabo en la Montaña durante los años 1842, 1843 y 1849, cuyas principales consignas eran la defensa de las tierras comunales, la reducción de los impuestos y la lucha contra el cacicazgo.[20] Por otro lado, en el mismo archivo eclesiástico existen documentos que revelan la participación activa del campesinado durante la Revolución mexicana de 1910-1917.

En Alcozauca hay una gran cantidad de fuentes históricas por explorar, tanto desde el punto de vista arqueológico como etnohistórico. Durante las labores agrícolas, los campesinos frecuentemente encuentran vasijas y otros objetos antiguos (fotografía 6); existen también restos de edificaciones prehispánicas en la cabecera municipal. Con base en tales materiales, es posible que las futuras investigaciones arqueológicas, históricas, etnográficas y ecológicas, contribuyan a precisar las características culturales de los antiguos grupos indígenas de la región y de sus formas de interacción con el medio ambiente.

LA POBLACIÓN

Al parecer, la mixteca fue un área densamente poblada en la antigüedad. Barbra Dahlgren[21] estimó en 1 056 000 habitantes la población del área mixteca antes de la llegada de los españoles.

[20] L. Reyna, *Las luchas campesinas en México*, México, Siglo XXI, 1984.
[21] B. Dahlgren, *op. cit.*

En contraste, Ravicz asentó que en 1970 ésta era de aproximadamente 200 000 habitantes.[22]

En 1746 había 181 familias indígenas mixtecas en Tlapa, lo cual probablemente equivalía a 905 habitantes si se toma en cuenta que cada una de estas familias estaba constituida por cinco miembros en promedio.[23] En ese mismo año, Alcozauca contaba con 104 familias de españoles, mestizos y mulatos. No se reporta la presencia de los indígenas ya que con seguridad solamente estaba tomándose en cuenta la cabecera municipal. Alcozauca es uno de los pocos pueblos de la región de la Montaña donde se comenzaron a congregar las primeras colonias de españoles.[24]

A partir de 1548, año en que se estima había 10 718 habitantes indígenas en Tlapa, Huamuxtitlán y Olinalá, se observa un descenso gradual de la población hasta llegar, en 1626, a 1 600 indígenas repartidos en las tres comunidades anteriores. Durante este periodo, el abatimiento de la población indígena fue cercano a 85 por ciento (figura 7). No existe disponible una información similar para Alcozauca; sin embargo, se puede asumir que la dinámica de su población tuvo un comportamiento similar, debido a que las epidemias y otros fenómenos provocaron una disminución de casi 75 por ciento entre la población indígena de toda la Nueva España durante el siglo XVI.[25]

Ya en el siglo XVII, la población indígena comenzó nuevamente a crecer. A este crecimiento contribuyeron el incremento del número de familias de colonos españoles y el de otros grupos étnicos que llegaron a la región. En 1970, la población de habla mixteca en todo el país era muy similar al cuarto de millón de indígenas que había a finales del siglo XVI y principios del XVII.

[22] R. S. Ravicz, *Organización social de los mixtecos*, México, Instituto Nacional Indigenista (Antropología Social), 1980.

[23] B. Dahlgren, *op. cit.*

[24] Maurilio Muñoz, *op. cit.*

[25] W. Borah y S. F. Cook, "The population of central Mexico in 1548", en *Iberoamericana*, núm. 43, Berkeley-Los Ángeles, University of California Press, 1960; S. F. Cook y W. Borah, "The indianas populations of central Mexico, 1531-1610", en *Iberoamericana*, núm. 44, Berkeley-Los Ángeles, University of California Press, 1960; S. F. Cook y W. Borah, "The aboriginal population of central Mexico on the even of the spanish conquest", en *Iberoamericana*, núm. 45, Berkeley-Los Ángeles, University of California Press, 1963.

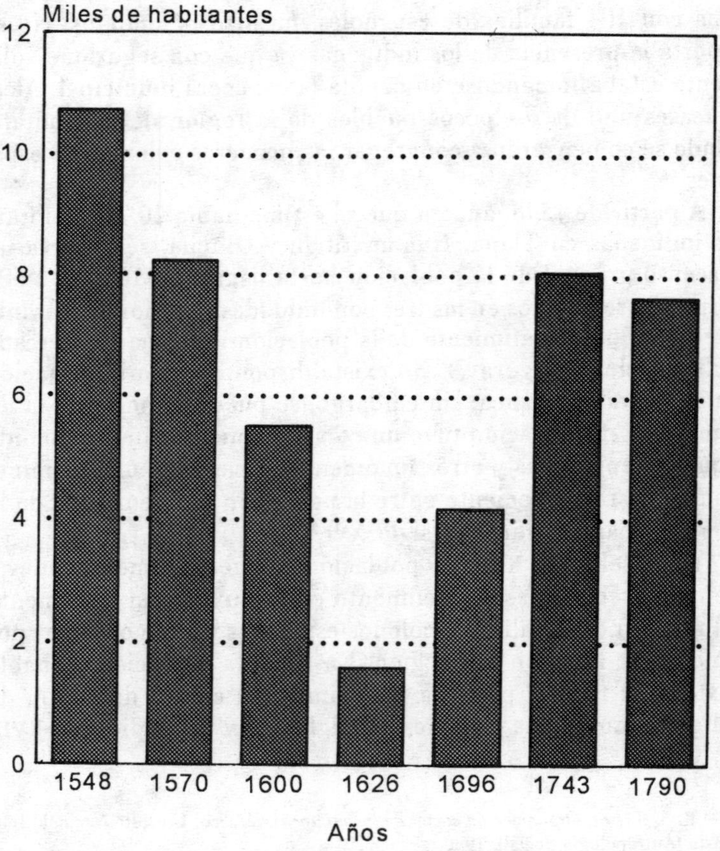

Figura 7. Población indígena de Tlapa, Huamuxtitlán y Olinalá, según la *Relación del Obispado de Oaxaca.*

De acuerdo con el Censo de Población de 1990,[26] la región de la Montaña contaba en ese año con 250 393 habitantes (9.5 por ciento de la población del estado de Guerrero en 13.07 por ciento de su territorio). Por su parte, la población del municipio de Alcozauca ascendía a 15 089 habitantes (6.03 por ciento de la región). Con 550 km^2 de territorio, la densidad de población actual en Alcozauca es de 27.43 habitantes por km^2.

En la actualidad, la población de Alcozauca se encuentra en crecimiento. En el periodo de 1980 a 1990, la tasa anual de crecimiento poblacional en la región fue de 2.58 por ciento, mientras que la tasa a nivel estatal fue de 2.43. Aunque en los últimos 50 años la población del municipio ha aumentado a más del doble, la tasa de crecimiento se ha mantenido relativamente estable y cercana a la de toda la región de la Montaña (figura 8).

El municipio de Alcozauca está constituido por 20 comunidades (cuadro 2), algunas de las cuales muestran un franco decremento en sus tasas netas de crecimiento, mientras que otras continúan creciendo, inclusive por encima de la tasa promedio del municipio. La mitad de los habitantes del municipio vive en poblados con un número de entre 500 y 1 000 habitantes (fotografía 7); sólo la cabecera municipal y Xochapa cuentan con más de 1 000 habitantes.[27]

ASPECTOS ETNOGRÁFICOS

Grupos étnicos

Según el Censo de Población de 1980,[28] aproximadamente 92 por ciento de la población mayor de cinco años que vivía en el municipio de Alcozauca era hablante de alguna lengua indígena, y 60 por ciento de éstos eran monolingües. Los mixtecos son el grupo más numeroso. Habitan en todos los poblados del munici-

[26] SPP, *XI Censo Nacional de Población y Vivienda. Estado de Guerrero. Cifras preliminares*, México, 1991.

[27] SPP, 1983, *op. cit.*

[28] *Idem.*

Cuadro 2

NÚMERO DE HABITANTES EN LAS COMUNIDADES DEL MUNICIPIO DE ALCOZAUCA

Comunidad	*Mixteco*	*1960*	*1970*	*1980*	*1982*	*1983-1984*
Acametla	Ndu-u-va	178	206	239	246	
Ahuejutla	Ita tiú	109	152	212	227	
Alcozauca	Tacuá	888	1 224	1 694	1 807	
Almolonga		200	261	341	359	
Altamira		48	76	86	88	
Amalpica	Tundacua	132	182	252	269	210
Cerro Azul	Yucu náha	184	200	217	220	
Chimaltepec	Cúsha	337	364	394	401	
Cuyuxtláhuac	Yoso ndivai	438	547	683	710	
Gpe. Buenavista	Ñu yata	27	30	34	35	
Ixcuinatoyac	Tianá	627	608	590	586	815
Lomasoyatl	Yucu tioccó	666	453	308	285	
Melchor Ocampo	Ita ndavi	540	511	581	597	
San José Laguna		248	341	467	498	570
San Miguel el Gde.		237	577	967	1 072	
Petlacalancingo	Cha tu	224	175	137	131	
Tlahuapa	Tin cuáa	364	524	754	810	
Xochapa	Ita itá	809	989	1 206	1 254	
Xonacatlán	Ticummi	942	934	925	923	
Zoyatlán	Ta ñuhú	810	706	613	596	

Fuente: Plan municipal de desarrollo urbano, gobierno del estado de Guerrero, 1980.

pio y constituyen alrededor de 96 por ciento de la población indígena de este lugar (fotografía 8).

Al norte y al noroeste del municipio se localizan algunos grupos nahuas, los cuales habitan en comunidades predominantemente mixtecas. Existen también algunos grupos minoritarios formados por indígenas tlapanecos, los cuales viven en la comunidad de Petlacalcingo, en el sudoeste del municipio.

Aunque 40 por ciento de la población indígena es bilingüe, la comunicación cotidiana en todos los casos es mediante el uso de la lengua indígena. La lengua española sólo es utilizada para comunicarse con la población mestiza. En la generalidad de los casos, el monolingüismo es más acentuado en las mujeres. Exis-

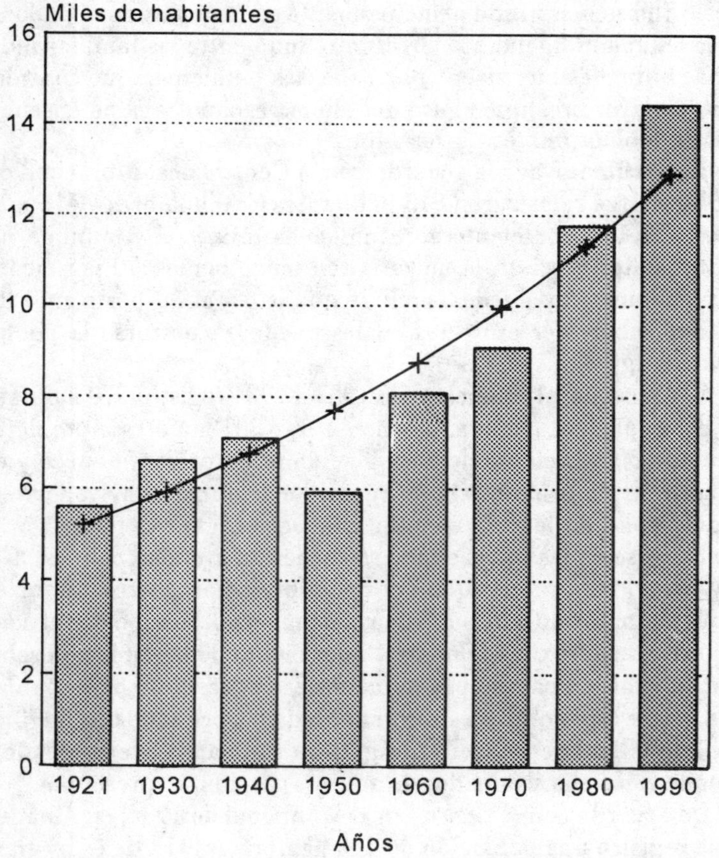

Figura 8. Crecimiento de la población de Alcozauca (SPP, 1980; INEGI, 1992).

ten algunos casos de trilingüismo entre los pobladores nahuas, quienes frecuentemente establecen comunicación con la población mixteca y ocasionalmente con la mestiza. Ocho por ciento de la población es mestiza y por lo común sólo habla español.

Existe una tendencia creciente a la desaparición de la cultura local. Ello se manifiesta principalmente en el paulatino abandono de la lengua indígena, y ocurre sobre todo entre las familias indígenas bilingües que viven en la cabecera municipal, que consideran de mayor prestigio el uso del idioma español y ya no enseñan más la lengua mixteca a los niños.

En Ixcuinatoyac, de acuerdo con el Censo Local Municipal de 1983-1984, se registraron 815 habitantes (400 hombres y 415 mujeres). El 100 por ciento son indígenas mixtecos y, aunque no existen datos precisos, la mayoría son monolingües (70 por ciento son analfabetas y puede asumirse que es en el 30 por ciento de los que saben leer entre los cuales puede encontrarse la población bilingüe).

El Censo Local Municipal de 1983 a 1984 registró 570 habitantes para San José Laguna, 269 hombres y 301 mujeres. Aproximadamente 50 por ciento de la población es de origen mixteco y el restante es de origen nahua. Aunque existe una convivencia en el desarrollo de la vida comunitaria, se presenta la tendencia a establecerse en las zonas donde se encuentra afinidad cultural. No hay un registro oficial que aporte información acerca del nivel de monolingüismo y bilingüismo; sin embargo, se sabe por el censo local que aproximadamente 42 por ciento de la población sabe leer, lo cual indica que por lo menos ese procentaje de la población habla español. En esta comunidad es frecuente el bilingüismo náhuatl-mixteco y el trilingüismo náhuatl-mixteco-español, aunque no se ha evaluado en qué proporción se presentan.

De acuerdo con el Censo Local Municipal de 1984, en Amapilca se registró una población de 210 habitantes, 113 de éstos eran hombres y 97 mujeres. La población indígena es mixteca y constituye alrededor de 50 por ciento. El resto son mestizos. Aunque se carece de datos precisos, es posible asumir que entre la población indígena es pequeño el grado de monolingüismo, debido a su cercanía con la cabecera municipal, lo cual implica una constante interacción con la población mestiza.

En Alcozauca, la cabecera municipal, el Censo Local Municipal de 1982 registró un total de 1 807 habitantes. De acuerdo con el Censo General de Población por Grado de Bilingüismo, realizado en 1980 por la escuela primaria local, 50 por ciento de la población hablaba solamente español (puede asumirse entonces que la mayoría es población mestiza); 40 por ciento era bilingüe (puede decirse que la gran mayoría de éstos son indígenas mixtecos, ya que son muy pocos los casos de mestizos bilingües); y el diez por ciento restante era monolingüe mixteca. En esta comunidad, la población indígena se encuentra separada de la mestiza en los llamados barrios La Cruz Verde y Las Mesitas, y aunque existe una relación constante con los mestizos, la población indígena conserva arraigados sus valores culturales tradicionales debido a la misma segregación cultural. En la zona ocupada por la población mestiza habitan algunas familias de origen mixteco, las cuales se ven fuertemente influidas por los procesos de aculturación, en ellas se presenta un proceso paulatino de abandono de los patrones culturales indígenas y la consecuente adopción de los valores mestizos.

Vivienda

Al igual que en otras regiones indígenas de México, la habitación indígena ha sufrido poco o ningún cambio desde la época prehispánica. En la *Relación de Tilantongo* se describe la habitación de los antiguos mixtecos de la siguiente manera:

> Los edificios y casas de estos naturales son a manera de celdas pequeñas, son de terrado y de adobe y piedra blanca y están apartadas las unas de las otras buen rato, porque tienen casa y sementera junto; los materiales que usan son piedras, vigas, tablas, cal.[29]

En la actualidad, las viviendas indígenas de Alcozauca son en su mayoría de una sola pieza, donde están ubicadas la cocina, el dormitorio y la estancia. La forma de estas construcciones es rectangular, sus pisos son de tierra y tienen paredes de adobe, a veces revocadas y encaladas, o de carrizo, emplastadas con una

[29] B. Dahlgren, *op. cit.*

mezcla de lodo y pastos o estiércol vacuno. Por lo general carecen de ventanas. Los techos pueden ser de palma (*Brahea dulcis*), de tejamaniles, o de tejas de barro cocido (fotografía 9); estos materiales descansan sobre una estructura "a dos aguas" constituida por vigas y morillos. Los muebles son escasos; generalmente hay algunos catres de otate, petates, y en ocasiones una mesa y el metate junto al fogón (fotografía 10). Todas las casas tienen un espacio exterior llamado solar o calmil, donde se realiza la agricultura y la crianza de animales domésticos. En Ixcuinatoyac las casas pueden tener también un tapanco adicional construido de madera.

Las casas de los mestizos con frecuencia tienen más de una habitación y la cocina está separada de los dormitorios. La forma de la construcción es también rectangular, los pisos pueden ser de cemento, de mosaico, de petatillo de barro cocido, o de tierra. Las paredes pueden ser de adobe o tabique, generalmente revocadas y pintadas. También carecen de ventanas. Los techos generalmente son de tejamanil y tejas de barro, y algunos pueden ser de lámina de asbesto o de concreto.

Las diferencias entre la vivienda indígena y la mestiza no son tajantes. De hecho, algunos mestizos habitan en viviendas de tipo indígena, como en el caso de Amapilca, mientras que algunas familias indígenas, particularmente las que habitan en la zona mestiza de la cabecera municipal, viven en casas de tipo mestizo.

Vestido

El vestido de los mixtecos de Alcozauca ha sufrido un fuerte proceso de cambio. Dahlgren describe la vestimenta mixteca prehispánica de la siguiente manera:

> El traje más común entre los indios mixtecos consistía en una manta anudada al hombro y un braguero. El traje de las mujeres era una blusa (huipil) y como falda una enagua, es decir, un pedazo de tela alrededor del cuerpo y mantenido en su lugar por una faja. Las "prendas" estaban hechas de algodón... pero había también varios lugares donde se fabricaban de ixtle.[30]

[30] *Idem.*

Actualmente es cada vez más generalizado el uso de camisa y pantalón de telas sintéticas. El huipil y la enagua prácticamente ya no se usan y los sustitutos también son de telas sintéticas. El uso del calzón y camisa de manta persiste sólo en los poblados más tradicionales y particularmente entre la población de edad avanzada. Es generalizado el uso del sombrero entre los hombres mestizos e indígenas, aun cuando los alcozauquenses son grandes tejedores de sombreros de palma, casi siempre los adquieren en el mercado. El calzado más común entre los hombres indígenas es el huarache hecho con cintas de carnaza y suela de hule; entre los mestizos es más generalizado el uso de zapato de piel o plástico. La mujer indígena tradicionalmente anda descalza, aunque en la actualidad es creciente el uso de calzado de plástico; las mestizas usan zapato de piel o de plástico (fotografía 11).

Al igual que en el caso de la vivienda, las diferencias que en el vestido existen entre la población indígena y la mestiza no son tajantes. De este modo, una proporción cada vez más grande de la población indígena está cambiando el vestido tradicional por la indumentaria mestiza, mientras que algunos otros habitantes del municipio, que podrían ser caracterizados como mestizos, usan una indumentaria propiamente indígena.

Organización política y social

De acuerdo con la *Relación de Chila*, los antiguos mixtecos

> ...se gobernaban por sus caciques y señores naturales, los cuales hacían sus leyes y ordenanzas a su modo, con acuerdo de todos los principales del pueblo, y nunca el dicho cacique hacía cosa por sí solo sino que, para cualquier cosas de justicia que se hubiese de hacer, los juntaba a todos, digo los principales, y ante todos se trataba de la cosa y entre todos en común acuerdo se determinaba, y aquello se ejecutaba [...] El cacique se ayudaba del consejo de los sacerdotes de su gentilidad. Eran los consejeros del señor hombres ancianos sabios y muy experimentados.[31]

[31] *Idem.*

Actualmente en Alcozauca, como en la mayoría de los pueblos indígenas de México, coexisten dos formas de organización política y social: la indígena tradicional y aquélla establecida en la legislación.

La cabecera es el centro político de todas las comunidades que integran al municipio. Es la sede de la representación popular, encargada de ejercer y administrar los presupuestos federal y estatal, así como de cumplir otras funciones civiles.

En las comunidades se elige por sufragio a los representantes civiles y a los comisarios municipales, ejidales y de bienes comunales. En todas ellas la Asamblea Comunitaria tiene una autoridad de decisión primordial. En Ixcuinatoyac y San José Laguna coexisten una autoridad civil y una autoridad tradicional: el Consejo de Principales. Dicho Consejo está constituido por personas de reconocido prestigio por su sabiduría, sensatez e iniciativa en el desarrollo de la vida comunitaria. Los miembros del Consejo no son de elección popular, son llamados por el mismo Consejo y no siempre son ancianos. En estas dos comunidades funcionan en forma integrada el comisario municipal y el Consejo de Principales. En ocasiones, un comisario que termina su periodo puede pasar a formar parte del Consejo de Principales. Aunque este tipo de autoridad dual funciona en la mayoría de las comunidades del municipio, en Alcozauca, la cabecera municipal, y en Amapilca ya no existe Consejo de Principales (fotografía 12).

Otro aspecto importante de la organización social tradicional es el que se refiere al sistema de trabajo cooperativo a nivel de comunidad, interfamiliar e intrafamiliar. Este tema será desarrollado en el siguiente capítulo.

Religión

Dahlgren describió a grandes rasgos la religión de la población mixteca prehispánica de la siguiente manera:

> era politeísta, cada lugar tenía, además de su ídolo del lugar o dios principal, una serie de deidades para diferentes ocasiones de la vida y para diferentes ocupaciones. Cada pueblo tenía en su centro un templo y adoratorio en cuevas y cumbres cercanas. Cada

dios estaba a cargo de un sacerdote, que hacía las ofrendas y fiestas acostumbradas en cada caso. Las fiestas duraban varios días. El patrón de los labradores mixtecos era el dios de la lluvia.[32]

Con la conquista española se inició un proceso paulatino de penetración del catolicismo, el cual sustituyó a la religión indígena. En Alcozauca existen evidencias de que este proceso tomó auge con la construcción en 1574 del templo de Santa Mónica Alcozauca. Algunos registros de los primeros bautizos efectuados a los indígenas mixtecos de Alcozauca se conservan aún en el archivo eclesiástico del templo de esta comunidad y datan de 1609. Como ocurrió en toda la Nueva España, este proceso de penetración religiosa frecuentemente fue violento e implicó la destrucción de los antiguos templos prehispánicos. De este modo, la construcción de los templos cristianos por los frailes agustinos en la región de la Montaña fue realizada sobre los basamentos de los antiguos templos mixtecos.

Al igual que en todo Mesoamérica, las religiones antiguas no pudieron ser eliminadas totalmente sino que los evangelizadores se vieron en la necesidad de adecuar la doctrina cristiana a las características de la religión nativa, produciéndose un importante sincretismo que persiste hasta nuestros días. En efecto, aunque en la actualidad prácticamente 100 por ciento de la población del municipio es católica, diversos ritos y modalidades del culto católico entre la población indígena aún conservan elementos prehispánicos. Tal es el caso de la celebración de ritos propiciatorios así como la veneración de un número grande de santos patronos a los cuales se ofrecen fiestas.

En todas las fiestas cristianas se acostumbra preparar una serie de alimentos que por lo complicado de su preparación y por su costo sólo son consumidos en tales ocasiones. Para cada una de las fiestas se nombran mayordomos, quienes se encargan de organizarlas de acuerdo con los fondos de la cofradía; ellos realizan los gastos de ofrendas, ornato y comida. Las principales festividades religiosas en las cuatro comunidades estudiadas son las siguientes:

[32] *Idem.*

Cuarto viernes. Ésta es la fiesta de carnaval y se realiza en todas las comunidades. Se festeja con procesiones, danzas y misas. Se consumen alimentos elaborados con carne y en algunos pueblos se prepara la *chicha* con base en maíz fermentado. Esta festividad se lleva a cabo el cuarto viernes de carnaval, en el mes de marzo.

Día de san José. El 19 de marzo, la comunidad de San José Laguna celebra a su santo patrono. El cura de la iglesia de Alcozauca acude a ese poblado para celebrar la misa. Desde la víspera quedan instalados puestos de comida, ropa, juguetes y otros, por comerciantes que llegan de varias comunidades. Se realizan torneos deportivos y bailes. En la mañana del 19 de marzo, los músicos y el mayordomo efectúan un recorrido por el poblado, estacionándose en las esquinas de las calles para hacer alegoría e invitar a la población a la fiesta. Los propietarios de las viviendas de las esquinas están obligados a recibir a los músicos con cerveza, mezcal y cigarros. Por la tarde se prepara un corral donde se montan toros. Se elabora un ponche de frutas y mezcal que se reparte entre la concurrencia. En la comisaría, los principales se encargan de administrar el reparto de cigarros y mezcal entre la población. Hay música todo el día. Durante la noche se realizan juegos pirotécnicos. La comida es abundante; cada familia está obligada a hospedar y alimentar a los invitados de otras comunidades (fotografía 13).

Semana santa. Durante los días de la semana santa se realizan procesiones por todas las calles de los poblados, llevando consigo las diferentes imágenes religiosas. En estas fechas se consumen generalmente torta de huevo y pescado. Se elabora también atole de pinole con maíz rojo.

Día de santa Mónica. El 4 de mayo es la fiesta principal de la comunidad de Alcozauca y se celebra en honor de la santa patrona. Se realizan procesiones, danzas, misa, bailes y juegos pirotécnicos. A esta fiesta acuden peregrinos procedentes de distintos puntos del país. El mayordomo, aparte de organizar las actividades, realiza una fiesta y atiende a los peregrinos.

Día de san Miguel. San Miguel Arcángel es el santo patrón de Ixcuinatoyac. El 8 de mayo se celebra su nacimiento. En la víspera, el mayordomo y los principales acuden a la iglesia con ofrendas. En la noche se prenden juegos pirotécnicos. El 8 de mayo se hace un corral para montar toros y se comen tamales, chilate, pan y se bebe aguardiente en abundancia. Durante la cosecha se escogen algunas mazorcas llamadas *reina* que tienen olote doble. Éstas son colocadas en la troje de tal manera que puedan distinguirse del resto; llegada la fiesta de san Miguel, son usadas para elaborar atole o tortillas.

Día de san Mateo. Esta fiesta se realiza en San José Laguna el 21 de septiembre. Aunque san José es el santo patrón del pueblo, se considera a san Mateo el *patrón principal* y es la fiesta más grande de la localidad. La fiesta dura tres días y a ella asisten invitados de otras comunidades. De la misma manera que durante la fiesta de san José, hay comida y bebida en abundancia y los invitados deben ser atendidos por las familias anfitrionas.

Día de la Purísima Concepción. Se celebra el 8 de diciembre. Ésta es la santa patrona de la comunidad de Amalpica. En la víspera, la asamblea comunitaria elige a una o varias personas como mayordomos de acuerdo con sus posibilidades económicas. Los mayordomos están obligados a costear los gastos de la música, la bebida y la comida.

También se realizan fiestas con motivo de matrimonios, bautizos, muertes o inauguración o bendición de alguna casa. En todas ellas participa un número importante de pobladores y se come y bebe en abundancia.

Rituales agrícolas

El pensamiento mágico-religioso entre los pueblos mesoamericanos ha tenido a lo largo de la historia una estrecha relación con las prácticas agrícolas, su base de subsistencia. Existen tres festividades religiosas celebradas en común por todos los pueblos del municipio de Alcozauca y, en general, de la Montaña de Guerrero, y que tienen una relación muy estrecha con el ciclo agrícola de temporal. Tales fiestas son: 1) San Marcos, el 25 de abril; 2) San Miguel, el 29 de septiembre, 3) Todos los Santos, los días 1 y 2 de noviembre.

San Marcos personifica al antiguo dios de la lluvia y la fertilidad de la tierra. Recibe en la actualidad el nombre mixteco de Sa'vi, el cual literalmente significa lluvia, y era el mismo nombre prehispánico de la deidad de la lluvia. Este dios, de acuerdo con Wolf,[33] es análogo al Tláloc de los nahuas, al Chac de los mayas, al Cocijo de los zapotecas y al Tajín de los totonacos. Como se ha mencionado anteriormente, Sa'vi era el dios principal de los labradores mixtecos.

En el *Proceso de Yanhuitlán* se señalaba ya que los antiguos mixtecos:

> especialmente tenían cuidado del diablo del agua, que se dice Zagüii (*sa'vi*) dijo: que cuando no llovía, este testigo sacaba su ídolo y lo ponía delante de sí con mucha reverencia, el cual ídolo era de piedra y le ofrecía copal, plumas, sangre, y decíale que se doliese, que los macehuales tenían hambre, que pues era dios del agua que lloviese, que él le prometía de sacrificalle palomas, codornices, perros, papagayos de los grandes, y alguna persona conforme la intención que este testigo tenía y tomaba agua de una jícara y derramábala hacia arriba encima de lo que tenía ofrecido al ídolo y tomaba una pelota de esta tierra que llama vle que es de resina y goma de árboles y la echaba en el suelo que saltase y después quemaba la dicha pelota y con aquella resina untaba al demonio y luego, hecho su sacrificio, hacía llamar al cacique y a Don Francisco para que trujese todas aquellas cosas y la persona que habían de sacrificar porque este testigo no encerraba al demonio hasta le haber dado todo lo que le había prometido este testigo y luego el dicho cacique y Don Francisco le enviaban todo lo que él les pedía, porque tenían siempre muchachos en depósito para sacrificio. Fuéle preguntado a este testigo cuántas personas mató e hizo matar en el tiempo que fue papa [...] Fuéle preguntado de qué manera lo hacían; dijo: que él se iba a un cerro el más alto que había y llevaba su ídolo y la persona que había de sacrificar y ponía el ídolo en una parte donde le parecía y delante le daba humo de copal y hablaba con el ídolo un rato y después ponía al muchacho delante y lo sacrificaban, y que a este demonio del agua no se ofrecían personas grandes sino niños y que sacrificado el dicho niño le sacaba el corazón por el pecho y lo ponía delante del ídolo y ansí se estaba dos días o más tiempo, y después quemaba el corazón y la ceniza la tomaba y ponía con todo lo demás ofrecido al ídolo y lo hacía un envoltorio y lo guardaba.[34]

[33] E. Wolf, *Pueblos y culturas de Mesoamérica*, México, ERA, 1986.
[34] B. Dahlgren, *op. cit.*

Actualmente, en la Montaña de Guerrero siguen realizándose rituales propiciatorios en torno a Sa'vi. Aunque la fecha de la festividad es el 25 de abril, en realidad los rituales comienzan desde la cosecha del maíz de temporal, entre noviembre y diciembre. Durante la cosecha se tiene cuidado en seleccionar las mazorcas que presentan doble olote, las cuales reciben el nombre de *mazorcas reina* o *niñí coo* en mixteco, el cual literalmente significa "mazorca de culebra". Este último término es equivalente al nombre *cencóatl* que dan los nahuas de la región a estas mazorcas y que significa "serpiente de maíz". Los mixtecos también nombran a estas mazorcas con el término Sa'vi, y son un símbolo de fertilidad. Se utilizan para ofrendar a Sa'vi simbólicamente con los mejores frutos y propiciar que la próxima cosecha sea buena.

Se seleccionan doce mazorcas reina y se colocan dentro de las trojes, distinguiéndose del resto del maíz cosechado porque son acomodadas en posición vertical. El 23 de abril se extraen estas mazorcas de la troje y se colocan en el piso en un arreglo especial de ocho mazorcas formadas, y las cuatro restantes las ubican en los márgenes apical y basal de dicha formación. Posteriormente se sacrifica una gallina, de manera que la sangre bañe a las mazorcas así dispuestas. Durante este acto se pronuncian rezos en mixteco para agradecer a Sa'vi. Una vez concluido este ritual, las mazorcas reina se desgranan y con ellas se preparan las tortillas que ofrecerán a san Marcos o Sa'vi el 24 de abril (la víspera del día principal).

Todas las comunidades y barrios mixtecos practican el culto a Sa'vi de manera un tanto similar a como se describe en el *Proceso de Yanhuitlán*. Desde la mañana del 24 de abril acuden a las cimas de los cerros, o a las cuevas, grupos familiares o comunitarios para iniciar los preparativos. Un grupo de hombres prepara una enramada de forma semiesférica alrededor de un pequeño altar de piedras. En el centro de dicho altar se encuentra representado Sa'vi mediante una piedra alargada, con una muesca en la parte media, a manera de boca. Paralelamente, las mujeres juntan leña e inician los preparativos de los alimentos.

La ceremonia comienza colocando velas, sahumerios con copal y flores en el interior del altar, iniciando con rezos en mixteco (fotografía 14). El rezandero puede ser una o varias personas con prestigio y autoridad moral en la comunidad, o bien, pueden ser miembros del Consejo de Principales. Estas personas piden a Sa'vi beneficios para su pueblo, en especial salud, buenas cosechas, que no lleguen plagas, que no se muera el ganado y que éste se reproduzca, así como éxito en los trabajos comunitarios.

Las gallinas, guajolotes, cabras y cerdos que se utilizarán para preparar los alimentos son sacrificados al pie de la piedra y su sangre se vierte en la muesca o cavidad que representa la boca de Sa'vi. El rezandero coloca además, en la base de la piedra erecta, un pedazo de papel donde se irán colocando las ofrendas de alimentos sólidos. Poco a poco las mujeres llevan al altar las cabezas, patas y vísceras de los animales que preparan para comer, aunque también llevan alimentos preparados, tales como caldos, mole y las tortillas que prepararon con las mazorcas reina. Todos estos alimentos que se ofrecen a Sa'vi son enterrados en la base de la piedra que simboliza a esta deidad. En el altar hay también botellas con mezcal y aguardiente, así como chicha de maíz, cuya elaboración es un proceso minucioso que dura alrededor de quince días y que es preparada exclusivamente para esta fiesta. Las bebidas alcohólicas son compartidas entre toda la concurrencia y también se vierten sobre la tierra y la muesca de la piedra erecta, simbolizando con ello el convite a Sa'vi.

Aunque no existe información precisa, es posible que en tiempos prehispánicos estos ritos propiciatorios se realizaran entre el fin del periodo de sequía y el comienzo de la temporada de lluvias, antes de preparar la tierra para la siembra. Es probable también que a lo largo de la dominación española, con su introducción del catolicismo, estos rituales se unificaran en torno al 25 de abril y que de ahí Sa'vi adoptara el nombre cristiano de san Marcos.

El 25 de abril se celebra una misa, cuando hay sacerdote, o rosarios en las iglesias. En algunas comunidades, los agricultores este día llevan a bendecir las semillas que utilizarán en el próximo temporal. La organización de todos estos festejos es responsabilidad de la comisaría de cada comunidad y de los mayordomos que se nombran para tal fin.

La fiesta de san Miguel se celebra desde el 28 de septiembre. Las familias campesinas se reúnen para ir a sus milpas a preparar el recibimiento de *san Miguelito*. En esta fecha se llevan a las parcelas alimentos preparados, como tamales, mole de gallina o guajolote, pan y tortillas, los cuales serán enterrados dentro de la milpa. Se elaboran además adornos en forma de cruz con la *flor de san Miguel* (*Zinnia violacea*) y se colocan en las plantas de maíz que se encuentran en las esquinas del campo de cultivo. Posteriormente se sahúma la milpa con copal y se lanzan cohetes.

En algunas comunidades, el día 29 de septiembre se cortan elotes y se llevan en procesión a las iglesias. Estos elotes son bendecidos y los mayordomos disponen de ellos. Se dice que en esta fecha san Miguel baja a visitar las milpas y los que no han hecho adornos y ceremonias corren el riesgo de hacer enojar a san Miguel y tener mala cosecha. La fiesta de san Miguel es la fiesta del elote, similar a la de la Xilocruz que registra Villela entre los nahuas de Zitlala, Ayahualulco y Acatlán.[35]

La fiesta de Todos los Santos se celebra en todo México de manera muy importante y en general se relaciona con la conmemoración de los muertos. Sin embargo, esta celebración no se encuentra registrada como tal, en el México prehispánico, en las crónicas de la Conquista y la colonización española. Por las características que adopta en el contexto socioeconómico y cultural de la Montaña de Guerrero, más bien parece sugerir que esta fiesta de los muertos es en realidad un vestigio de antiguas fiestas prehispánicas de cosecha. Dahlgren[36] hace referencia a una fiesta de cosecha que se hacía todos los años alrededor de Todos los Santos en honor a un dios llamado Huicatuta, que al parecer era el nombre dado a la fiesta. Algunas personas mayores dicen que "los abuelos decían que esta fiesta se llamaba *Vicó tutyá*", lo que literalmente significa "fiesta del atole" (en mixteco *vicó* significa fiesta y *tutyá*, atole). Es probable que *huicatuta* sea una palabra deformada por los españoles, derivada de *vicó tutyá*. En el *Proceso de Yanhuitlán* se dice que durante esta fiesta: "mandaba uno de los señores sacar todos los demonios y, desatados a cada envoltorio mataba una paloma o codorniz o otra ave y sobre ellos lla[ma]ba al demonio y echábanles copal".[37]

[35] Villela, 1983.
[36] B. Dahlgren, *op. cit.*
[37] *Idem.*

En Alcozauca la forma de festejar el día de Todos los Santos no es muy distinta a como se realiza en otros lugares. En la víspera se prepara una gran cantidad de alimentos, los cuales se ofrecerán durante un largo convite y se colocarán en los altares. Éstos se adornan con retratos, con los objetos que en vida preferían los muertos y con *flor de muerto* o *cempoalxóchitl*, la cual en mixteco es conocida como *yita cuá* o *flor amarilla* (hay una especie silvestre, *Tagetes tenuifolia* y una especie cultivada, *Tagetes erecta*). La tarde del 31 de octubre el pueblo se congrega en el panteón con el fin de adornar las tumbas, y ahí permanecen toda la noche, hay rezos y se prenden castillos de fuegos artificiales. Al amanecer del día 1 de noviembre, el pueblo baja en procesión a la iglesia y a la comisaría, acompañado de los *muertos pequeños*. El día 2 se repite esta actividad para llevar a los *muertos grandes*. La banda de música recorre todas las casas del poblado. La fiesta se prolonga el tiempo necesario para que los músicos visiten todas las casas y festejen a los muertos de cada una de ellas, en ocasiones la fiesta dura más de una semana. Cuando este recorrido ha concluido, se realiza otra procesión para acompañar a los muertos otra vez al panteón. La fiesta de Todos los Santos es la más importante en cuanto a gastos, preparación, organización y duración (fotografía 15).

ASPECTOS SOCIOECONÓMICOS

Población económicamente activa

De acuerdo con el X Censo Nacional de Población, en 1980 la población económicamente activa (PEA) en el municipio de Alcozauca era de 5 596 habitantes.[38] Esto representaba 47 por ciento de la población total y 75 por ciento de la población en edad productiva (entre los 12 y 64 años); sin embargo, solamente 30 por ciento de la PEA recibía algún salario. En realidad puede decirse que la PEA es mayor, ya que generalmente la población se incorpora a la actividad productiva desde los cinco años de edad, pues,

[38] SPP, 1983, *op. cit.*

como se verá más adelante, los hijos pequeños ayudan a sus padres tanto en el cuidado de los animales domésticos como en el tejido de sombreros. De este modo, puede estimarse que en la PEA se debería incluir 75 por ciento de la población total del municipio.

El sector de la producción primaria es el que incluye la mayor parte de la PEA. Según el Censo Agrícola Ganadero y Ejidal el sector primario comprende a 55 por ciento de la población,[39] pero este porcentaje debe ser significativamente más alto pues, con excepciones contadas, la gran mayoría de la población realiza actividades agropecuarias, incluyendo a muchos de los habitantes que participan en los sectores secundario y terciario. Debido a que el destino de la producción del sector primario es fundamentalmente la autosubsistencia familiar, son pocas las personas que localmente son remuneradas por su trabajo, en su mayoría se trata de peones o jornaleros (en el Censo arriba citado se reportan 41 jornaleros). Existe un sistema de aparcería que, por ser tan fluctuante y variable en términos económicos, es difícil de evaluar. La mayor parte de la PEA en el sector primario se mantiene ocupada sólo durante el ciclo agrícola de primavera-verano; y aunque durante la sequía algunos logran ingresos obtenidos del tejido de la palma, una considerable fuerza de trabajo (en algunas comunidades llega a 60 por ciento) emigra temporalmente hacia Morelos, Sinaloa, el Distrito Federal, o inclusive a Estados Unidos.

El sector secundario está constituido por pequeñas industrias tales como panaderías, fábricas de mezcal o de tabique y tejas y producción artesanal. Tales actividades generalmente no son registradas en los censos y es difícil estimar su importancia, pero en general esas industrias ocupan a la misma población involucrada en el sector primario.

El sector terciario lo conforman comerciantes (en 1980 el Censo reporta 110 comerciantes, los cuales representan a 1.8 por ciento de la PEA) y empleados públicos (maestros, burócratas y médicos). Cabe señalar que en este sector existen traslapes con los sectores primario y secundario, ya que algunos comerciantes y empleados públicos son también agricultores, o bien participan

[39] SPP, *Manual de estadísticas básicas del estado de Guerrero*, México, 1984.

en las pequeñas industrias. En el mismo sector terciario se presentan también traslapes, pues algunos empleados públicos son al mismo tiempo comerciantes.

Tlapa es el centro de las actividades económicas terciarias de la región. Debido a la concentración de los servicios y de la producción regional en ese lugar, es el mercado más importante para los pobladores de Alcozauca. En dicha ciudad existe una importante red comercial y un tianguis que funciona diariamente. Los sábados y domingos el mercado concentra a vendedores de varios municipios de *tierra caliente* (Huamuxtitlán, Cualac, Ichcateopan, entre otros) y de la *montaña* (Metlatonoc y Malinaltepec y algunos otros). Aunque acuden pocos vendedores de Alcozauca, los pobladores de este municipio frecuentemente asisten para adquirir una gran variedad de productos que no pueden obtener en el suyo (fotografía 16).

Existen también sistemas de mercado entre grupos de poblaciones, tal es el caso de las comunidades de Igualita, San José Laguna y Petlacalancingo; el de la Luz de Juárez y Amapilca; y el de Coycoyán (Oaxaca) y la comunidad de San Miguel el Grande.

El pueblo de Alcozauca es un sitio muy importante para el intercambio económico a nivel municipal. En su mercado se reúnen vendedores de todo el municipio, los cuales llevan a vender parte de su producción agrícola, ganadera y artesanal. Ahí llegan también comerciantes de Tlalixtaquilla y Xochihuehuetlán (Guerrero), así como de Zapotitlán Lagunas y Jicayán (Oaxaca). Al interior de cada comunidad y aun entre ellas existen formas de intercambio económico basadas en el trueque de diferentes productos agrícolas y pecuarios.

En la cabecera municipal hay diversos comercios: tiendas de abarrotes, mercerías, papelerías, paleterías, panaderías, farmacias, cantinas, carnicerías, molinos de nixtamal, etcétera. En el resto de los poblados es frecuente encontrar solamente pequeñas tiendas de abarrotes y tiendas Conasupo.

Educación

El renglón educativo, junto con el de la salud y comunicaciones, es uno de los que más claramente muestra la situación de marginación que persiste en la región de la Montaña. Aproximadamente 71 por ciento de la población mayor de seis años es analfabeta, y solamente 42 por ciento de la población en edad escolar (entre los cinco y quince años) sabe leer y escribir. Aunque en casi todas las comunidades del municipio existen escuelas primarias, el ciclo escolar de seis años solamente se cubre en las de Alcozauca, Cuyuxtlahuac, San José Laguna, Tlahuapa y Xochapa. En la cabecera municipal existe un Centro de Integración Social, dependiente de la SEP. Éste funciona como internado exclusivo para alumnos indígenas. Allí se imparte educación primaria completa y se enseñan actividades agropecuarias y artesanales. También hay una escuela secundaria que cubre los tres años del ciclo de educación media básica. La preparatoria y normal generalmente se estudian en Tlapa o en la ciudad de México (fotografía 17).

Salud

De acuerdo con el Censo de Población de 1990, en la región de la Montaña de Guerrero había un centro de salud por cada seis comunidades y por cada 3 592 habitantes, así como un hospital por cada 115 000 personas.[40] Alcozauca tiene una clínica de servicio médico asistencial que se construyó en 1980 como parte de un programa impulsado conjuntamente por el Instituto Mexicano del Seguro Social y la Coordinación General del Plan Nacional de Zonas Deprimidas y Grupos Marginados (IMSS/Coplamar). Esta clínica se encuentra ubicada en la cabecera municipal. También hay dispensarios médicos en Tlahuapa, Xonacatlán y Xochapa, auspiciados por la Secretaría de Salubridad y Asistencia; sin embargo, estos servicios representan apenas un médico por cada 2 900 habitantes del municipio. Más aún, si se considera la irregularidad con la que se prestan los servicios, esta proporción resulta peor.

No obstante, las clínicas y dispensarios médicos no son los únicos medios para atender la salud. Los pobladores de Alcozauca recurren a diferentes niveles de atención médica, según el tipo

[40] SPP, 1991, *op. cit.*

de enfermedad. En un primer nivel, acuden a las personas de la comunidad que poseen conocimientos curativos tradicionales; generalmente se trata de yerberos, hueseros y parteras. En este nivel se atienden generalmente enfermedades gastrointestinales como gastroenteritis, gastritis, úlceras gástricas, diarrea, empacho y disentería; y algunas afecciones respiratorias como catarros, gripe, tos, amigdalitis; también se atienden casos de fiebre, luxaciones y fracturas y la mayoría de los partos. En el apéndice I se enlistan las plantas medicinales que son utilizadas tradicionalmente para la atención de la salud en los casos mencionados. En el cuadro 3 se presenta un resumen de las enfermedades que comúnmente se atienden en este primer nivel, así como el número de especies de plantas medicinales que se utilizan para atenderlas.

En un segundo nivel, los pobladores recurren al dispensario médico de la comunidad más próxima, o a la clínica de la cabecera municipal. En este nivel es posible adquirir antibióticos, analgésicos, sueros y sondas. Es posible también atender fracturas, envenenamientos, cirugías menores y partos.

En un tercer nivel, generalmente para atender las enfermedades más graves, los alcozauquenses acuden a alguno de los dos hospitales que se encuentran en la ciudad de Tlapa, o bien pueden dirigirse a Chilpancingo, o a la ciudad de México.

No obstante, de acuerdo con Reyes,[41] las enfermedades que causan más defunciones en la Montaña de Guerrero son la disentería, la bronconeumonía, la tos ferina, las parasitosis y las infecciones gastrointestinales. La cisticercosis es tal vez otra causa importante de mortalidad, pero generalmente no es registrada en las actas de defunción. Para todas estas enfermedades, como ya sabemos, hace tiempo que existen soluciones médicas. Su alta incidencia como causa de mortandad es un indicador de las deficiencias en el sistema local de salud.

[41] K. I. Reyes, *Educación y promoción nutricional en áreas interétnicas, para realizar el Servicio Social de Licenciatura en Nutrición, Zapotitlán Tablas, Guerrero*, México, 1982.

Cuadro 3

PRINCIPALES ENFERMEDADES ATENDIDAS MEDIANTE LA HERBOLARIA MÉDICA TRADICIONAL Y EL NÚMERO DE ESPECIES DE PLANTAS UTILIZADAS

Enfermedades	*Número de especies*
Epilepsia	2
Mezquinos	4
Fiebre	13
Oftálmicas	6
Reumatismo	6
Quemaduras	2
Hemorragias	5
Malestares (analgésicos)	25
Dentales	4
Inflamaciones	9
Cólicos	3
Tos	9
Sarampión	1
Disentería	10
Diarreas	12
Úlceras gástricas	6
Dolor de estómago	11
Empacho	3
Asma	1
Congestión bronquial	2
Diabetes	3
Locura	1
Mordedura de serpiente	3
Piquete de alacrán	2
Micosis	2
Mal de aire	6
Mal de ojo	3
Caspa	2
Torceduras	20
Piojos	3
Infecciones (antisépticos)	7
Parto (uteroconstrictores)	4
Cálculos biliares	1
Hemorroides	1
Gripe	4
Menstruación irregular	1
Vértigos	2
Vómito	4
Parásitos intestinales	8
Estreñimiento	3
Hematomas	5
Inapetencia	2

Servicios y comunicaciones

Alrededor de 82 por ciento de las viviendas (cerca de 9 000 habitantes) carecían en 1980 de servicios de agua y luz. Prácticamente todas las viviendas carecen de drenaje y sólo en las casas de algunos mestizos de la cabecera municipal existen letrinas. En cuanto a las vías de comunicación, el municipio cuenta con dos caminos de terracería y varias brechas, que son difícilmente transitables durante la época de lluvias. Hasta 1989 el municipio tenía servicio de transporte en avioneta hacia Tlapa, Huajuapan de León (Oaxaca), Izúcar de Matamoros (Puebla) y Cuautla (Morelos); sin embargo, éste ha dejado de funcionar. Existen los servicios postal y telefónico en la cabecera municipal y en San José Laguna.

SEGUNDA PARTE

PROCESOS DE PRODUCCIÓN. ESTRATEGIAS DE SUBSISTENCIA

INTRODUCCIÓN

La economía del municipio de Alcozauca está basada en un amplio espectro de actividades productivas. Éstas son, en orden de importancia, la agricultura, la ganadería nómada de libre pastoreo, la recolección de plantas silvestres e insectos, la caza, la pesca, así como diversas prácticas de extracción forestal que dan lugar a diferentes actividades económicas secundarias, tales como la manufactura de artesanías y la elaboración de mezcal. Un sector de la población, estimado en 30 por ciento de las familias campesinas, complementa su economía con el trabajo asalariado en diversos lugares del país, a los que emigra temporalmente cada año.

Las relaciones económicas asociadas a estas actividades productivas, así como la tecnología empleada en ellas, combinan tres tipos de elementos: los heredados de la antigua cultura mixteca, los impuestos por los colonizadores españoles y los resultantes de la relación entre las comunidades mixtecas con la sociedad nacional actual.

Diversas fuentes sostienen que la organización económica de los mixtecos, tanto en el régimen de propiedad como en la forma de tributación, seguía un patrón similar al del resto de Mesoamérica.[1] En cuanto a los sistemas de propiedad, por ejemplo, las tierras de los cacicazgos estaban divididas entre el cacique y los principales que funcionaban como jefes de clanes. Tales clanes

[1] B. Dahlgren, *op. cit.*

mixtecos, "como en las tribus del centro, estaban localizados en barrios, y sus miembros tenían parcelas en usufructo".[2]

El tributo de los macehuales para el cacique, era "...la base material del sistema sociopolítico mixteco".[3] Dicho tributo era entregado en forma de trabajo o en especie, teniendo que satisfacer los macehuales los distintos niveles de poder tributario, es decir, el del cacique de su comunidad, el del reino de la comarca y, finalmente, si el pueblo era conquistado por los mexicas, tenían que otorgar tributo al señor de Tenochtitlan; todo lo cual permite apreciar la magnitud de la explotación a la que eran sometidos los comuneros macehuales.

A la llegada de los españoles, los mixtecos se encontraban dominados por los mexicas. Se mantenían las antiguas divisiones en reinos y cacicazgos, las cuales pertenecían a su vez a distintas regiones geográficas y dialectales. De acuerdo con Dahlgren, "hay una gran probabilidad de que estas divisiones fueran, en la mayoría de los casos, respetadas por los españoles al hacer sus jurisdicciones, alcaldías, corregimientos y encomiendas".[4] Si bien la conquista española significó un impacto sociocultural muy fuerte, no ocurrió lo mismo en el plano de la organización económica, al menos en los primeros años del periodo colonial, manteniéndose en esencia el sistema tributario anterior. El dominio español, a lo más, llegó a intensificar la explotación de la fuerza de trabajo.

Muñoz señala que en la región de la Montaña de Guerrero, durante la década de los cincuenta predominaba aún la forma de cultivo prehispánica y caracterizaba la situación como "...igual que en los primeros años de la colonia".[5] Si se toma en cuenta esta apreciación puede establecerse de manera general que no es sino hasta el periodo de industrialización de México, a partir de la década de los cuarenta, cuando se han comenzado a producir cambios importantes en la estructura económica de los municipios más apartados de la región de la Montaña. Este proceso ha ocurrido en forma acelerada y ha traído como consecuencia gran-

[2] *Idem.*
[3] *Idem.*
[4] *Idem.*
[5] Maurilio Muñoz, *op. cit.*

des desajustes, tanto en el plano de la organización económicosocial y cultural como en el plano de la relación de la sociedad con la naturaleza.

En los siguientes capítulos se analizan las relaciones entre la sociedad y la naturaleza que se presentan en los procesos de producción primaria. En ellos podrán apreciarse los cambios tecnológicos desarrollados a lo largo de la historia, así como el papel que desempeñan los diferentes sistemas productivos en la economía campesina.

III. AGRICULTURA

En buena parte, los sistemas de producción agrícola que pueden reconocerse en la actualidad parecen ser semejantes a los sistemas antiguos, según se desprende del estudio de las fuentes documentales. Aunque existen pocos datos en torno de los sistemas agrícolas de los antiguos mixtecos, Dahlgren presenta los siguientes rasgos generales:

> Todos los pueblos de esta región mixteca, amuzgos, ichcatecas, triquis, chochos y cuicatecos —y desde luego los mixtecos— fueron agricultores. La base de su cultivo era el maíz, que siempre iba asociado con cultivos secundarios de frijol y calabaza y, en algunos lugares, de chile. Además había cultivos adicionales de "semillas" como chía y huautli. Al parecer se cultivaban también algunos árboles frutales, ya que la *Relación de Acatlán* refiere que el aguacate, el mamey, el texalzapotl, el xocotl y el zapote negro eran "árboles de cultura". Aunque no se menciona así, es posible suponer que el nopal y el maguey fueron igualmente cultivados. Al parecer las plantas arriba citadas, fueron cultivadas generalmente en toda la región mixteca, con excepción quizá del chile y una especie de chía blanca llamada chiantzotzolli, las cuales fueron cultivadas sólo en Acatlán. En las zonas de tierra caliente y templada se cultivaba el algodón y en la costa el cacao parece haber sido también de gran importancia.[1]

La forma de agricultura más ampliamente difundida en la región

[1] B. Dahlgren, *op. cit.*

era la que se conoce actualmente como *tlacolol*,[2] aunque también existen evidencias del manejo de las vegas de río para llevar a cabo la agricultura de riego,[3] así como del uso de las terrazas.[4] De la misma manera destaca la importancia del solar como sistema típico de las culturas mesoamericanas, sistema que es citado ampliamente por multitud de autores; y finalmente el sistema de huerta frutícola, del cual dan fe diversos cronistas de la región.[5]

Durante la Colonia, en algunas zonas de la Mixteca la tecnología agrícola se vio mejorada por la introducción de nuevas especies de plantas cultivadas y elementos tecnológicos como el arado y la yunta. En la Montaña de Guerrero estas innovaciones se comenzaron a generalizar en el presente siglo. En áreas como el municipio de Alcozauca dichas innovaciones tecnológicas han sido acompañadas de cambios significativos en los procesos productivos, tales como la intensificación del uso del suelo agrícola y el empleo cada vez más generalizado de fertilizantes y otros insumos agrícolas.

El Alcozauca, como en la mayoría de las comunidades rurales donde aún se preservan rasgos de las culturas autóctonas, la característica más sobresaliente de los sistemas agrícolas es su diversidad, tanto de las especies y variedades de plantas que se cultivan como de las prácticas tecnológicas que se utilizan. Esa diversidad es el resultado de una cultura agrícola milenaria, cuyo principio rector es el logro de una producción sostenida mediante la adaptación de las plantas y de la tecnología a las diferentes condiciones ambientales que existen en la zona.

Por lo común resulta difícil caracterizar y describir en forma metódica los sistemas agrícolas de las regiones indígenas, debido a la variedad de elementos socioculturales, tecnológicos y

[2] *Idem*; W. Krickeberg, *Las antiguas culturas mexicanas*, México, FCE, 1982; F. Benítez, *Los indios de México*, México, ERA, 4a. ed., 1981.

[3] B. Dahlgren, *op. cit.*; P. Armillas, "Notas sobre...", *op. cit.*; P. Armillas, "Land use...", *op. cit.*

[4] B. Dahlgren, *op. cit.*; F. Benítez, *op. cit.*

[5] B. Dahlgren, *op. cit.*; R. Acuña (ed.), *Relaciones geográficas del siglo XVI: Antequera*, México, UNAM, t. I, 1984a; *ibid.*, t. II, 1984b; R. Acuña (ed.), *Relaciones geográficas del siglo XVI: Tlaxcala*, México, UNAM, t. II, 1985a; R. Acuña (ed.), *Relaciones geográficas del siglo XVI: México*, México, UNAM, t. I, 1985b; *ibid.*, t. II, 1986.

Cuadro 4

FACTORES Y ELEMENTOS PARA EL ANÁLISIS DE LOS SISTEMAS AGRÍCOLAS

Factores	*Elementos*
Ecológicos	Clima, humedad, rango altitudinal, unidades geomorfológicas, suelos, pendiente, plagas
Tecnológicos	Forma de labranza, cultivares (plantas cultivadas), ciclos agrícolas, intensidad de uso (periodos de uso y de descanso de la tierra), manejo del agua, aperos de labranza, formas de fertilización, tipos de fertilizantes, métodos de control de plagas
Socioeconómicos	Fuerza de trabajo, formas de organización del trabajo, formas de cooperación, tamaño de los predios, tipo de propiedad, destino de la producción

Fuente: C. Mapes *et al.*, ''La agricultura en una región indígena: la cuenca del lago de Pátzcuaro'', en R. T. Rojas (coord.), *Agricultura indígena: pasado y presente*, México, La Casa Chata, 1990.

ambientales que se involucran. La descripción de los sistemas agrícolas del municipio de Alcozauca, que se presenta a continuación, se hizo con base en los principios de análisis y caracterización de los desarrollados por Mapes y coautores, para el estudio de los sistemas agrícolas de la región del lago de Pátzcuaro.[6] Este análisis se realizó mediante la comparación de tres grupos básicos de factores: los ecológicos, los tecnológicos y los socioeconómicos (cuadro 4). La clasificación obtenida fue después comparada con el sistema mixteco de nomenclatura de las prácticas agrícolas. Fueron encontradas numerosas coincidencias

[6] C. Mapes *et al.*, ''La agricultura en una región indígena: la cuenca del lago de Pátzcuaro'', en R. T. Rojas (coord.), *Agricultura indígena: pasado y presente*, México, La Casa Chata, 1990, pp. 275-341.

Cuadro 5

CLASIFICACIÓN DE LOS SISTEMAS AGRÍCOLAS

Tipo	*Subtipo*		*Sistemas*	*Subsistemas*
Campo o monte* *Yuhtú yucú*	Anuales	Temporal * *Yuhtú sohvi*	1. Yunta (TY)* *Yuhtú yunta*	Cima* *Shiqui*
				Ladera* *Ndica*
				Jolla* *Yoso*
			2. Tlacolol (TT)* *Yuhtú ndashi*	
		Riego* *Yuhtú nto yó*	3. Vega (RV)	
			4. Monte de manantial (RMM)	
			5. Monte de arroyo (RMA)	Laderas y jollas
			6. Monte de río (RMR)	
Solar* *Ñuu yee*	Perennes		7. Huertos frutícolas (HF)* *Tuyi ton too yo*	
	Combinados		8. Milpas con frutales (MF)	
			9. Solares con riego (SR)* *Ñu yee ntooyó*	
			10. Solares de temporal (ST)* Ñu yee	

* Categorías del sistema tradicional de clasificación.

entre ambos sistemas, como lo demuestra el hecho de que la mayoría de los sistemas reconocidos en aquel estudio tienen un término equivalente en el sistema mixteco de nomenclatura. En el cuadro 5 se presenta el esquema de clasificación de los sistemas agrícolas reconocidos; se incluyen también los términos mixtecos que existen para algunas categorías.

A continuación se describen los diferentes sistemas agrícolas reconocidos.

Sistemas agrícolas

Sistema de Temporal Tlacolol (TT). Yuhtu sahvi ndáshi (en mixteco)

Éste es el sistema que presenta los rasgos tecnológicos más antiguos y el más ampliamente practicado en Mesoamérica antes de la introducción de la yunta y el arado por los conquistadores españoles. En la región de la Montaña este sistema ha logrado preservarse aún después de 400 años de haberse introducido el arado en México. Las características naturales de la zona, que no permiten la generalización de los modelos agrícolas tecnificados; la fuerte marginación social, así como la vigorosa cultura tlacololera que existe entre la población indígena local, son sin duda los factores más importantes que permiten explicar la persistencia de este sistema agrícola. No obstante lo anterior, desde la década de 1950[7] el tlacolol ha empezado a perder importancia y en la actualidad sólo ocupa los terrenos marginales, con mayor pendiente y pedregosidad, en los que difícilmente puede entrar la yunta.

En Alcozauca, el tlacolol puede localizarse prácticamente en todos los climas. De acuerdo con las características mesoclimáticas, pueden encontrarse diferentes grados de humedad en los terrenos destinados a este sistema. Existen tlacololes entre los 1 400 y cerca de 2 900 msnm, ocupando laderas desde el pie de monte hasta la zona de montaña, con pendientes muy pronunciadas. Los suelos en los cuales se desarrolla este tipo de agricultura son muy variables dependiendo del sustrato litológico, pero se caracterizan en general por su pedregosidad. Los factores limitativos más importantes para este sistema son la pendiente, que dificulta las labores agrícolas y favorece la erosión, al igual que la sequía y la irregularidad de la precipitación, los cuales afectan en general a todos los sistemas de temporal (fotografía 18).

Como todos los sistemas de temporal, el tlacolol sólo puede cultivarse en el ciclo primavera-verano, que es generalmente más corto que para el caso del sistema de yunta, debido al empleo de variedades precoces o *ligeras* (en *tierra caliente* el ciclo por lo general es de finales de mayo a finales de septiembre o principios

[7] Maurilio Muñoz, *op. cit.*

de octubre, mientras que en *montaña* puede ser de finales de mayo a mediados o finales de septiembre).

Un aspecto muy importante del sistema es el referido a la intensidad de la explotación de la tierra. Dependiendo de las características del suelo, un terreno puede cultivarse desde uno hasta dos años. En las zonas de bosque de encino o de pino y encino, con menos pendiente, los terrenos pueden cultivarse durante tres años. Dependiendo del tipo de vegetación original existente en la zona y de la dinámica de regeneración, así como de la forma en que se ha trabajado el terreno (si quedaron tocones, si no hubo mucho deterioro del suelo, etcétera), el barbecho puede durar de tres a quince años. Debe tenerse en cuenta que, de acuerdo con la información de los campesinos, el bosque tropical caducifolio se recupera en un lapso de entre siete y diez años; el bosque de encino toma de doce a 18 y el bosque de pino y encino puede tardar de quince a 20 años. En cualquier caso la característica esencial de este sisema agrícola es que el periodo de descanso es siempre mayor al de uso.

En la actualidad, el crecimiento de la población ha hecho insuficiente la superficie agrícola disponible, por lo cual se han abierto muchos nuevos terrenos al cultivo, al mismo tiempo que se ha recortado drásticamente el periodo de descanso de los terrenos ya bajo cultivo. Esto último tiene resultados negativos para el sistema de tlacolol, ya que en éste generalmente no se utiliza ningún tipo de fertilizante sino que la regeneración natural de la vegetación es lo único que permite la recuperación del suelo. Esto significa que al acortarse los periodos de descanso, en cada reapertura del terreno habrá tierra más pobre que en el ciclo anterior y, por lo tanto, menores rendimientos.

En el sistema de tlacolol no existe ninguna forma de riego y el control de las plagas se realiza manualmente, rara vez se utilizan plaguicidas. Una de las características distintivas de este sistema es el uso de la coa o pico (en mixteco *yahta*); además, como se verá más adelante, en las diversas actividades se utilizan el azadón, la texala, el punzón para pizcar y, para la roza y tumba, el machete y el hacha, respectivamente (figura 9).

Tal como ocurría en la antigua economía macehual, la fuerza de trabajo que interviene en el cultivo del tlacolol es la de la familia. Excepto en las labores de preparación de la tierra, en todas las demás actividades intervienen colectivamente hombres, muje-

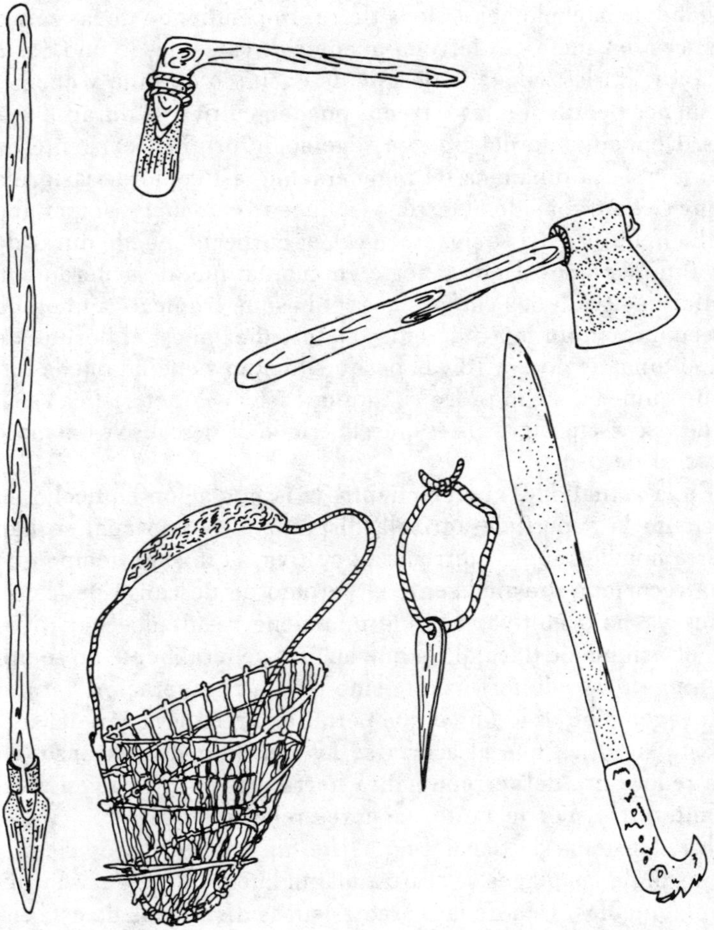

Figura 9. Herramientas empleadas en la agricultura.

res y niños mayores de cuatro años. Para realizar la roza, tumba y quema y algunas otras labores agrícolas, se recurre al *tequi* o ayuda mutua entre agricultores.[8] De este modo los dueños de la milpa en turno están obligados a devolver el trabajo a quienes han colaborado con ellos. Esta forma de cooperación es muy común en Ixcuinatoyac. En los barrios Las Mesitas y La Cruz Verde, en Alcozauca, se ha observado una forma de cooperación similar, pero ocurre sólo entre familias cercanamente emparentadas. Algo semejante sucede entre la población indígena y mestiza en Amapilca y San José Laguna. En el tlacolol no se emplea fuerza de trabajo remunerada.

La estrategia agroecológica más común en los tlacololes es el policultivo de maíz, frijol y calabaza, aunque también puede presentarse el monocultivo del amaranto.

El tamaño de los predios puede variar desde 0.25 hasta 2 ha en terrenos comunales y ejidales (no se registró ningún predio privado cultivado de esta forma). El rendimiento de este sistema puede variar entre 300 y 600 kg de maíz/ha, aunque excepcionalmente puede llegar a 700 u 800 kg de maíz/ha.

La producción del tlacolol está destinada al autoconsumo y sólo cuando se requiere de algún ingreso monetario o de algún producto en especial, se llega a vender o intercambiar una parte de la cosecha, que de ninguna manera es excedente.

El calendario agrícola del sistema de tlacolol es el siguiente:

a) Roza y tumba. Cuando se abre un nuevo campo de cultivo, primeramente se roza o elimina la vegetación herbácea y arbustiva con el machete. En seguida se procede a la tumba de los árboles mediante el uso del hacha. Una hectárea puede ser limpiada en cuatro días mediante el trabajo de seis personas. En los tlacololes se dejan los tocones e incluso los troncos desenramados (especialmente de encino y tepeguaje) con el fin de asegurar un rápido restablecimiento de la vegetación natural después del periodo de uso agrícola. Estas actividades se desarrollan durante los meses de noviembre o diciembre.
b) Guardarraya y quema. Cuando se ha extraído la madera útil,

[8] *Idem.*

se ha secado ya la vegetación rozada y tumbada, y además no hay vientos que puedan provocar incendios, se hace una guardarraya alrededor del campo de cultivo (se despoja una franja ancha de cualquier material inflamable) con el fin de evitar que el fuego se extienda a vegetación de terrenos colindantes. Posteriormente se realiza la quema, que puede requerir el trabajo de dos personas durante un día para una hectárea de terreno. Esta actividad es de gran importancia para el enriquecimiento del suelo mediante la ceniza, así como para la eliminación de algunas plagas y malezas mediante el fuego. Esta actividad se desarrolla durante el mes de abril.

c) Quema de cañuelas. Cuando se va a reutilizar un terreno, esto es, antes de iniciar un segundo o tercer ciclos, y antes de que ocurran las lluvias, se procede a juntar y quemar los restos de raíces y tallos que quedaron del ciclo anterior junto con las malezas secas que prosperaron durante el barbecho. Esta actividad la lleva a cabo un solo hombre en tres o cuatro días. Esta práctica se realiza en el mes de abril.

d) Siembra. A fines de mayo, o hasta mediados de junio, se procede a sembrar. Se hace un hoyo con la coa o bastón y se depositan tres o cuatro semillas de maíz y una de frijol. Posteriormente se depositan tres o cuatro semillas de calabaza intercaladas entre cada dos hoyos para maíz y frijol. Se procura seguir hileras aunque frecuentemente la disposición es irregular debido a la complicada topografía del terreno. Esta actividad se realiza en un solo día y en ella participa toda la familia.

e) Desjihuitada. Entre 15 o 20 días después de la siembra se procede al deshierbe o desjihuitada. El terreno es limpiado de malezas o *jihuite* con el fin de evitar la competencia con las plantas cultivadas. Durante este proceso se hace una selección muy importante de las hierbas, dejando crecer en el terreno de cultivo sólo aquellas que son útiles —generalmente quelites y tomates. En esta labor se utiliza el azadón y la texala. Al mismo tiempo que se va limpiando, se le da *beneficio* a cada una de las matas, es decir, se amontona la tierra con las manos alrededor de las plantas de maíz y frijol. Una hectárea de terreno se limpia en una semana con la participación de toda la familia. En agosto puede requerirse otro deshierbe o segunda desjihuitada dependiendo del comportamiento de las malezas y de la edad del terreno de cultivo (fotografía 19).

f) Zacateo. Esta práctica consiste en deshojar las plantas de maíz y doblar hacia abajo las mazorcas para acelerar el secado del grano y evitar que la humedad lo perjudique. Las hojas de maíz que se extraen de esta actividad son utilizadas como forraje para el ganado. En el zacateo interviene toda la familia y puede realizarse en cuatro o cinco días por cada hectárea. A finales de agosto o principios de septiembre, dependiendo del desarrollo de la milpa, es cuando se realiza esta práctica.

g) Cosecha y pizca. A finales de septiembre o principios de octubre, cuando la milpa se ha secado, se abren las hojas de las mazorcas, utilizando un punzón de madera, se cortan éstas para después colocarlas en un ayate o cubeta y transportarlas a la casa. Una familia puede pizcar una hectárea en aproximadamente ocho días. Después se recoge el frijol y por último las calabazas. Finalmente, se cortan los rastrojos con el machete para ser utilizados como forraje (fotografía 20).

Sistema de Temporal con Yunta (TY). Yuhtu sahvi yunta (en mixteco)

En la actualidad, la mayor superficie agrícola de Alcozauca y de toda la región de la Montaña está siendo cultivada con este sistema. Se practica a todo lo largo del gradiente altitudinal del municipio entre los 1 200 y 2 900 msnm y en todo el rango de condiciones de humedad. Dada su extensión, el sistema de yunta ocupa diversas unidades ambientales con múltiples variaciones climáticas que le imprimen características peculiares. De hecho, la clasificación tradicional distingue claramente entre milpa de ladera (*yuhtu ndica*), milpa que se cultiva en jollas y valles intermontanos (*yuhtu yoso*) y milpa que se practica en las cimas de los cerros (*yuhtu shiqui*). La pendiente en cada uno de estos subsistemas es diferente, siendo moderada (hasta 15°) en las laderas, más débil en las cimas y casi nula en muchas jollas y valles intermontanos. La calidad del suelo también es diferente en cada caso, pues mientras los valles y jollas son zonas de depósito de materiales, las cimas y laderas son zonas de desgaste más fácilmente erosionables. Esto implica diferencias notables en la productividad, en la capacidad de carga del terreno, en la cantidad de insumos necesarios y en la tecnología aplicable.

A pesar de sus diferencias, todas las formas de agricultura de yunta comparten características básicas, como el uso del arado y de fertilizantes químicos, así como su dependencia de las lluvias de verano. Esta última característica determina que se realice un solo ciclo de cultivo por año, el cual va de mayo a diciembre. En este sistema, los terrenos se utilizan tres o cuatro años y se les deja descansar de dos a cuatro años. Ante la imposibilidad de incrementar la superficie cultivada, normalmente se recurre a los fertilizantes químicos para obtener una producción suficiente (fotografía 21).

Debido a que este sistema surgió sobre la base del tlacolol, la estrategia agroecológica más común (sobre todo entre la población indígena) es el policultivo de maíz, frijol y calabaza, o por lo menos maíz y frijol y, en ocasiones, la asociación de estos cultivos con camote y cacahuate; sin embargo, también existen monocultivos de maíz, de frijol y de camote. En este sistema se combaten las plagas de forma manual o se utilizan plaguicidas vegetales tradicionales y químicos (apéndice II).

En este sistema la fuerza de trabajo principal es la familiar. Se recurre también a las formas de cooperación mencionadas en el sistema de tlacolol. Sólo en casos de emergencia suele contratarse un peón. En este sistema los predios pueden ser desde 0.5 hasta dos ha cuando son de propiedad comunal o ejidal, pero puede haber lotes privados de más de cinco hectáreas.

El producto de estos cultivos es destinado primordialmente al autoconsumo y el patrón de intercambio es en lo básico el mismo que para el sistema de tlacolol. De acuerdo con la información proporcionada por diversos agricultores, un terreno de sistema de yunta sin fertilizante produce de 600 a 700 kg de maíz/ha, y con fertilizante llega a producir hasta 1.5 ton de maíz/ha, o 1 ton de frijol/ha, sembrados en monocultivo. Cuando se siembra asociado al maíz, solamente se cosechan de 70 a 100 kg de frijol/ha. En una hectárea cultivada con maíz y frijol se obtienen entre 700 y 800 calabazas. En cuanto al rendimiento de los camotes, en una hectárea pueden producirse entre 20 000 y 30 000 piezas.

Las labores agrícolas y el calendario que se sigue en el sistema de yunta es el siguiente:

a) Cuando se abre un nuevo terreno, se realizan las mismas prácticas de roza, tumba y quema descritas para el sistema de tlacolol, aunque en este caso no se dejan los tocones de los árboles tumbados, ya que éstos representan obstáculos para el paso de la yunta. La eliminación de los tocones podría explicar por qué el periodo de recuperación de un terreno en el sistema de yunta es mucho más largo que el requerido para un tlacolol.
b) Limpia. A finales de abril y principios de mayo, se juntan los restos de raíces y tallos del ciclo agrícola anterior y se queman.
c) Barbecho o rayado. A finales de mayo o principios de junio, llegan las primeras lluvias y con ello la tierra se ablanda. Es entonces cuando ésta es preparada para la siembra. Para ello se utiliza el arado de un ala con el cual se *raya*, es decir se ara superficialmente a lo largo de los surcos del ciclo agrícola anterior. Una hectárea se barbecha en cuatro o cinco días y participa sólo una persona con la yunta.
d) Cruza. En cuanto se termina el rayado, se ara el terreno en forma perpendicular a los surcos del ciclo anterior con el fin de romper los surcos viejos y lograr una mejor textura de la tierra. Esta labor ocupa cuatro o cinco días por persona/yunta en una hectárea.
e) Surcado y siembra. Estas dos labores se realizan simultáneamente. El surcado consiste en hacer pasar el arado de doble ala para formar los nuevos surcos. Conforme se van formando los surcos, la mujer o algún otro miembro de la familia va detrás depositando cuatro semillas de maíz y una de frijol por hoyo cada dos pasos, lo tapa con el pie y continúa caminando detrás de la yunta. Posteriormente, por la tarde, se siembran tres o cuatro semillas de calabaza entre cada par de hoyos de maíz y frijol. Se siembra en promedio un cuarto de hectárea por día. Los días recomendables para sembrar son el 13 de junio, día de san Antonio, y el 24 de junio, día de san Juan. La tradición local marca estos dos días como aquellos en que hay mayor probabilidad de que ocurran lluvias fuertes, las cuales

son necesarias para la germinación de las semillas recién sembradas.

f) Desjihuitada. Quince días después de la siembra, y con la ayuda del azadón o la texala, se procede a limpiar de malezas el terreno. En una semana pueden limpiarse dos hectáreas con la participación de toda la familia.

g) Primera labranza o *beneficio*. En cuanto se termina la limpia, se pasa el arado en la milpa con el fin de acumular tierra junto a la planta y de esta manera darle firmeza y procurarle mayor humedad. Esta primera labranza también elimina arvenses indeseables. Durante esta actividad se aplica un puño de fertilizante por mata. Ocasionalmente se realiza una segunda labranza.

h) Zacateo. Algunos campesinos realizan el zacateo durante los últimos días de octubre; otros, pasando la fiesta de Todos los Santos a principios de noviembre, pero de preferencia se hace cuando hay luna llena (según "las reglas antiguas", debía sembrarse con la luna en cuarto creciente y zacatear con la *luna maciza* —entre un cuarto creciente y luna llena). El zacateo durante la luna llena se realiza de noche, ello tiene la ventaja de que puede trabajarse en un ambiente fresco. La labor se lleva a cabo de la misma manera que en el sistema de tlacolol; se arrancan las hojas y se doblan las mazorcas.

i) Pizca. Entre los últimos días de noviembre y los primeros de diciembre se realiza la cosecha de manera similar a como se hace en los tlacololes. El rastrojo se corta también y se almacena o se deja en el terreno.

Sistema de Riego en Vega (RV)

De los sistemas capaces de soportar dos ciclos anuales de cultivo mediante la manipulación del agua, el de vega es sin duda el más importante en Alcozauca, así como en el resto de la región de la Montaña. Éste es también el sistema más productivo del área. Desafortunadamente, la superficie propicia para utilizarse con este sistema agrícola es muy pequeña. En el municipio de Alcozauca únicamente 5 por ciento de los terrenos agrícolas tienen riego.

Existen evidencias históricas de que en muchos poblados de la región de la Montaña de Guerrero, tales como Chilapa, Tlapa, Olinalá, Huamuxtitlán, Chiepetlán e Ichcateopan y algunos que se encuentran fuera de la región pero que forman parte también de la Mixteca Baja, como Acatlán y Petlalcingo, en el siglo XVI se realizaba ya esta práctica agrícola.[9] Esto hace suponer que el sistema de riego en vega se remonta hasta la época precolombina. Existen evidencias arqueológicas de antiguas poblaciones asentadas en las proximidades de la zona de vega de Amapilca, Alcozauca e Ixcuinatoyac, las cuales muy probablemente practicaban este sistema.

Los valles fluviales que constituyen la zona de vega en el municipio se ubican en el intervalo altitudinal que va de 1 200 a 1 600 msnm. En todas las comunidades estudiadas se encontró este sistema excepto en San José Laguna, donde no existen terrenos de vega. La agricultura de riego en vega se realiza en las zonas con los climas más secos, sin embargo, la humedad que reciben los cultivos de este sistema es la más alta de todo el municipio (fotografía 22).

La periodicidad de las inundaciones hace de las vegas zonas de depósito de materiales minerales y orgánicos con una textura adecuada para la agricultura (limo-arenosa). Es necesario hacer notar que en el manejo de las vegas, el conocimiento de la dinámica del río para predecir la periodicidad y la magnitud de las inundaciones resulta de gran importancia. Su mal conocimiento implica la pérdida del control del proceso de enriquecimiento del suelo, la de las cosechas y la de las propias parcelas por las sorpresivas *avenidas*. Se sabe que actualmente la acelerada deforestación propicia el acarreo de mayores volúmenes de suelo y agua de las laderas al río, lo cual produce mayores avenidas durante la época de lluvias. Esto no sólo eleva el nivel de agua en el río sino que también amplía su cauce, con lo cual las parcelas agrícolas son materialmente destruidas por el río. Aunque en la época de secas éste vuelve a su cauce normal, el suelo agrícola puede quedar inservible por las rocas y otros objetos acarreados por la corriente, así como por la destrucción del sistema de canales de riego.

[9] P. Armillas, "Notas sobre...", *op. cit.*; P. Armillas, "Land use...", *op. cit.*

El sostenimiento de este sistema agrícola durante largos periodos supone el mantenimiento del equilibrio de los factores ecológicos que afectan la dinámica de las redes hidrológicas. La ruptura de este equilibrio puede ocasionar graves daños en la economía de una comunidad. Por ejemplo, Armillas, cita que:

> una comparación de la *Suma de Visitas* y la *Relación de Pinto* parece indicar que hacia mediados del siglo XVI tuvo lugar en la región de Teloloapan un activo proceso de erosión y los ríos, que todavía en los años cuarenta [de este siglo] permitían en sus riberas algunos regadíos, corrían tan ahocinados [desbocados] en 1579 que no eran de provecho para los riegos. Sea como quiera, en menos de un siglo las tierras que se describen como un edén en las historias de la conquista mexicana, se habían empobrecido notablemente.[10]

La población actual de Alcozauca está consciente del problema de la erosión. Las personas entrevistadas al respecto coincidieron en afirmar que los ríos de la región han tendido a ampliar su cauce y a desbordarse con mayor intensidad y frecuencia desde hace aproximadamente 30 años. Ellos atribuyen este fenómeno al aumento de la roza en el monte para las actividades agrícolas, así como al incremento en la tala de los bosques, la cual está asociada con el establecimiento del aserradero que hubo en la comunidad de Zoyatlán. La población local ha realizado algunas actividades para enfrentar el problema arriba descrito. Éstas incluyen la construcción de diques o gaviones para controlar las inundaciones peligrosas en Alcozauca y Amapilca. No obstante lo anterior, en otros poblados, como Ixcuinatoyac, los campesinos han optado por abandonar paulatinamente los cultivos de riego, pues año con año el río se *come* importantes porciones de terreno y destruye el sistema de canales, cuya reconstrucción implica un gran esfuerzo. Por otro lado, es común que el río arrastre una gran cantidad de piedras y deje inservibles los terrenos al inundarlos. De esta manera, el sistema de riego corre el gran peligro de desaparecer, con el riesgo de que también desaparezca una

10 *Idem.*

muy importante fuente de ocupación de la fuerza de trabajo durante la sequía.

El sistema de riego en vega se dedica principalmente al monocultivo de maíz, frijol y calabaza, aunque es frecuente encontrar policultivos con estas mismas plantas. Además de los cultivos básicos, en estos terrenos se siembran también chile, jitomate, camote, hortalizas, melón, sandía, huautzontle y caña de azúcar (fotografía 23).

El manejo del agua se realiza mediante riego por gravedad. Para ello se hacen represas de piedra que mantienen un nivel permanente de agua en un punto más elevado que el de la superficie que se va a regar. Se construye también un sistema de canales rústicos controlados manualmente, los cuales permiten irrigar toda la parcela.

Este sistema permite la realización de dos ciclos agrícolas anuales: el de primavera-verano, que abarca de junio a diciembre, y el de otoño-invierno, que abarca de enero a junio. El riego se efectúa principalmente durante la época de secas, aunque en ocasiones pueden realizarse riegos de auxilio durante el ciclo de temporal. La producción es sostenida a lo largo del tiempo y estos terrenos rara vez se dejan descansar. En algunos terrenos se practica la rotación de cultivos. Durante el ciclo de temporal se siembra maíz, frijol y calabaza y con frecuencia también se siembra chiltepín y chile amarillo. Durante el riego de la temporada seca se siembra frijol, sandía, melón y hortalizas. Muñoz señala que en la década de los cuarenta se introdujo el cultivo de arroz en la región de la Montaña y agrega que a principios de los sesenta llegó al municipio de Alcozauca.[11] En la actualidad, sin embargo, no existe ningún sitio en este municipio en el cual se reporte tal cultivo, no obstante que éste es aún importante en otras zonas de la Montaña de Guerrero.

La pendiente de los terrenos en los cuales se practica este sistema agrícola es casi nula, lo cual permite el uso del tractor; sin embargo, es más generalizado el uso del arado, machete, azadón y texala. El combate de las plagas se hace comúnmente con plaguicidas, aunque algunas familias lo hacen en forma manual.

En este sistema agrícola se mantiene a la unidad familiar

[11] Maurilio Muñoz, *op. cit.*

como la fuerza de trabajo básica, sobre todo durante la siembra que es realizada por los adultos. En otras labores tales como las limpias, el zacateo y la pizca participa la familia entera. En el resto de las operaciones sólo participa el padre. En este sistema también se presenta la forma de cooperación interfamiliar del tequi, así como la contratación de peones.

La agricultura de riego en vega permite cierta acumulación de capital, sobre todo en los terrenos de propiedad privada, debido a la mayor productividad del sistema, ya que los predios privados suelen ser de mayor tamaño que las parcelas de tierras ejidales y comunales. Mientras las parcelas de propiedad ejidal y comunal no rebasan las 2 ha, las de propiedad privada pueden sobrepasar las 20 ha. Aquí se presentan entonces dos formas de producción: por un lado está una cuya fuerza de trabajo es familiar o producto de formas antiguas de cooperación no remunerada y cuyo producto se destina al autoconsumo; por el otro, está aquella que cuenta con mayor superficie agrícola y que utiliza alguna maquinaria y fuerza de trabajo no familiar. El número de agricultores del municipio que pueden seguir esta segunda forma de agricultura es, sin embargo, muy reducido.

Según Muñoz, el rendimiento de este sistema en 1950 era de una tonelada de maíz por hectárea en el municipio de Alcozauca.[12] De acuerdo con la información local, una mala cosecha puede ser de una tonelada por hectárea sin utilizar fertilizante, pero en buenas condiciones se pueden llegar a producir dos o más toneladas por hectárea.

Las labores agrícolas propias del sistema de riego en vega son las siguientes:

a) Limpia del terreno. A principios de diciembre, cuando ha concluido la cosecha del ciclo primavera-verano, de inmediato se inicia la limpia del terreno. Como no existe un periodo de descanso entre ciclos de siembra, no hay tiempo para dejar que el ganado coma los esquilmos agrícolas. Éstos tampoco pueden ser quemados debido a la alta humedad del terreno, lo

[12] *Idem.*

que obliga al agricultor a retirarlos él mismo. Esta actividad se lleva tres o cuatro días por hectárea.

b) Primer barbecho. En cuanto se termina la limpia del terreno, se procede al barbecho con yunta y arado de un ala. Este barbecho sigue los surcos dejados al final del ciclo anterior y consume de cuatro a cinco días por hectárea. La finalidad de este trabajo es aflojar la tierra.

c) Segundo barbecho. En seguida se procede al segundo barbecho o *cruzada* con el objeto de darle una mejor textura a la tierra. Se hace en las mismas condiciones del primer barbecho, sólo que en forma perpendicular a los surcos anteriores.

d) Ocho días después, hacia finales de diciembre o principios de enero, se realiza un *rayado*, utilizando yunta y arado, para llevar el agua de los canales hacia el terreno. Posteriormente éste se deja humedecer durante tres días.

e) Tercer barbecho. Ya que se dejó humedecer el terreno, se lleva a cabo otro barbecho en la misma forma que los anteriores.

f) Surcado y siembra. Entre el 10 y 15 de enero se hace el surcado y se siembra de la misma manera que en el sistema de yunta.

g) Riego. Dependiendo del tipo de terreno, éste se riega cada ocho o quince días.

h) Desjihuitada. Se realiza a los 20 días de la siembra, de la misma manera que en el sistema de temporal con yunta.

i) Primera labranza. Se realiza simultáneamente con la fertilización a los 30 días de la siembra. Se efectúa de la misma forma en que el sistema de yunta.

j) Segunda labranza. Se realiza a finales de marzo. Esta operación es practicada más comúnmente que en el sistema de temporal con yunta.

k) Zacateo. El zacateo y la dobla de marzorcas se lleva a cabo a mediados de mayo.

l) Pizca. Se hace entre el 1 y el 15 de junio.

En el ciclo de primavera-verano, tanto el rayado y el periodo de humedecimiento de la tierra como el tercer barbecho no se realizan, ya que en ese entonces ha iniciado el temporal; por lo que después de la cruza, o segundo barbecho, se hace el surcado y siembra hacia finales de junio. De esta manera el cultivo sigue desarrollándose con el agua de lluvia y sólo en caso de ser necesario se realiza el riego por canales. Todos los cultivos de este sistema siguen en esencia el mismo patrón de actividades.

Sistema de Riego de Monte (RM)

Este sistema se practica a una escala mucho más reducida que el de vega. De acuerdo con la fuente de agua que se utiliza, se pueden diferenciar en dos subsistemas: el de manantial y el de río.

A) RIEGO DE MONTE POR MANANTIAL (RMM)

Dentro de las comunidades estudiadas, este sistema puede observarse sólo en Ixcuinatoyac, al NE de la *Jolla de la Luna*, entre 1 900 y 2 000 msnm, dentro del clima Cw_2 uno de los más húmedos del municipio. Ahí se riegan varias parcelas pequeñas (desde 0.5 hasta 1.5 ha) que están dispersas pero en conjunto pueden sumar alrededor de 15 ha. Los terrenos que se riegan mediante este sistema son algunos coluviones tales como jollas y repisas, las cuales tienen pendiente débil y un sustrato litológico de areniscas y lutitas. Los factores limitantes más importantes en este sistema son la erosión y pérdida del suelo.

La fuente de agua que permite este sistema de riego es un manantial localizado en lo alto de un cerro. De dicha fuente se deriva un sistema de canales rústicos. Gracias a que ésta es una fuente permanente de agua, es posible cultivar la tierra dos veces por año. En el ciclo de primavera-verano (junio-diciembre) se realiza el policultivo de maíz, frijol y calabaza; y en el ciclo de otoño-invierno (enero-junio) se cultivan hortalizas, siguiendo calendarios muy similares a los del sistema de riego en vega.

En las labores agrícolas se utilizan los mismos instrumentos que en el sistema de temporal con yunta. Se realiza fertilización química. El control de plagas es manual y sólo ocasionalmente se emplean plaguicidas.

Los agricultores que practican este sistema son todos indígenas mixtecos y el trabajo agrícola se basa en la fuerza de trabajo de la unidad familiar, así como en formas de cooperación interfamiliares semejantes a las mencionadas en el caso del sistema de temporal con yunta. No existe compra de fuerza de trabajo. La propiedad de los terrenos es comunal y el destino del producto es principalmente el autoconsumo.

De acuerdo con la información local, en el barrio mixteco Las Mesitas, en la cabecera municipal de Alcozauca, funcionaba un sistema similar; sin embargo, éste desapareció hace diez o quince años cuando se agotó el manantial. Sin embargo, aún persiste el sistema de canales.

Como se indicó anteriormente, las labores y los calendarios agrícolas para los cultivos básicos son los mismos que para el sistema de riego en vega. A continuación se describen las labores agrícolas asociadas con el cultivo de chile.

a) Preparación del almácigo. En agosto se construyen almácigos de dos por un metros, que se preparan con tierra suelta areno-sa-limosa y guano de murciélago extraído de las cavernas próximas.
b) Siembra del almácigo. A fines de agosto o principios de septiembre se colocan las semillas dentro del almácigo, espaciadas entre sí cinco o diez centímetros. Se riegan con el agua de lluvia, pero son protegidas para evitar que se pudran por exceso de humedad.
c) Trasplante. A finales de octubre o en noviembre, cuando con anterioridad se ha preparado la tierra como se hace normalmente para cualquier sistema de riego, se van colocando las plántulas separadas por una distancia de aproximadamente un metro sobre los lomos de los surcos. Posteriormente se riegan cada ocho o quince días.
d) Deshierbe. En diciembre, cuando crece la hierba a tal grado que se estima podría afectar al cultivo, se realiza un deshierbe utilizando azadón y texala.
e) Cosecha. Se hace a finales de febrero o principios de marzo.

El ciclo de temporal se inicia con la siembra en almácigo a finales de marzo, se trasplanta en mayo y se cosecha a mediados o fines de agosto.

B) RIEGO DE MONTE POR RÍO (RMR)

Actualmente sólo quedan algunos vestigios de este sistema en Ixcuinatoyac. Resulta interesante comentarlo, ya que al parecer fue un sistema importante en el pasado y la población se encuentra interesada en recuperarlo. Constituye un antecedente interesante que debe tomarse en cuenta para el diseño de obras de riego para zonas similares. Aunque en las demás comunidades estudiadas no se ha observado este sistema, no se descarta su existencia en alguna otra comunidad del municipio.

Este sistema se localiza en las zonas con clima (A)Cw_1 entre 1 600 y 1 800 msnm y en jollas y laderas con pendientes débil o moderada. Los factores limitantes en este caso eran las avenidas que destruían la puerta de entrada del agua al sistema de canales, el azolvamiento de los mismos canales por la erosión de los terrenos próximos, y la pérdida de suelo, sobre todo en los terrenos con pendiente más fuerte.

El manejo del agua consistía en hacer una represa similar a la que se construye en el sistema en vega, en un punto elevado, derivando canales que conducían por gravedad el agua. Varias informaciones locales y el hecho de que actualmente estos terrenos se cultivan bajo el sistema de temporal con yunta, hacen posible reconstruir sus características generales.

Anteriormente se seguía una estrategia de policultivo como en el sistema de temporal con yunta, realizándose dos cultivos al año con un periodo de descanso no determinado. En la actualidad el ciclo de primavera-verano se realiza conforme al patrón del sistema de yunta y muy probablemente el ciclo de otoño-invierno era similar al que existe en el sistema de riego en vega. Se cultivaba con arado de madera, pues aún no se generalizaba el uso del arado de hierro. La forma de fertilización no es muy clara porque el sistema desapareció antes de que llegara el fertilizante químico a la comunidad. Es probable que la intensidad de uso del suelo se compensara en cierta forma con el uso de guano de murciélago obtenido con frecuencia en las cuevas, y también con la recuperación natural de la vegetación.

El agua de este sistema beneficiaba además los solares ubicados en el centro de la población. Se mantenía también el patrón de trabajo familiar y la producción era para el autoconsumo.

Sistema de Huertas Frutícolas (HF)

La característica distintiva del sistema de huertas es que está formado predominantemente por especies de plantas perennes. De acuerdo con el *V Censo Agrícola, Ganadero y Ejidal*, 1970, las huertas frutícolas son prácticamente inexistentes en el municipio;[13] sin embargo, en el presente estudio se reconocieron entre 25 y 30 unidades explotadas de esta forma, las cuales presentan árboles de más de 100 años de edad. Ello permite suponer que tal sistema de cultivo puede tener una antigüedad considerable, probablemente desde el periodo colonial. La mayoría de las huertas se concentra en la cabecera municipal y sólo existe una en Amapilca. No se encontraron ni en Ixcuinatoyac ni en San José Laguna. Sin embargo, existen huertas en otras comunidades del municipio, tales como Zoyatlán de Juárez y Cuyuxtláhuac.

Los pasajes de los códices mixtecos y las crónicas de la Conquista relatan la presencia de *jardines* o *huertas* cultivados por los antiguos pobladores. En Alcozauca, no obstante, las siguientes observaciones permiten afirmar con certeza que el sistema de huertas se desarrolló sólo hasta la época colonial:

a) La totalidad de los propietarios de huertas son mestizos.
b) En Amapilca e Ixcuinatoyac existen varios predios donde es factible establecer las huertas; a pesar de ello, la población indígena prefiere el solar.
c) La gran mayoría de las plantas que constituyen las huertas son especies introducidas; a diferencia de los solares de las comunidades indígenas, en los que la mayoría de las especies cultivadas son nativas de la región u otras partes de Mesoamérica.

Aunque el cultivo de huertas frutales no se encuentra extendido en el municipio, ha brindado una importante fuente de germoplasma, tanto para la introducción de nuevas especies a los solares indígenas como para el desarrollo de algunos programas de fruticultura en la zona.

[13] SPP, *V Censo Agrícola, Ganadero y Ejidal, 1970. Estado de Guerrero*, México, Dirección General de Estadística, 1975.

Las huertas frutícolas se ubican entre 1 200 y 1 350 msnm en las zonas climáticas $A(C)w_0$ y $A(C)w_1$. Están asentadas en los valles aluviales de Amapilca y Alcozauca y tienen resuelto el problema del agua gracias al mismo sistema de riego que beneficia al sistema de riego en vega. La pendiente en estos terrenos es prácticamente nula y los suelos son particularmente ricos en materia orgánica.

La diversidad es una de las características más importantes en los sistemas de huertas frutícolas. En un análisis de la composición y estructura de las huertas frutícolas, se identificaron un total de 39 especies y 66 variedades de árboles y arbustos frutales y 31 especies de plantas ornamentales (fotografía 24). No existe alguna especie o un grupo de ellas que sea dominante en las huertas locales. En realidad cada huerta combina un número grande de especies, lo cual se traduce en la disponibilidad continua de diferentes tipos de frutas a lo largo del año (cuadro 6).

La fuerza de trabajo fundamental en las huertas frutícolas es la de la unidad familiar, aunque son las mujeres quienes dedican mayor tiempo a su mantenimiento. La producción de las huertas es en su mayor parte para el autoconsumo, el resto se destina al mercado local o municipal. En ocasiones se realiza trueque de productos de la huerta, tales como zapote y mamey por maíz y frijol, entre los pobladores de la zona de *tierra fría* y los fruticultores de *tierra caliente* de Alcozauca.

Sistema de Milpas con Frutales (MF)

En la zona de vega de Amapilca, sobre 1 200 msnm, se practica un sistema agrícola que combina las características de los de riego en vega con las de las huertas frutícolas. Ese sistema se reduce a algunas unidades de producción bajo el de vega, en las cuales se plantan especies perennes a manera de lindero en los alrededores de las milpas. Esto representa para los agricultores una producción adicional a la de sus cultivos anuales.

Cuadro 6

RIQUEZA DE ESPECIES EN LAS HUERTAS FRUTÍCOLAS DE ALCOZAUCA

Huerto	*Superficie (m^2)*	*Riqueza frutales*	*Riqueza general*	*Núm. de individuos de frutales*				*Núm. de individuos (general)*				*Densidad ind./m^2*
				Aa	*Ab*	*B*	*T*	*Aa*	*Ab*	*B*	*T*	
1	4 800	20	23	26	41	128	195	28	41	130	199	0.04
2	3 200	7	7	32	0	0	32	32	0	0	32	0.1
3	2 000	8	11	73	9	27	109	75	10	28	113	0.06
4	1 200	9	9	20	17	288	325	20	17	288	325	0.27
5	1 000	14	16	20	36	322	378	20	38	324	382	0.38
6	1 080	14	17	12	16	61	89	13	17	63	93	0.09
7	624	10	13	12	13	321	346	14	17	323	354	0.57
8	1 050	17	19	33	16	1 424	1 473	33	17	1 450	1 500	1.43
9	330	15	16	8	14	153	175	8	14	154	176	0.53
10	440	19	25	7	25	45	77	7	25	47	79	0.18
11	750	14	15	5	13	213	231	5	13	214	232	0.31
12	840	12	14	23	13	9	45	23	16	9	48	0.06
13	864	17	25	6	24	21	51	8	26	29	63	0.07
14	2 976	22	25	23	18	117	158	26	20	117	163	0.05
15	358	32	41	40	64	53	157	44	73	65	182	0.51
16	525	18	26	8	54	28	90	8	57	34	99	0.19
17	954	30	39	5	79	26	110	5	80	40	125	0.13
X	1 351.2	16.2	19.9	20.76	26.6	190.4	237.7	21.7	28.3	195	245	0.3

Aa = árboles altos. *Ab* = árboles bajos. *B* = arbustos. *T* = total de individuos.

Sistema de Solar de Temporal (ST). Ñúu yée (en mixteco)

Como se ha mencionado anteriormente, este sistema de producción agrícola es parte de la tecnología prehispánica en la región. Diversos autores han señalado que el cultivo de diversas especies anuales y perennes alrededor de las casas era una práctica generalizada entre los distintos pueblos mesoamericanos. En el caso de los mixtecos, la *Relación de Tilantongo* indica que: "Los edificios y casa destos naturales, son a manera de celdas pequeñas: son de terrado y de adobe y piedra blanca y están apartadas las unas de las otras buen rato, porque tienen casa y sementera junto..."[14]

Actualmente es un sistema de gran importancia para la economía familiar de los habitantes del municipio. Coincide su distribución con la de las poblaciones humanas, por lo cual abarca prácticamente todas las unidades mesoclimáticas y geomorfológicas. El principal factor limitante de este sistema es la falta de agua. La pendiente también puede ser un factor limitante, pues cuando los solares se establecen en las laderas se favorece la erosión del terreno.

En los solares es generalizado el policultivo de maíz, frijol, chile, calabaza y frecuentemente jitomate, hortalizas y cempasúchil. Éstos se combinan con varias de las especies perennes presentes en el sistema de huertas frutícolas (apéndices III y IV). Es muy importante destacar que aunque en los solares se combinan especies anuales y perennes, siempre predominan las anuales y las perennes se limitan a unos cuantos individuos (fotografía 25).

Debido a que carecen de un sistema de riego, el cultivo de plantas anuales en los solares solamente es posible durante el temporal. En ocasiones, las especies perennes son mantenidas durante la sequía mediante el riego por cubeta. Sin embargo, la mayor parte de ellas son especies nativas capaces de resistir este periodo. Puede haber fertilización química, aunque frecuentemente se utiliza el estiércol de ganado vacuno y caprino. El acceso del ganado de traspatio (aves y cerdos) a estas parcelas permite tam-

[14] B. Dahlgren, *op. cit.*

bién un aporte de materia orgánica. Las plagas se controlan manualmente o con plaguicidas.

La fuerza de trabajo en los solares es la de la unidad familiar, pero es importante destacar que la mayor responsabilidad de su cultivo, cuidado y mantenimiento recae en la mujer. Rara vez se requiere de una cooperación de trabajo externa a la familia; sin embargo, en el barrio de Las Mesitas varias familias emparentadas unen sus terrenos adyacentes y comparten las tareas de cultivo, cuidado, mantenimiento y cosecha. Nunca se observó pago alguno por la fuerza de trabajo para las labores agrícolas.

El tamaño de los predios es muy variable. Comúnmente miden entre 300 y 400 m^2, pudiendo ser tan pequeños como de 25 y 30 m^2, como en el caso de Amapilca, o tan grandes como de 1.5 ha, como en el caso del barrio de Las Mesitas.

El destino de la producción es siempre el autoconsumo. Se cultivan preferentemente aquellas variedades destinadas a consumirse *tiernas* (elotes, ejotes y calabacitas) durante los meses en que se reduce la disponibilidad de los alimentos básicos. Las reservas de granos básicos generalmente se agotan en el mes de junio cuando apenas se está iniciando el cultivo del nuevo ciclo. De este modo, desde mediados de julio hasta septiembre y octubre, los productos del sistema de solar contribuyen a subsanar la carencia de granos básicos para la alimentación.

En el apéndice III puede observarse que las variedades precoces de maíz (los *tatacuaches*) son preferidas en los cultivos de solar y pueden subsanar también las necesidades de masa para tortillas antes de que se realice la cosecha grande, ya que el ciclo del sistema de solar de temporal normalmente es de mayo a septiembre. El maíz tehuacanero, aunque es más lento, por lo general se consume como elote. Los frijoles cultivados en el solar son también de ciclo corto (*ligeros*, *prestos* o *tatacuaches*) y generalmente son de guía y de *cáscara blanda*. Este último carácter al parecer se asocia con un contenido menor de fibra en la vaina, que permite su consumo como ejote. Las calabazas pueden ser *cuarenteña* o *quiña* (*Cucurbita moschata*) y se consumen tiernas; también se aprovechan las puntas de guía y flores de estas especies, por eso se pueden encontrar en los solares otras especies de crecimiento más lento. Junto con las especies cultivadas, crecen como arvenses numerosos individuos de quelites, tomates, jitomates y chiles.

Éstos también son consumidos por la población local, lo que incrementa la importancia de este sistema agrícola para la subsistencia familiar.

Sistema de Solar con Riego (SR)

Este sistema mantiene en esencia las mismas características que el sistema de solar de temporal, con la diferencia de que existe manejo de agua para riego; se trata de solares asentados en la zona de vega del río. El riego en estos solares permite que se cultive un mayor número de especies perennes, las cuales llegan a ser dominantes con respecto de las especies anuales. Por otro lado, el riego permite también dos ciclos de cultivo de las especies anuales.

ALMACENAMIENTO DE LOS PRODUCTOS DE LA AGRICULTURA

Sobre las formas de almacenamiento desarrolladas por los antiguos mixtecos, Burgoa decía que después de la cosecha del maíz:

> lo ponen en sus patios y azoteas días y noches al calor y al sereno hasta que totalmente sienten que está para guardar sin desgranar, y con esta diligencia y hacer que sus trojes en forma que las ventilen los vientos ayudados del temperamento frío; dura el maíz cuatro o cinco años sin polilla, sano, que se socorren de unos a otros años, habiendo hambre en otras partes.[15]

En Alcozauca se mantienen algunos métodos tradicionales para el almacenamiento de maíz. Las *trojes* son los elementos primordiales para este fin. Pueden estar construidas de otates, carrizo, o acahual (*Titonia tubaeiformis*), atadas con mecates de palma (*Brahea dulcis*) o yute (*Agave spp.*). Otra forma usada comúnmente es hacer una troje cuadrada levantada desde el piso, con los mismos materiales, pero cubiertos con emplastes de lodo. Una ter-

[15] Fray Francisco de Burgoa, *Palestra historial*, México, 1934, citado en B. Dahlgren, *op. cit.*

cera forma de troje es aquélla construida con adobe y que tiene el aspecto de una gran olla sostenida por una estrecha base, también de lodo, y cubierta por un toldo circular hecho de palma. Esta troje tiene además una pequeña puerta por donde se pueden ir sacando los granos conforme se necesiten (figura 10).

Los dos últimos tipos de trojes aseguran una mayor protección contra plagas, sobre todo en contra de roedores y gorgojos. En el presente, sin embargo, el uso de las trojes tradicionales se empieza a sustituir por el de tambos de lámina o costales. En estos casos resulta poco efectiva la protección, y los granos se encuentran más susceptibles a la acción de las plagas.

Para la conservación y almacenamiento del frijol, generalmente se usan los costales o tambos mencionados. Las calabazas, colocadas en sitios frescos y secos, pueden conservarse hasta por tres o cuatro meses después de la cosecha. Durante este tiempo, a la par que les son extraídas las semillas, se van usando para consumo humano o como alimento para cerdos. El chile se mantiene seco y así puede conservarse por largo tiempo. Las hortalizas no se pueden conservar, por lo que se deben consumir o vender lo más pronto posible. Lo mismo ocurre con los frutales.

Selección de las semillas

Los campesinos mixtecos cultivan una gran cantidad de plantas, nativas o introducidas, con un grado avanzado de domesticación. Esas especies reciben atención y cuidados desde la siembra hasta la cosecha. Con todas estas plantas, los agricultores han desarrollado mecanismos para seleccionar directa y continuamente las características deseables, echando mano de la variabilidad morfológica y genética que puede existir en una misma especie. Por ejemplo, en Alcozauca se encontraron diez variedades locales de maíz, cada una de ellas reconocida con un nombre distinto, las cuales poseen características específicas que han sido seleccionadas de acuerdo con diferentes propósitos utilitarios.

Los campesinos seleccionan sabores en el maíz. Así, pueden encontrarse variedades de las que han seleccionado los sabores más dulces y por lo mismo están destinadas a consumirse como elotes. Los colores son también elementos de selección y son im-

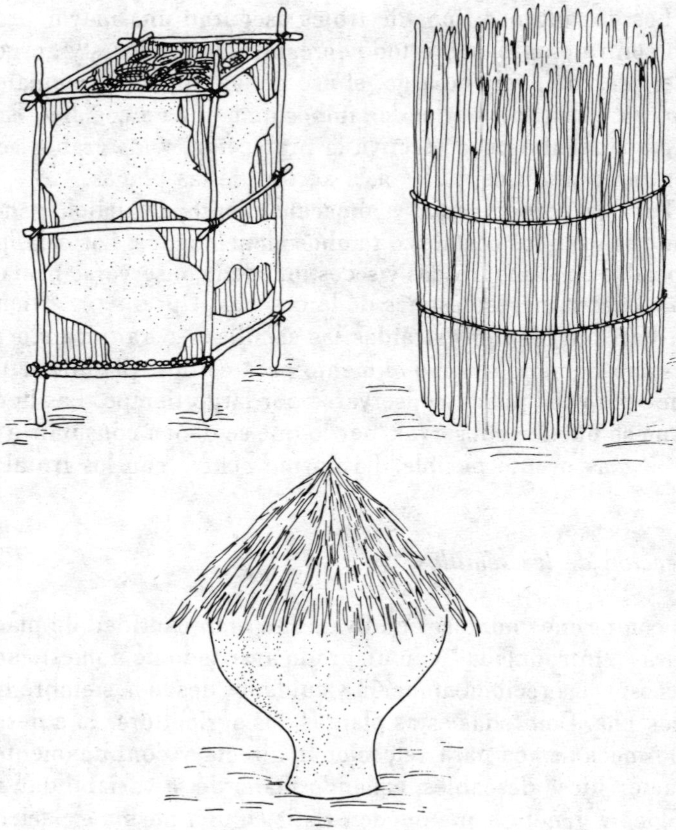

Figura 10. Tipos de troje más utilizadas para el almacenamiento de granos.

portantes sobre todo desde el punto de vista cultural. Por ejemplo, los agricultores procuran preservar la pureza de los maíces de color rojo o azul, pues con ellos se elaboran tortillas, atole y pinole para consumir durante las diferentes fiestas religiosas. El color blanco es seleccionado debido a la preferencia y al prestigio del color pálido de las tortillas de consumo cotidiano. El color amarillo tiene menor prestigio cultural, sin embargo es común encontrar en las trojes maíces de este color, ya que se encuentran asociados con otras ventajas utilitarias (fotografía 26).

El tamaño también es un rasgo sujeto a selección. Por ejemplo, los maíces con granos más grandes son seleccionados para la preparación del pozole. El tamaño de la mazorca y el número de hileras de granos son tomados en cuenta con el fin de incrementar la productividad. La dureza de las semillas es seleccionada con el fin de mejorar la resistencia contra las plagas que atacan durante el almacenamiento. También se seleccionan algunas variedades blandas debido a su mayor facilidad para el cocimiento y molienda; estos maíces generalmente se consumen poco después de la cosecha.

Las características como duración del ciclo de vida, comportamiento temporal (fenología), resistencia a la sequía o a la humedad excesiva, así como resistencia contra plagas y enfermedades, son seleccionadas de acuerdo con las diferentes condiciones ambientales en que se encuentran las parcelas de los agricultores.

Año tras año, las generaciones sucesivas de maíz, en sus distintas variedades, son sometidas a presiones de selección artificial, que son moduladas de acuerdo con los cambios culturales, tecnológicos y ambientales. Por ejemplo, los campesinos de Alcozauca comenzaron a utilizar los fertilizantes químicos en 1974. Desde ese año, los agricultores han seleccionado las semillas de aquellos maíces que producen mejor bajo tal innovación tecnológica. Como consecuencia de este proceso, los campesinos afirman frecuentemente que la producción de maíz es ya imposible sin la aplicación de fertilizantes químicos. Ello puede deberse en parte al deterioro de los suelos derivado de la aplicación de tales insumos, pero también puede deberse a la ruta que adopta el proceso de selección artificial (fotografía 27).

Las semillas de maíz se toman de aquellas marzorcas que

ofrecen el mejor aspecto y las mayores ventajas a los agricultores. Para su conservación, las mazorcas se amarran en racimos, sujetándolas de las brácteas, y se cuelgan en el interior de la casa (fotografía 28). Antes de la siembra se quitan los granos de cada extremo de la mazorca (tres dedos de cada lado) y se desechan, dejando únicamente los de la porción media, que son las semillas que se usan para la siembra.

Para el caso de los frijoles, después de la cosecha el agricultor selecciona un número de vainas de acuerdo con características tales como sabor, tamaño y color de la vaina. En Alcozauca se reconocieron diez variedades de frijol común (*Phaseolus vulgaris*) y cuatro del frijol *ayocote* (*Phaseolus coccineus*). Ocasionalmente puede adquirirse frijol *comba* (*Phaseolus lunatus*) en el mercado; sin embargo, éste no se cultiva localmente sino que los comerciantes lo llevan de los campos de cultivo de Chilapa. Los campesinos suelen seleccionar variedades con diferente duración de ciclo de vida con el fin de asegurar disponibilidad de frijoles maduros y ejotes en diferentes momentos. La forma de vida también es objeto de selección en los frijoles. Así, los trepadores o *enredadores* son destinados a cultivarse en asociación con el maíz en la milpa tradicional, mientras que las formas erectas y de poca altura (frijoles *mateados*) son destinados a cultivarse en sistemas de monocultivo.

Las dos características arriba señaladas, así como la resistencia a las plagas, a la sequía y al exceso de humedad, son seleccionadas con el fin de aprovechar diferentes condiciones ambientales como en el caso del maíz.

De las variedades destinadas a consumirse como verduras (frijoles *ejoteros*), se seleccionan las vainas con menor cantidad de fibra y con mejor sabor. También son seleccionados aquellos frijoles cuyas vainas no presentan dehiscencia explosiva, para evitar que las semillas se descarguen antes de la cosecha.

Con el mismo fin que con el maíz, los campesinos seleccionan frijoles con semillas duras para resistir mejor el ataque de las plagas durante el almacenamiento, pero también seleccionan variedades con semillas más blandas que se pueden cocinar más fácilmente. Las vainas de los frijoles seleccionados se amarran en racimos y se cuelgan dentro de la casa, donde se mantienen hasta la siembra del siguiente ciclo agrícola.

Es importante agregar que en Alcozauca existen poblaciones silvestres y arvenses de frijoles comunes, los *ejotes de monte* o *ndishi yujú* (*Phaseolus vulgaris* subsp. *mexicana*), y de frijoles *ayocotes* de monte (*Phaseolus coccineus* subsp. *formosus*). Estas poblaciones pueden encontrarse en las barrancas y en los alrededores de los campos de cultivo entre 1 700 y 2 500 msnm. En teoría, esta situación hace posible un intercambio genético continuo entre las variedades silvestres, arvenses y cultivadas. Esta situación constituye una extraordinaria fuente de variabilidad morfológica y genética. Aún no ha sido evaluado el potencial de esta fuente de variabilidad; sin embargo, de acuerdo con la información de los campesinos, parece que estas cruzas ocurren frecuentemente, ya que es común encontrar *frijoles quemados*, los cuales son híbridos entre los frijoles cultivados y los no cultivados. Una situación similar se presenta entre árboles cultivados y silvestres tales como *Psidium guajava*, *Byrsonima crassifolia*, *Annona cherimolla*, *Spondias mombin*, *Persea americana* y *Leucaena esculenta*. En todos estos casos, el intercambio de genes permite, hipotéticamente, una gran variabilidad morfológica y genética que constituye una rica materia prima para la selección artificial.

En el tema de las calabazas, las de mayor tamaño de frutos y semillas, así como aquellas que poseen pulpa más dulce, son las que se consideran más apropiadas para obtener las semillas útiles para sembrar. En el caso del chile, se separan los frutos más grandes y de mejor sabor y de ellos se toman las semillas para sembrar (fotografía 29).

IV. GANADERÍA

La ganadería es una actividad productiva que se desarrolló en la Mixteca sólo hasta la llegada de los conquistadores españoles. Del grado de desarrollo de la crianza de animales entre los mixtecos prehispánicos, Dahlgren[1] hace referencia:

> El indio agricultor de México no contaba con más de dos especies de animales domesticados: el perro y el guajolote. Del perro dice la *Relación de Acatlán*: "y de los domésticos ay perros de la tierra". Una mención del guajolote se encuentra en la de Juxtlahuaca, que dice se "criaban [...] gallinas de la tierra en cantidad".

En la actualidad, la ganadería es la segunda actividad económica en importancia. En el cuadro 7 se presenta la información registrada por el *V Censo Agrícola, Ganadero y Ejidal, 1970*[2] y el *Manual de estadísticas básicas del estado de Guerrero*,[3] en 1980, sobre la rama pecuaria en el municipio de Alcozauca.

La actividad pecuaria más importante es la cría de ganado caprino. Este ganado es *corriente* en su totalidad; pues, de acuerdo con la información local, las razas *finas* o mejoradas, productoras de leche, no se logran adaptar a las condiciones ambientales locales, así como al régimen de pastoreo que se practica en la región. La principal forma de manejo del ganado caprino es la llamada

[1] B. Dahlgren, *op. cit.*
[2] SPP, 1975, *op. cit.*
[3] SPP, 1984, *op. cit.*

Cuadro 7

NÚMERO DE CABEZAS DE GANADO EN EL MUNICIPIO DE ALCOZAUCA (1970-1980)

Ganado	*Cabezas*	
	1970	*1980*
Caprino	4 033	5 808
Porcino	1 603	1 740
Vacuno	1 537	2 383
Asnar	813	975
Lanar	280	
Caballar	244	286
Mular	55	48
Gallinas	4 733	
Gallos	1 546	
Pollos	5 354	25 973
Guajolotes	1 465	
Patos	16	
Colmenas	421	881

Fuentes: V Censo Agrícola, Ganadero y Ejidal, 1970, y *Manual de estadísticas básicas del estado de Guerrero*, 1980.

de *libre pastoreo*, aunque más bien se trata de una práctica dirigida, pues el pastor siempre guía el hato hacia los sitios con pastura adecuada y suficiente.

Al parecer, todavía en la década de los cincuenta y principios de los sesenta existía el nomadismo asociado a la ganadería. Sobre esto, Muñoz señala:

> Hay familias que se dedican a criar cabras y algunas ovejas que, a semejanza de los pastores de Oaxaca, emigran con su rebaño de acuerdo con la época del año, siguiendo los pastos verdes de la montaña a la costa y viceversa [...] Familias enteras se trasladan de un lugar a otro, viven en forma nómada durante una larga época del año, llevando consigo todas sus pertenencias; se proveen de artículos de primera necesidad en los poblados más cercanos a los lugares por donde pasan. Para construir sus refugios llevan una lona que usan por techo y los lados se cubren con ramas [...]

> Salen de los poblados donde viven durante la estación de secas y regresan a sus casas cuando se llega el tiempo de cultivar la tierra. Siembran, cuidan sus cultivos y después de la cosecha emprenden nuevamente la emigración. Cada vez que regresan de esos viajes venden las cabras y ovejas maduras y se quedan sólo con los pies de cría. Las personas que ejercen esta clase de pastoreo son principalmente de lengua náhuatl.[4]

La forma de pastoreo de viajes largos fue la más común durante los años de esplendor de los grandes latifundios, los rebaños eran propiedad de los hacendados. Después de la Revolución y disueltos los latifundios, diversos grupos indígenas mantuvieron esta práctica pastoril, pero paulatinamente desaparecieron debido al aumento del abigeato.

Actualmente el pastoreo se realiza sobre distancias más cortas, en general dentro de los límites de la comunidad. Los pastores salen entre las cinco y seis de la mañana y regresan a sus hogares poco antes de que oscurezca, resguardando el ganado en corrales o *chiveras* establecidos en los solares. Durante la época de estiaje el pastoreo es realizado por los hombres adultos. Durante los periodos de actividad agrícola son los niños quienes se responsabilizan de esta actividad (fotografía 30).

La ganadería de caprinos es practicada en las cuatro comunidades estudiadas y la realiza principalmente la población indígena. La comunidad *chivera* más importante del municipio es San José Laguna. De acuerdo con la información local, en esa comunidad la actividad económica más importante hasta las décadas de los treinta y cuarenta era la cría de cabras, y desde años más recientes ha sido sustituida por la agricultura. Aproximadamente 50 por ciento de la población de San José Laguna está constituida por nahuas *pastores* descendientes de aquéllos descritos por Muñoz.

La segunda actividad pecuaria en importancia es la cría de ganado vacuno, que se maneja también bajo la forma de *libre pastoreo*, aunque las zonas de pastura son más restringidas que las de las cabras debido al mayor tamaño de los animales, lo cual

[4] Maurilio Muñoz, *op. cit.*

les impide penetrar en zonas agrestes donde las cabras se desplazan fácilmente.

La crianza del ganado porcino se realiza en forma libre. No existen *chiqueros* debido a la escasez de forraje manufacturado y a las dificultades para su compra; además, los desperdicios caseros prácticamente no existen. En ocasiones se recolectan quintoniles, bellotas de encino y otras plantas (apéndice V), o se guardan calabazas para alimentarlos; lo común es que los cerdos deambulen en los poblados en busca de alimento. Esta situación es de considerable peligro para la población, pues favorece el desarrollo de enfermedades graves como la cisticercosis.

La cría de ovejas es poco importante, ya que este tipo de ganado difícilmente se adapta al patrón de pastoreo usado con las cabras.

La avicultura es otra de las prácticas pecuarias de mayor importancia en la economía de subsistencia. Se realiza a pequeña escala (por lo común cada familia posee entre diez y doce aves). Ocasionalmente se les proporciona maíz como alimento, pero casi siempre están libres para lograr por sí mismas su sustento.

El papel principal de la ganadería de caprinos dentro de la economía familiar es la de generar ingresos monetarios. El destino final de la mayor proporción de ganado es su venta en el mercado local o regional; con ella, la familia puede adquirir diversos productos: ropa, calzado, medicinas, útiles escolares, pago de créditos, bebidas alcohólicas, etcétera. En otros casos, la venta del ganado permite formar una reserva monetaria para adquirir alimentos básicos durante los periodos de escasez. Este dinero también le permite a la familia sufragar los gastos de las festividades o algún tipo de emergencias. La ganadería comercial es un mecanismo potencial de acumulación de riqueza para los productores; sin embargo, éstos carecen de vehículos para el transporte a los grandes mercados. Los comerciantes intermediarios son en realidad quienes obtienen las mayores ganancias.

Aunque el principal objetivo de las actividades pecuarias es la comercialización, en el caso de la cría de aves, éstas y sus productos se consumen prioritariamente por la unidad familiar y se venden sólo los excedentes. Aún así, como se verá más adelante, el consumo de huevo y pollo por la población local es relativamente pobre.

En el *V Censo Agrícola, Ganadero y Ejidal, 1970*, se reporta para el municipio de Alcozauca una producción de 109 000 litros anuales de leche de vaca y 52 000 de cabra.[5] La realidad es que el consumo de este producto está limitado sólo a algunos mestizos y es sumamente escaso. Por otro lado, la curtiduría de pieles prácticamente no existe en Alcozauca.

De las 2 383 cabezas de ganado vacuno que existen en el municipio, aproximadamente la mitad corresponde a bueyes utilizados como animales de labor. Con este fin pueden utilizarse también los caballos y mulas, ya que con ellos las actividades de labranza de la tierra se realizan en la mitad de tiempo que con los bueyes. Entre los animales de carga, los más numerosos y más ampliamente utilizados y baratos son los burros; les siguen en importancia los caballos y las mulas.

El ganado de Alcozauca se alimenta en lo fundamental mediante los recursos forrajeros que existen en las unidades de vegetación primaria y secundaria. El conocimiento de tales recursos resulta de gran importancia para la planeación e intensificación de la explotación pecuaria. En el apéndice V se presentan las especies forrajeras anuales y perennes identificadas en este estudio.

Uno de los grandes problemas del libre pastoreo es la escasez de forraje que se presenta durante el periodo de sequía, sobre todo entre los meses de febrero y mayo. En tal lapso, el ganado no sólo pierde peso en forma considerable, sino que incluso puede llegar a morir. Durante estos meses es agudo el daño que ocasiona el ganado sobre las áreas forestales, ya que las plantas anuales están ausentes y el ganado se alimenta fundamentalmente del follaje de los árboles y arbustos perennes. La magnitud del daño depende de la especie y de la edad de los individuos ramoneados, ya que la resistencia a este efecto es diferente en cada uno de ellos. Sin embargo, el mayor daño que determina el libre pastoreo se debe a la eliminación del banco de plántulas en las áreas boscosas. Ello altera directamente el reclutamiento de nuevos individuos a las poblaciones vegetales y, por lo tanto, los ritmos naturales de recuperación de las áreas perturbadas. Por esta razón,

[5] SPP, 1975, *op. cit.*

Cuadro 8

PLANTAS FORRAJERAS CON MAYOR IMPORTANCIA POTENCIAL

Nombres comunes	*Familias botánicas*	*Géneros y especies*
Nopales	CACTACEAE	*Opuntia spp.*
Cardón		*Stenocereus weberii*
Pastos	CYPERACEAE	*Cyperus spp.*
Encinos	FAGACEAE	*Quercus spp.*
Pastos	GRAMINEAE	*Andropogon spp.*
		Aristida spp.
		Botrichloa spp.
		Bouteloua spp.
		Eragrostys spp.
		Muhlenbergia spp.
		Paspalum spp.
		Setaria geniculata
		Trachypogon spp.
Cubatas	LEGUMINOSAE	*Acacia spp.*
Tehuiztle		*Acacia bilimeckii*
Huizache		*Acacia farnesiana*
Chipiles		*Crotalaria spp.*
Palo dulce		*Eysenhardtia polistachya*
Guajes		*Leucaena spp.*
Tepeguaje		*Lysiloma acapulcensis*
Tlahuitole		*Lysiloma divaricata*
Mezquite		*Prosopis juliflora*
Alache	MALVACEAE	*Anoda cristata*
Amates	MORACEAE	*Ficus spp.*
Lengua de vaca	POLYGONACEAE	*Rumex sp.*
Coyotomate	VERBENACEAE	*Vitex mollis*

para abatir el impacto destructivo del ganado en las áreas forestales y lograr un uso óptimo de las áreas pecuarias, se requiere un manejo adecuado de las especies forrajeras anuales y perennes. Aunque en el apéndice V se registran todas las especies de plantas forrajeras, en el cuadro 8 se presenta un resumen de las especies más importantes, de acuerdo con las preferencias del ganado y su contenido nutricional. Tales especies son las que ofrecen mayores potencialidades como recursos forrajeros. El manejo adecuado de las comunidades vegetales donde se encuentran, así como la producción intensiva de algunas de ellas, contribuiría sustancialmente a amortiguar los efectos destructivos de la ganadería.

Otra actividad pecuaria de importancia es la apicultura. Ésta se encuentra todavía poco extendida, pero tiene grandes posibilidades de desarrollarse debido al gran interés que existe entre la población local por esta actividad. La apicultura es practicada por los mixtecos desde tiempos prehispánicos. En el presente, los apicultores practican métodos tradicionales, con cajones rústicos, para criar especies nativas silvestres en combinación con los cajones modernos distribuidos por el Instituto Nacional Indigenista para la cría de *Apis mellifera*.

V. APROPIACIÓN DE LA FAUNA SILVESTRE

CAZA

Aunque en el pasado la cría de animales estaba relativamente poco desarrollada en Mesoamérica, la caza, pesca y recolección de insectos constituían importantes actividades que permitían un aporte significativo de proteína animal a la dieta de la población.

Diversas investigaciones arqueológicas han documentado ampliamente la importancia de la caza en la subsistencia de los antiguos pueblos mesoamericanos. Esta actividad tuvo diferentes grados de importancia de acuerdo con la disponibilidad de poblaciones de animales con las que interactuaba el hombre. El papel que tuvo la cacería entre los pueblos del altiplano central puede entenderse de las investigaciones de Byers para Tehuacán[1] (Puebla), y las de Flannery en Guilá Naquitz[2] (Oaxaca). En el cuadro 9 se presenta una lista de las especies animales asociadas con los restos humanos de esos sitios arqueológicos. Con el desarrollo de la agricultura, los productos de la caza fueron perdiendo, paulatinamente, importancia en la dieta (figura 11).

Con respecto a la cacería entre los mixtecos de la época prehispánica, Dahlgren señala que:

> el privilegio de comer carne estaba reservado a los señores y principales ya que, según las relaciones de la zona occidental (mixte-

[1] D. S. Byers, *op. cit.*
[2] K. V. Flannery, *op. cit.*

Cuadro 9

ESPECIES ANIMALES REGISTRADAS EN LAS INVESTIGACIONES ARQUEOLÓGICAS DE TEHUACÁN Y GUILÁ NAQUITZ

Nombre común	*Especie*	*Tehuacán*	*Guilá Naquitz*
Venado cola blanca	*Odocoileus virginianus*	X	X
Pecarí de collar	*Dicotyles tajacu*	X	X
Conejo grande	*Sylvilagus cunicularis*	X	X
Conejo	*Sylvilagus floridanus*		X
Conejo chiquito	*Sylvilagus audobonii*	X	
Liebre	*Lepus callotis*	X	
Mapache	*Procyon lator*	X	X
Rata	*Neotoma mexicana*		X
Rata canguro	*Dipodomys philipsii*	X	
Ratón	*Liomys irroratus*	X	
Ratón	*Peromyscus spp.*	X	
Ratón	*Baiomys musculus*	X	
Coyote	*Canis latrans*	X	
Perro	*Canis familiaris*	X	
Zorro	*Urocyon cinereorgenteus*	X	
Cacomixtle	*Bassariscus astutus*	X	
Zorrillo	*Mephitis macroura*	X	
Puma	*Felis concolor*	X	
Gato montés	*Lynx rufus*	X	
Ardilla	*Citellus variegatus*	X	
Tlacuache	*Didelphis marsupialis*	X	
Ratón tlacuache	*Marmosa canescens*	X	
Codorniz	*Colinus virginianus*	X	X
Pichón	*Columba fasciata*		X
Paloma	*Zenaida asiatica*	X	
Huilota	*Zenaidura macroura*		X
Tortolita	*Columbigallina passerina*	X	X
Gavilán	*Buteo* aff. *jamaicensis*		X
Búho	*Tyto alba*	X	X
Lechuza	*Caprimulgus ridgwayi*	X	
Lechuza	*Chordeiles acutipennis*	X	
Cacalote	*Corvus corax*	X	
Pato	*Anas cyanoptera*	X	
Guajolote	*Meleagris gallopavo*	X	
Chichicuilote	*Charadrius vociferus*	X	

Cuadro 9 (continuación)

Nombre común	*Especie*	*Tehuacán*	*Guilá Naquitz*
Tortuga	*Kinosteron integrum*	X	X
Lagartija	*Cnemidophorus* aff. *mexicanus*		X
Lagartija	*Scelophorus* aff. *olivaceus*		X
Lagartija	*Ameiva undulata*	X	

Fuentes: R. S. Mac Neish, "A summary of the subsistence", en D. S. Byers (ed.), *The prehistory of the Tehuacan Valley. Environment and subsistence*, vol. 1, Austin, University of Texas Press, 1967; y K. V. Flannery (ed.), *Guilá Naquitz*, Nueva York, Academic Press, 1986.

cos y amuzgos), los macehuales no tenían licencia para ir de cacería. Para proveerse los señores de aquella zona de carne para su consumo, organizaban grandes batidas de dos o tres días, como dice, por ejemplo, la *Relación de Juxtlahuaca*: "porque ninguno podía yr de caza sino quando el señor yva y quando asi avia de salir de caza el señor antes que saliese de su caza hazia la junta de su gente e ynvocavan a sus ydolos y luego salían al monte y cazavan dos o tres días y matavan muchos venados conejos leones tigres y gallinas de la tierra monteses y otras muchas savandijas. Y mas tenian quando asi avian de salir de caza no avian de yr enojados unos con otros sino muy conformes porque dizen que si alguno yva enojado con otro que era yr de valde porque no avan de matar caza". La misma *Relación de Juxtlahuaca* refiere que no obstante la prohibición arriba mencionada, la gente común acostumbraba ir al monte a cazar a hurtadillas. En el mismo sentido la relación de Mixtepec, dice que "...los que podían cazar y algunos yndios que yvan a caza sin lizenzia del cacique la caza que matava la traya a manifestar ante su señor y el se lo gratificava con algunas mantas".[3]

Según diversos testimonios, los antiguos mixtecos cazaban en grupo con arco y flechas, lanzas y dardos arrojadizos. En Yanhuitlán, por ejemplo, Burgoa señala que se organizaban partidas

[3] B. Dahlgren, *op. cit.*

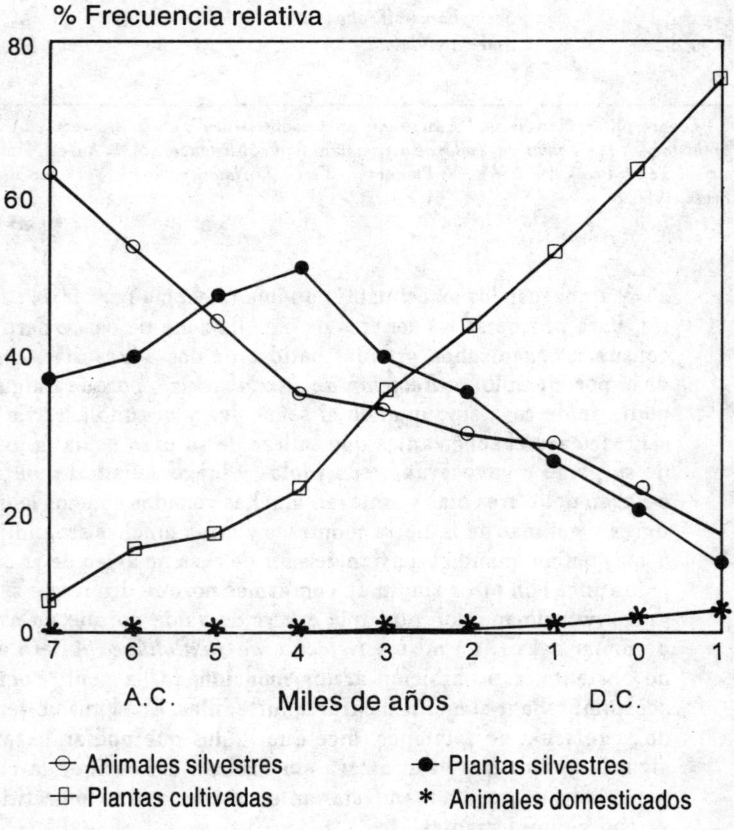

Figura 11. Cambios temporales en los componentes de la dieta humana en Tehuacán, Puebla. (Basado en R. S. Mac Neish, "A summary of the subsistence", en D. S. Byers (ed.), *The prehistory of the Tehuacan Valley. Environment and subsistence*, vol. 1, Austin, University of Texas Press, 1967.)

de 300 hombres.[4] Después de la cacería se organizaban grandes festejos.

En las *Relaciones de Acatlán*, *Justlahuaca* y *Chilapan* se mencionan listas de los animales que existían en el área que actualmente ocupa la región de la Montaña de Guerrero y sus vecindades (cuadro 10).

En Alcozauca la cacería se sigue practicando en la actualidad. Prácticamente todas las unidades familiares campesinas la realizan, pero sólo de manera ocasional. La destrucción del bosque ha provocado un abatimiento de las poblaciones de animales. Algunas especies tales como el venado y el coyote son muy escasas en la actualidad, otras como el puma y el pecarí son muy raras, y otras como el jaguar, el lobo, el guajolote silvestre y los pericos han desaparecido por completo de la región.

El producto de la caza es siempre destinado al autoconsumo familiar. La estrategia y temporadas de caza varían según la especie. Los animales que más comúnmente se buscan son:

1) Venado cola blanca. *Izu* (mixteco). *Odocoileus virginianus.* Se le encuentra aún en los bosque de pino y encino y en las barrancas menos perturbadas. Se caza en el mes de agosto, ya que en esa época se encuentra en celo y es posible encontrar varios machos tras las hembras. Se caza con rifle y escopeta.
2) Armadillo. *Ya^acui* (mixteco). *Dasypus novemcintus.* Se distribuye en todo el municipio y se le localiza principalmente en las barrancas. Puede cazarse a lo largo del año; para ello se le rastrea con perros, una vez localizado es desenterrado y muerto con machete.
3) Conejo. *Leso* (mixteco). *Sylvilagus floridanus.* Esta especie aún tiene amplia distribución en el municipio. Puede cazarse a lo largo del año; sin embargo, los cazadores afirman que es más fácil encontrarlo durante la época de lluvias. Se caza con rifle y escopeta.
4) Liebre. *Lepus mexicanus.* Esta especie es menos abundante que el conejo; sin embargo, aún es frecuente su caza. Se le encuentra a lo largo del año y se caza con rifle y escopeta.

[4] *Idem.*

Cuadro 10

ESPECIES ANIMALES REFERIDAS EN LAS RELACIONES DE ACATLÁN, JUSTLAHUACA Y CHILAPAN

Nombre referido	*Especie probable*
Tigre	*Felis onca*
León	*Felis concolor*
Lobo	*Canis lupus bailey*
Coyote	*Canis latrans*
Ciervo	*Odocoileus virginianus*
Liebre	*Lepus sp.*
Conejo	*Sylvilagus sp.*
Puercos monteses	*Dycotiles tajacu*
Tlaquatzin	*Didelphis marsupialis*
Ilamatzin	*Nasua narica*
Armadillo o armado	*Dasypus novemcintus*
Zorrillo hediondo	*Mephitis sp.*
Gallos y gallinas	*Meleagris gallo-pavus*
Chachalacas	*Ortalis vetula* *Ortalis poliocephala*
Halcones	*Buteo sp.*
Gavilanes	*Buteo sp.*
Garzas	
Patos reales	*Anas sp.*
Patillos	*Anas sp.*
Huactzin	
Cuervos	
Auras	
Milanos	
Lechuzas	
Búhos	*Tyto alba*
Mochuelos	
Codornices	*Colinus virginianus*
Cernícalos	
Buharros	
Águilas	
Papagayos verdes	
Tortolillas (tortolita)	*Columbigallina passerina*
Palomas	*Columba fasciata* *Zenaidura macroura* *Zenaida asiatica* *Leptotila verreauxi*

Fuente: R. Acuña (ed.), *Relaciones geográficas del siglo XVI: Antequera*, 2 t., México, UNAM, 1984; *Relaciones geográficas del siglo XVI: Tlaxcala*, México, UNAM, t. II, 1985; *Relaciones geográficas del siglo XVI: México*, México, UNAM, t. I, 1985, t. II, 1986.

5) Ardilla. *Ndicuá^no* (mixteco). Esta especie, no identificada, se distribuye en los bosques de pino y encino más conservados. Aunque se le puede encontrar a lo largo del año, los meses más recomendables para cazarla son mayo y junio. Se caza con rifle y escopeta.
6) Tlacuache. *Tíi, soco* (mixteco). *Didelphis marsupialis.* Se le encuentra principalmente en la vega del río y en las áreas cercanas a los asentamientos humanos. Se caza todo el año con rifle.
7) Tejón. *Yiyi* (mixteco). *Nasua narica.* Tiene amplia distribución en el municipio; es abundante, llegando a constituir una seria plaga para el maíz. Generalmente se caza con rifle. Se le puede encontrar todo el año en los campos de cultivo. Durante la época de sequía se le caza en las milpas de riego y durante el temporal se puede cazar en todo el municipio. La carne de los tejones es particularmente apreciada por su buen sabor.
8) Mapache. *Timahac* (mixteco). *Procyon lotor.* Su distribución, comportamiento y técnicas de caza son muy similares a las del tejón.
9) Zorro. *Chicuí, ñicuii* (mixteco). *Urocyon cinereoargenteus.* El zorro se distribuye por todo el municipio y es abundante a lo largo del año.
10) Jabalí. *Kiní, kiní yukú* (mixteco). *Dicotyles tajacu.* El *pecarí de collar* o *jabalí* es una especie casi extinta en la zona. Sin embargo, aún se le puede llegar a encontrar en los bosques de pino y encino y en las barrancas donde la vegetación está mejor conservada. La época recomendada para cazarse es el mes de agosto. Se caza con rifle.
11) Zorrillo. *Tiñihi* (mixteco). *Mephitis sp.* No obstante su olor desagradable, el zorrillo es comido en la región de la Montaña de Guerrero. Se recomienda prepararlo en barbacoa, dejando en el horno un *carrizo*, a manera de respiradero, por el cual se elimina el tufo durante el cocimiento. A la carne del zorrillo se le atribuyen incluso propiedades tónicas. Esta especie tiene una amplia distribución en el municipio y se le encuentra durante todo el año. Se caza con rifle.

12) Onza, gato serván o gato de monte. *Bilú yukú* (mixteco).[5] Este gato de monte tiene amplia distribución en el municipio y se le encuentra todo el año. Aunque su carne no es de las más preferidas, se llega a cazar con rifle.
13) Chachalaca. *Ndasa* (mixteco). *Ortalis vetula*. Esta ave anida en los encinos durante el mes de agosto. Es entonces cuando se caza con rifle o escopeta.
14) Palomas. Se distinguen tres especies: la paloma *barranqueña* o *liguera* (*Leptotila verreauxi*), que en mixteco es nombrada *ndiuú*; la *torcaza* (*Zenaida asiatica*), conocida en mixteco con el nombre de *tizihi*; y la *tortolita* (*Columbigallina passerina*), cuyo nombre mixteco es *ra ndivi*.

    Las palomas se cazan de preferencia entre los meses de octubre y abril. Se localizan en las milpas, en las barrancas y en los abrevaderos. Se pueden cazar con rifle o escopeta; sin embargo, es más usual elaborar trampas.

    Una trampa común consiste en poner semillas de *chicalote* (*Argemone mexicana*), que son preferidas por las palomas, debajo de una piedra semilevantada y sostenida por una horqueta; ésta tiene un hilo atado que el cazador jalará en cuanto llegue la paloma a la trampa. Ésta se coloca entre las milpas.

    Otra trampa común es la llamada *liga*. Ésta se elabora mediante una mezcla pegajosa (*liga*), preparada con látex obtenido del fruto llamado *cojón* (*Thevetia thevetioides*) y resina de sabino (*Juniperus flaccida*). Esta mezcla se unta en los tallos del pasto llamado *popote* (*Muhlenbergia sp.*) que se colocan en quiotes de maguey (*Agave sp.*), partidos a la mitad y huecos. La trampa se oculta entre las ramas de los arbustos y también se coloca en los sitios de abrevadero. Al caer las palomas, quedan atascadas en las trampas y entonces son recogidas fácilmente por el cazador.
15) Codorniz. *Caa ñuhu* (mixteco). *Colinus virginianus*. El hábitat de esta especie es muy variable, encontrándosele en todo el municipio. Generalmente se caza con escopeta a lo largo del año.

[5] R. Acuña, 1984a, *op. cit.*; R. Acuña, 1984b, *op. cit.*; R. Acuña, 1985a, *op. cit.*; R. Acuña, 1985b, *op. cit.*

16) Iguana. *Tyítyí* (mixteco). *Ctenosaurus sp*. La *iguana negra* se localiza en las barrancas de las zonas bajas del municipio, en los climas más cálidos. Se le encuentra a lo largo del año y para cazarla se le persigue y atrapa con las manos.
17) Rana. *Zahava* (mixteco). *Rana sp*. Se localiza en los ríos y arroyos del municipio entre los meses de agosto y octubre. Para cazarlas se atrapan con las manos o se emplean arpones rústicos o *chuzos*.

En la figura 12 se presenta un panorama de la disponibilidad temporal de los recursos que se obtienen de la caza.

PESCA

La pesca tuvo importancia hace algunos años, sin embargo, en la actualidad ésta ha perdido importancia debido al decaimiento de las poblaciones de peces. La principal causa de esta disminución es el uso de dinamita y el empleo de plantas piscicidas durante la pesca (cuadro 11). Estas prácticas resultan muy destructivas porque además de provocar una muerte masiva de peces se eliminan indiscriminadamente alevines y adultos. Otro método de pesca destructiva es la desviación del cauce del río mediante represas, aunque este método se considera muy difícil pues requiere inversión de una gran cantidad de fuerza de trabajo y los fracasos son muy frecuentes. Algunos pobladores *rastrean* a los ba-

Cuadro 11

ESPECIES DE PLANTAS PISCICIDAS UTILIZADAS EN LA PESCA

Especies	*Nombre común*	*Nombre mixteco*	*Parte usada*
Pithecollobium dulce	Guamúchil	*Ti chicóo*	Frutos, corteza
Juglans mollis	Nogal	*Ti ihtí*	Ramas, corteza
Diospyros digyna	Zapote negro	*Doco tuhú*	Ramas, corteza
Zanthoxylum arborescens	Pescadilla	*Yucu tisó'ma*	Hojas, fruto
Solam verbascifolium	Palo de pescado	*Yucu tiahcá*	Hojas, fruto

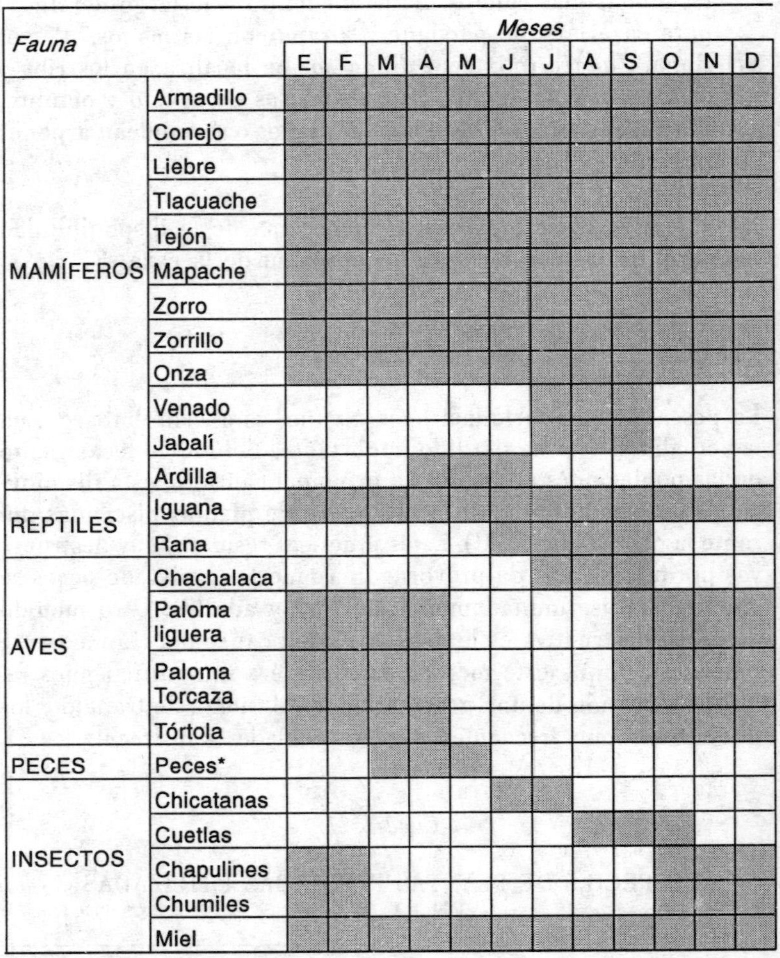

* Basado en H. R. Rodiles, "La acuacultura en la región de la Montaña de Guerrero", México, tesis profesional, Facultad de Ciencias, UNAM, 1991.

Figura 12. Disponibilidad temporal de recursos faunísticos.

Cuadro 12

ESPECIES DE PECES NATIVAS DE ALCOZAUCA

Especies	*Nombre común*	*Nombre mixteco*
Istlarius balsanus	*Bagre*	Tiahcá lahpa
Chiclasoma istlanum	*Mojarra*	Tiahcá burro
Astyanax fasciatus	*Charales*	Tiahcá vali
Poecilia sphenops	*Barrigona*	Tiahcá lamba
Notropis boucardi	*Robalito*	Tiahcá cuií
Agnostomus monticola	*Trucha*	Tiahcá
Macrobrachium sp.	*Acocil*	Ticatiya

Fuente: H. R. Rodiles, "La acuacultura en la región de la Montaña de Guerrero", *op. cit.*

gres y cuando los localizan en sus cuevas, tapan la salida de ésta y cavan un hoyo en la parte de la *playa* del río donde se calcula está el pez para atraparlo. Otra forma de atraparlos es por medio de los arpones rústicos o *chuzos*. Las especies de peces reconocidas por la población se muestran en el cuadro 12.

RECOLECCIÓN DE INSECTOS

Otra actividad productiva importante entre la población mixteca, es la recolección de insectos y sus productos. Mediante esta práctica se incorpora ocasionalmente proteína animal a la dieta. Entre los insectos que se recolectan destacan:

1) Chicatanas. Hormiga arriera. *Shindó^có* (mixteco). *Atta cephalotes. Hymenoptera.* Las hormigas arrieras son muy abundantes en todo el municipio a lo largo del año y llegan a constituir serias plagas en los cultivos; sin embargo, sus estadios alados (conocidos como chicatanas) son consumidos como alimento por una parte importante de la población indígena. Las chicatanas están disponibles únicamente durante el mes de junio. En este tiempo ocurre una salida masiva de estos insectos de su hormiguero, como un mecanismo de dispersión. Para atra-

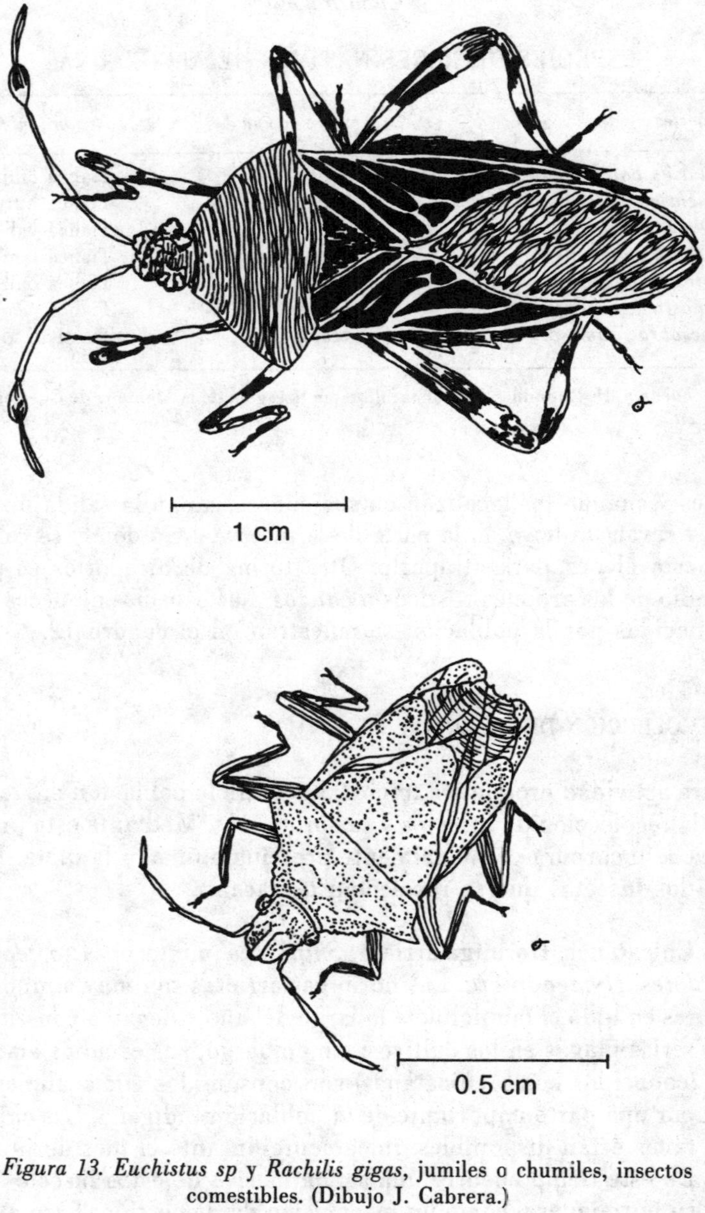

Figura 13. Euchistus sp y *Rachilis gigas*, jumiles o chumiles, insectos comestibles. (Dibujo J. Cabrera.)

parlas, los campesinos colocan recipientes con agua en zonas iluminadas durante la tarde y noche. En estas trampas suelen caer decenas de insectos. Para prepararlos como alimento se les quita la cabeza y se asan con limón y sal blanca. También se preparan en salsa.

2) Cuetlas. *Izuni'í* (mixteco). *Lepidoptera.* Las cuetlas son larvas de una mariposa que se encuentran disponibles durante los meses de julio a octubre. Se les localiza principalmente infestando, en abundancia, las hojas y ramas del árbol llamado *cuetlo* o *calahuate* (*Heliocarpus tomentosum*). Para prepararlas, primeramente se eliminan las vísceras, exprimiendo la larva con los dedos; se cuecen y después se asan con sal y limón.
3) Chapulines. *Tí'cá* (mixteco). *Sphenarium spp. Ortoptera.* Existen por lo menos dos especies comestibles de chapulines: *Sphenarium sp.*, que recibe el nombre mixteco de *Tí'cá boli*, y el *Sphenarium sp.*, cuyo nombre mixteco es *Tí'cá.* Son particularmente abundantes en las milpas, durante los meses de octubre a enero. Se preparan asados con sal y limón.
4) Chumiles. *Tí'cá* (mixteco). *Atizies taxcoensis* y *Pachilis gigas. Hemiptera.* Se recolectan por lo menos estas dos especies de chumiles, las cuales se comen vivas, asadas o en salsas. Abundan sobre todo en las milpas, entre los meses de octubre a enero (figura 13).
5) Miel. Abeja italiana y abeja criolla. *Apis mellifera* y *Mellipona spp. Hymenoptera.* Existen en el monte colmenas de abejas domésticas escapadas y de abejas criollas. Los campesinos recolectan esta miel a lo largo del año.

En la figura 16 se puede apreciar, de manera sintética, la disponibilidad temporal de los insectos comestibles a lo largo del año.

VI. APROPIACIÓN DE LOS RECURSOS DEL BOSQUE

INTRODUCCIÓN

En la presente investigación se registró un total de 431 especies de plantas útiles (apéndices I al IX). El cuadro 13 presenta un resumen del número de especies encontradas con diferentes tipos de usos. De todas las especies útiles, sólo 95 son cultivadas y de entre éstas, 20 tienen también poblaciones silvestres en Alcozauca. Esto significa que poco más de 350 especies de plantas útiles crecen de manera natural en las comunidades vegetales primarias y secundarias. Tales cifras permiten apreciar la riqueza de recursos que aportan los bosques a la subsistencia mixteca.

No obstante, tiene particular relevancia la extracción forestal más intensa de un grupo más reducido de recursos, los cuales constituyen la materia prima para varias industrias locales. En orden de importancia, los recursos que se extraen más intensamente son: la hoja de palma (*Brahea dulcis*) usada para el tejido de sombreros; ramas y troncos de *Quercus spp.*, *Pinus spp.*, *Juniperus flaccida*, *Lysiloma spp.*, y otras especies maderables que se usan como combustible, como materiales para la construcción y para la fabricación de muebles; así como tallos de maguey (*Agave sp.*), los cuales se utilizan para la elaboración de mezcal. Cada una de estas actividades tiene como fin la obtención de ingresos monetarios para satisfacer diversas necesidades de la unidad familiar. En el presente capítulo se analizan de manera particular los problemas sociales y ambientales que existen en torno a estos grupos de recursos forestales.

Cuadro 13

NÚMERO DE ESPECIES DE PLANTAS ÚTILES DE ACUERDO CON SU FORMA DE USO

Forma de uso	*Número de especies*
Medicinales	146
Comestibles	162
Forrajeras	178
Maderables	75
Leña	100
Resiníferas	35
Laticíferas	8
Artesanales	21
Tintes	3
Venenos	17
Ornato	31
Taníferas	2
Fibras	5
Cercas vivas	41
Saponíferas	5

LA PALMA

El pueblo mixteco, y sobre todo el de la Mixteca Baja, es el tejedor de palma más importante del país. El origen de esta industria se encuentra en la actividad de cestería, ampliamente practicada por los antiguos mixtecos:

> Dice Tezozomoc que al pasar el ejército de Ahuizotl fue recibido, entre otros, por los pueblos de Acatlán, Tepexi, Tonalán, Piaztla y Coixtlahuaca, y que entre las cosas que traían para los mexicanos había esteras de palma (petates) para su viaje, para resguardar el sol y para dormir.[1]

No obstante, el uso y el tejido de sombreros fue introducido a la región después de la conquista española. Se piensa que se inició

[1] B. Dahlgren, *op. cit.*

como actividad artesanal masiva hasta el siglo XIX. Incháustegui sugiere la posibilidad de que la industria del sombrero se haya desarrollado a partir de la decadencia del mercado mundial de la grana, cultivada en la misma zona *sombrerera.*[2] De la Peña menciona que ya en 1877 el estado de Guerrero tuvo una producción anual de 46 392 sombreros.[3] De cualquier forma, dicho autor está de acuerdo en que tal actividad se originó en la Mixteca oaxaqueña y de ahí se extendió a Guerrero y Puebla.

El recurso fundamental para la elaboración de sombreros es la hoja joven o brote foliar de la palma *Brahea dulcis*. En el municipio esta palma es abundante y se distribuye en un intervalo altitudinal que va desde 1 500 hasta 2 000 msnm. En la actualidad, las poblaciones de esta palma se reparten en un área aproximada de 61 km^2, lo que representa alrededor de once por ciento de la superficie del municipio. Se encuentra como especie predominante en palmares inducidos intencionalmente, o bien asociada tanto con elementos de bosque de encino y bosque de pino y encino como de bosque tropical caducifolio, en laderas, *jollas* o cimas con suelos someros donde afloran rocas calizas.

Aunque la planta es perenne, la disponibilidad de materia prima para el tejido presenta estacionalidad, ya que la producción de hojas nuevas es mayor en el periodo de lluvias y disminuye en el de secas. El cultivo de la palma no está aún desarrollado en la zona, sin embargo, los campesinos promueven el desarrollo de las poblaciones y el crecimiento de los individuos mediante la poda de las palmas y las quemas periódicas de los terrenos donde crece este recurso.

En 1978 existían en la región de la Montaña de Guerrero 77 479 tejedores de palma distribuidos en 360 comunidades localizadas en dos grandes zonas, los distritos de Morelos y Álvarez.[4] Según reportes del Fideicomiso de la Palma (Fidepal) de 1978, quince de las 20 comunidades del municipio de Alcozauca

[2] Carlos Incháustegui, "Economía de la palma y del sombrero de palma en las Mixtecas", mecanoescrito, Huajuapan de León, Oaxaca, Centro Regional Puebla-Tlaxcala, 1972.

[3] M. T. de la Peña, *Problemas sociales y económicos de las Mixtecas*, México, Memorias del Instituto Nacional Indigenista, núm. 1, vol. 2, 1950.

[4] Carlos Incháustegui, *op. cit.*

Cuadro 14

TEJEDORES DE PALMA EN EL MUNICIPIO DE ALCOZAUCA

Comunidad	*Población total*	*Número de tejedores*	*%*
Almolonga	289	129	44.6
Alcozauca	2 480	325	13.0
Chimaltepec	464	280	60.3
Cerro Azul	303	190	62.7
Ixcuinatoyac	385	102	26.4
Melchor Ocampo	616	428	69.4
San José Laguna	480	275	57.2
San Miguel el Gde.	506	279	55.0
Petlacalancingo	206	104	50.4
Tlahuapa	599	365	60.9
Xonacatlán	220	98	44.5
Xochapa	1 232	815	66.0
Lomasoyatl	712	427	59.9
Zoyatlán	125	60	48.0
Zaragoza	85	43	50.5
Total	8 702	3 920	45.0

Fuente: FIDEPAL, 1978, citado en A. G. Mastache F. y E. N. Morett S., *El trabajo de la palma de la región de la Montaña, Guerrero*, México, Universidad Autónoma de Guerrero (Cuadernos de Ciencias Sociales, 4), 1982.

se dedicaban a tejer palma y, de una población de 8 702 habitantes reunidos en estas quince comunidades 3 920 eran tejedores, lo que significaba 45 por ciento de la población municipal, aunque en algunas congregaciones esta proporción era superior a 60 por ciento (cuadro 14). Las comunidades de Amapilca, Acametla, Guadalupe Buenavista, Cuyuxtlahuac y Ahuejutla no fueron consideradas en ese trabajo y, sin embargo, en ellas la mayor parte de la población es tejedora de sombrero.

En el tejido del sombrero participa principalmente la población indígena, tanto hombres como mujeres y niños mayores de cuatro años. Según Muñoz, la importancia de esta práctica es tal que los niños mixtecos de esta región aprenden a tejer y a caminar al mismo tiempo[5] (fotografía 31). De las comunidades

[5] Maurilio Muñoz, *op. cit.*

estudiadas, Amapilca es la única en la cual la actividad está desapareciendo. En dicha comunidad, la población se dedica principalmente a la agricultura y la ganadería; además, la palma que existe en el territorio del ejido es escasa y de mala calidad. En el poblado de Alcozauca se reporta que sólo trece por ciento de la población se dedica a tejer palma; esto es debido a que en dicha cabecera municipal se concentra la mayor proporción de población mestiza dedicada a actividades mejor remuneradas dentro de los sectores secundario y terciario de la producción. Los tejedores de palma de esta comunidad están circunscritos a los barrios mixtecos de Las Mesitas y Cruz Verde. En Ixcuinatoyac, aunque la población es indígena en su totalidad, la producción de sombreros es baja, debido principalmente a la escasez de materia prima. Por el contrario, en San José Laguna más de la mitad de la población se dedica a esta actividad. Cabe destacar que en esta última comunidad se encuentran algunas de las poblaciones más extensas de *Brahea dulcis* del municipio.

En el proceso de la producción y distribución siempre han intervenido los acaparadores privados, no obstante que desde 1973 se constituyó el Fidepal, que en 1976 se le transformó en empresa paraestatal y en 1977 pasó a formar parte del Coplamar, con el fin de organizar el trabajo de la palma en unidades de producción, recolección y comercialización. La ineficacia del Fidepal ante las presiones de los acaparadores lo llevó a su desaparición en 1989. Actualmente las plantas procesadoras y las unidades de comercialización se encuentran en manos de la Confederación Nacional Campesina (CNC).

En la región de la Montaña existen dos unidades de producción, una en Tlapa, que controla la producción de Alcozauca y al resto de las comunidades del distrito de Morelos; y la otra en Chilapa, la cual controla la producción de las comunidades del distrito de Álvarez. La función específica de estas unidades consiste en: 1) recolectar sombreros en *greña* y *cinta* tejidas, que a su vez son materia prima para la confección de otra clase de sombreros; 2) concluir el proceso de producción y disribuir el producto a otros centros; y 3) promover y regular *comités de la palma* en las comunidades con mayor número de tejedores y con más fácil acceso a otras. Estos comités se encargan de repartir y vender entre los tejedores la materia prima que la empresa les entrega, así como captar la producción local mediante un fondo monetario que también proporciona la empresa. En Alcozauca había comités de Fidepal en Zoyatlán, Ixcuinatoyac, Tlahuapa, Almolonga, Amapilca, Xonacatlán y Petlacalancingo. Sin embargo, después de la desaparición de este órgano, la comercialización del sombrero está en manos de los acaparadores privados.

El proceso de producción de sombreros incluye las siguientes etapas:

1) Adquisición de la materia prima. La parte de la palma utilizada para el tejido del sombrero es únicamente el brote foliar no abierto o *cogollo*. Las hojas abiertas se utilizan sólo para elaborar petates. Los cogollos pueden ser recolectados por los mismos tejedores o bien pueden ser comprados a los vendedores mayoristas en el mercado municipal (fotografía 32).

Alcozauca posee importantes poblaciones de palma, las cuales permiten a los tejedores cubrir localmente parte de los requerimientos de materia prima; sin embargo, no todas ellas son adecuadas para el tejido del sombrero. Por ejemplo, las poblaciones que se localizan hacia el oriente del municipio tienen hojas quebradizas, lo cual constituye un rasgo inapropiado para el trabajo. En cambio, las que se localizan en las comunidades de San José Laguna, Petlacalancingo, Xochapa y Melchor Ocampo, poseen rasgos que facilitan su manipulación por parte de los artesanos. Dentro de una misma población también pueden encontrarse distintas calidades de palma. En San José Laguna, por ejemplo, la gente distingue una *palma hombre*, la cual tiene aserrado el pedicelo de la hoja, a diferencia de la *palma mujer*, que lo presenta liso. Los recolectores de palma obtienen únicamente los cogollos de la *palma hombre*, pues los de la *palma mujer* se abren al momento del corte.

La recolección de palma se realiza cuando hay *luna tierna* (luna nueva a cuarto creciente), pues de acuerdo con la experiencia de los campesinos, durante este periodo los cogollos crecen más longitudinalmente, a diferencia de los periodos de *luna maciza*, durante los cuales los cogollos crecen más lateralmente. En cada periodo de *luna tierna* una palma produce dos cogollos.

La recolección de palma se efectúa principalmente entre los meses de enero y marzo, pues durante este lapso es más activa la producción de cogollos. Aunque el resto del año también pueden obtenerse cogollos, su escasez determina que la recolección sea una labor más difícil y poco redituable. Durante un día de trabajo (aproximadamente nueve horas) en el periodo de mayor producción, un recolector puede obtener entre 300 y 400 cogollos, lo que implica la visita a aproximadamente 200 individuos de palma.

La palma que comercializaba el Fidepal, y actualmente la CNC, procede de Huitzuco y su precio es menor que el de los vendedores particulares, sin embargo existen serios problemas de distribución que hacen que la oferta de este material sea restringida. El precio de los cogollos varía de acuerdo con las fluctuaciones de la oferta y la demanda de este material a lo largo del año. De este modo, el precio sube durante la época de estiaje, cuando las actividades agrícolas disminuyen y las del tejido de sombreros se incrementan. Durante este tiempo también disminuye la disponibilidad de cogollos en la vegetación natural, lo cual hace difícil su recolección. El precio de los cogollos baja normalmente durante la época de lluvias, cuando la demanda de éstos es menor. Durante este tiempo, los comerciantes al mayoreo compran o colectan grandes cantidades y las almacenan para venderlas a precios más elevados durante el estiaje. En 1991 el precio del ciento de cogollos, vendido por los recolectores del municipio, osciló entre 3 000 y 4 000 pesos.

2) Tejido del sombrero. En el distrito de Morelos hay tres tipos de sombrero en *greña*: el *masayo*, que es el más común y es de tejido burdo; el *chepeteco*, el cual se considera un sombrero fino; y el *Alcozauca*, que es el de mayor tamaño.[6] Este último sombrero es el que se teje en el municipio del mismo nombre. Para tejer la palma primero se realiza el *rayado*, actividad que consiste en eliminar los bordes y cortar en tiras las

[6] A. G. Mastache F. y E. N. Morett S., *El trabajo de la palma en la región de la Montaña, Guerrero*, México, Universidad Autónoma de Guerrero (Cuadernos de Ciencias Sociales, 4), 1982.

hojas mediante una aguja grande o con las uñas. El tejido se inicia por la parte superior de lo que será el sombrero, entretejiendo varias tiras para formar la *copa.* Posteriormente se teje el *ala.* En este trabajo interviene toda la familia. Un niño de cuatro años de edad puede producir un sombrero cada dos días, mientras que los adultos producen dos o cuatro diariamente, dependiendo de la época del año, ya que durante las labores agrícolas el tejido se suspende esporádicamente.

El tejido de palma se realiza intensamente entre los meses de enero y marzo, cuando hay mayor recolección de cogollos y cuando baja la actividad agrícola. Después de marzo se suspende el tejido debido a que la sequedad del ambiente determina que los cogollos se vuelvan quebradizos. Hacia el mes de septiembre se reanuda el trabajo intenso del tejido, cuando la humedad del ambiente es mayor y cuando han pasado las labores agrícolas más pesadas. Desde este mes y hasta el nuevo ciclo de enero, el tejido del sombrero sólo se ve interrumpido durante el zacateo y la cosecha de la milpa. Sin embargo, el periodo de enero a marzo es el de mayor productividad en el ciclo. Al respecto, resulta ilustrativa la oscilación de los precios del sombrero; por ejemplo, en 1991 la docena de sombreros se vendía a 5 000 pesos durante la temporada de lluvias, mientras que en la de secas se vendía a 4 000, debido a que en esta última temporada había una mayor oferta.

De acuerdo con este calendario, el tejido de la palma se realiza intensamente durante cerca de seis meses del año. En promedio, una familia puede producir diez docenas de sombreros al mes y, teóricamente, sesenta docenas al año.

3) Venta de la producción. El artesano vende periódicamente su producción a los comerciantes de la misma comunidad o bien a los comités de la palma. En enero de 1991, los acaparadores pagaban 4 000 pesos por cada docena de sombreros. Si se considera el costo de la materia prima que, como se ha indicado, en el mismo periodo era de 3 000 pesos, podrá apreciarse que la ganancia neta de un tejedor de sombreros que no recolectó sus propios cogollos era de 1 000 pesos por docena. En las mejores condiciones, una familia que tejió durante ese año 60 docenas de sombreros, aquiriendo ella misma su propia materia prima, obtuvo una ganancia aproximada de 240 000 pesos

anuales, esto es, aproximadamente el equivalente a un mes de salario mínimo en dicho año. Incháustegui menciona que "el traficante cobra la palma con sombrero y paga con palma, con abarrotes o con mezcal o aguardiente. Por ejemplo, tres sombreros corrientes en *greña* cuestan *un marrazo* de aguardiente en el área tlaxiaqueña".[7] Ésta es sin duda una de las formas más graves de explotación de la población indígena.

4) Comercialización del sombrero en *greña*. La producción de sombreros en *greña* se vende por vía de una red de intermediarios a un pequeño grupo de comerciantes en Chilapa y Tlapa en el mismo estado de Guerrero. La mayor parte de los productos semielaborados son enviados a los talleres de acabado en Tehuacán y en la ciudad de Puebla, y otros lugares de la república.[8] Sólo una mínima parte del sombrero en bruto es industrializada localmente en el taller de la Conasupo en Tlapa. Ya en los talleres de acabado, el sombrero es sometido primero a un tratamiento para eliminar las impurezas de la palma (*evaporado*); después se les horma en moldes especiales (*planchado*); y a continuación se les recortan las puntas de las hojas o *greña* (*desbarbado*). Posteriormente se cose el borde del ala con un ribete de palma o plástico (*ribeteado*) y finalmente se decora con pintura (*adornado*). El pago de estas actividades es a destajo, las cuales se realizan en los mismos talleres o en forma domiciliaria.

   La producción comprada en el distrito de Morelos se concentra en Tlapa y de allí se envía a Tamazulapan (Oaxaca) y Petlalcingo (Puebla), donde existen talleres de acabado (en Petlalcingo se producen 30 000 000 de sombreros al año).

5) Comercialización del sombrero acabado. Al salir de los talleres de acabado el sombrero tiene ya un costo de ocho a diez veces mayor que el pagado a los artesanos indígenas. Aunque una parte de la producción cubre el mercado nacional, un considerable volumen es enviado a Miami o Nueva Orleáns, donde radica el monopolio internacional encargado, entre otras cosas, de fijar el precio del sombrero.[9] Estados Unidos

7 Carlos Incháustegui, *op. cit.*
8 A. G. Mastache F. y E. N. Morett S., *op. cit.*
9 Carlos Incháustegui, *op. cit.*

también compra sombrero en *greña* para proteger algunos cultivos en invierno. Aproximadamente 35 por ciento de la producción de sombrero es enviada a 33 países, entre los que destacan Bélgica, Estados Unidos, Francia, Inglaterra e Italia.[10]

Otro producto de la explotación de la palma es la elaboración de aparejos para animales de carga, los cuales reciben el nombre de *tlacopaxtles*. La materia prima de estos productos es el tallo de la palma, generalmente aquellos que miden aproximadamente dos metros de largo. El corte de los tallos no implica necesariamente la muerte de la palma, pues llega a rebrotar. En 1991 cada *tlacopaxtle* costaba 1 500 pesos la pieza, sin embargo poca gente se dedica a su producción debido a que existe un mercado muy reducido.

La leña

De las más de 350 especies vegetales útiles que crecen en los bosques del municipio, 152 son árboles y arbustos leñosos. De éstos, los campesinos recolectan 100 especies para utilizarlas como combustible. No obstante, sólo siete especies cubren más de 60 por ciento del consumo local de leña (cuadro 15). De acuerdo con Arias y Carabias, 96 por ciento de las familias de Alcozauca satisfacen sus necesidades de combustible a partir de la leña.[11] Esto representa un volumen de extracción de entre 21 800 y 39 200 m^3 anuales de leña. La mayor parte de ésta se ocupa para la cocción de alimentos y en menor medida para la cocción de barro, elaboración de pan e iluminación de la vivienda.

La recolección de leña es una actividad realizada generalmente por los hombres adultos. Ésta se realiza en sitios muy específicos. Se usa sólo machete y, cuando se tiene, se lleva un burro o mula para acarrear la carga. Por lo común sólo se cortan árboles

[10] A. G. Mastache F. y E. N. Morett S., *op. cit.*

[11] T. Arias y J. Carabias, "Usos tradicionales de leña y otros combustibles en un municipio rural de subsistencia en el estado de Guerrero", XI Congreso Mexicano de Botánica, Oaxtepec, Morelos, Programas y Resúmenes, 1991, p. 262.

Cuadro 15

PRINCIPALES ESPECIES DE PLANTAS UTILIZADAS COMO LEÑA

Nombre común	*Especie*
Encino blanco	*Quercus magnoliifolia*
Roble	*Quercus conspersa*
Encino de cuchara	*Quercus urbanii*
Encino prieto	*Quercus glaucoides*
Tepeguaje	*Lysiloma acapulcensis*
Tlahuitole	*Lysiloma divaricata*
Palo dulce	*Eysenhardtia polistachya*

viejos o secos, pero en ocasiones se provoca el deterioro de árboles sanos para que se sequen y después se obtenga la leña. Una familia compuesta por los padres y tres a cinco niños consume entre 20 y 30 kg diarios de leña. Si se descuentan las familias del centro de la cabecera municipal, se tiene que en 1980 alrededor de 2 000 familias del municipio consumían diariamente de 20 a 30 ton de leña, es decir 7 300 a 10 950 ton de leña por año. Debe agregarse a esta cantidad la leña consumida en la elaboración de pan, mezcal, cerámica, ladrillo, loza para piso y teja (fotografía 33).

De acuerdo con las estimaciones de Arias, se cortan aproximadamente 43 000 árboles por año en todo el municipio para la satisfacción de los requerimientos de combustible.[12] Aunque por lo común cada familia obtiene por sí misma toda la leña que necesita, existe también venta de ella a pequeña escala. En 1984 una carga de 50 leños (de 40 a 50 kg) costaba 200 pesos.

La madera

Los bosques son la fuente de materia prima para la construcción de viviendas, muebles y herramientas. En la zona existe un total de 75 especies de árboles maderables (apéndice VII). Casi 80

[12] *Idem.*

Cuadro 16

PRINCIPALES ESPECIES DE PLANTAS UTILIZADAS COMO MADERA

Nombre común	*Especie*
Pino	*Pinus spp.*
Encino	*Quercus spp.*
Sabino	*Juniperus flaccida*
Ahuehuete	*Taxodium mucronatum*
Tepeguaje	*Lysiloma acapulcensis*
Tlahuitole	*Lysiloma divaricata*
Palo dulce	*Eysenhardtia polistachya*
Fresno	*Fraxinus spp.*
Nogal	*Juglans mollis*

por ciento de estas especies se encuentra representado en el bosque de encino y en la asociación pino-encino. A pesar de tener este amplio espectro de recursos maderables, los campesinos prefieren las especies de pino, encino, sabino (*Juniperus flaccida*), tepeguaje (*Lysiloma acapulcensis*), palo dulce (*Eysenhardtia polistachya*), guamúchil (*Pithecoellobium dulce*) y nogal (*Juglans mollis*), las cuales se consideran de mejor calidad (cuadro 16).

Los horcones para la construcción de casas se obtienen generalmente del sabino *Juniperus flaccida* o del encino blanco *Quercus magnoliifolia*, los cuales tienen troncos resistentes. Las vigas, morillos y tejamaniles por lo común se fabrican con madera de diferentes especies de pino (fotografías 34 y 35). Aunque algunas familias salen a conseguir esos materiales directamente al bosque, éstos también pueden ser comprados en el pueblo a personas que complementan su economía con su elaboración y venta. La cantidad de madera utilizada para construir una vivienda es muy variable. En promedio, una casa requiere de entre 0.992 a 1.642 m^3 de madera para vigas, morillos, horcones y tejamaniles. Se estima que anualmente se construyen 33 casas en todo el municipio, para lo cual se requiere de la extracción de entre 32 y 54 m^3 de madera. Esta cantidad resulta sumamente baja comparada con la que se extrae de leña.

En el municipio de Alcozauca hay también carpinteros dedicados a la elaboración de mesas y sillas, las cuales son comercializadas a nivel local y municipal. El impacto de esta actividad sobre el bosque es sumamente bajo, ya que la escala de producción es muy pequeña y las materias primas frecuentemente son adquiridas en el mercado extramunicipal. Es común también la manufactura familiar de instrumentos de trabajo (coa, texala, cabos, etcétera). Sólo se comercializan las piezas que requieren mayor elaboración, tales como los yugos para el arado.

Desde principios de la década de los años cincuenta y hasta principios de la de los setenta funcionó un aserradero que explotaba los bosques de Zoyatlán, en el municipio de Alcozauca, y de otras comunidades del municipio de Metlatonoc. De acuerdo con Muñoz, la tala se realizaba en forma inmoderada por compañías privadas sin que los comuneros, que son los verdaderos propietarios del bosque, hayan recibido beneficio alguno.[13]

La industria del mezcal

San José Laguna, Petlacalancingo, Ahuejutla y Xochapa son las principales comunidades del municipio donde se produce mezcal de agave. No existen en la zona métodos sistemáticos de cultivo del maguey, de manera que este recurso se ha agotado en forma sensible. Tradicionalmente los productores de mezcal han obtenido el maguey de los terrenos comunales pero con el abatimiento del recurso, los mezcaleros ahora lo obtienen también, mediante un permiso, en comunidades vecinas. En pago a esto, y dependiendo del número de tallos o *cabezas* de maguey obtenidas, se retribuye a la comunidad una cierta cantidad de litros de mezcal, destinados al consumo colectivo durante las festividades civiles o religiosas.

En San José laguna existe una fábrica de mezcal con capacidad de producir 50 litros diarios de mezcal. De acuerdo con la información local, se requieren 20 *cabezas* de maguey para pro-

[13] Maurilio Muñoz, *op. cit.*

ducir esta cantidad. Existen dos calidades de mezcal, el de *punta*, que es más puro, y el *emparejado*, que lleva una mayor proporción de agua. En 1992 el litro de mezcal de punta costaba 25 000 y el emparejado entre 15 000 y 20 000 pesos. El propietario puede rentar la fábrica, cobrando en litros de mezcal. El mezcal que se produce en Alcozauca se comercializa a nivel local y municipal, llegando frecuentemente a venderse en el mercado de Tlapa.

En términos generales, el proceso de elaboración incluye los siguientes pasos:

a) Recolección de la materia prima. Se localizan en el campo los magueyes de tamaño apropiado. Posteriormente se deshojan, eliminando las pencas, de manera que sólo queda la *cabeza*, es decir, el tallo y la base de las hojas. En seguida se arranca de la tierra usando picos, barretas y machetes.
b) Horneado. Una vez obtenidas las *cabezas*, se transportan a los hornos, que son cavidades de aproximadamente 6 m^3 hechas en la tierra. Dentro se colocan leña y una o varias piedras con adecuada capacidad calorífica. Posteriormente se prende fuego y se dejan calentar las piedras. Más tarde se introducen las *cabezas* y se tapan los hornos con tierra. Se dejan ahí durante cuatro o cinco días.
c) Martajado. Una vez horneadas, las *cabezas* adquieren un sabor muy dulce, semejante al del piloncillo, que incluso pueden comerse como golosina. La gran cantidad de carbohidratos que poseen es la materia prima para la fermentación. Para fermentarlas, se martajan a golpe de hacha con el fin de acelerar el proceso de descomposición.
d) Fermentación. Las *cabezas* cocidas y martajadas se colocan en grandes toneles de madera (con una capacidad aproximada de 200 litros) con agua y colonias (*madres*) de levaduras para fermentar durante ocho días.
e) Destilación. El proceso de destilación es muy sencillo. Se coloca el jugo fermentado en un depósito de cobre expuesto a fuego directo. El depósito se cierra herméticamente. De éste sale un tubo de cobre (*el gusano*) que pasa por una pileta de concreto con agua fría corriente. En esta parte se realiza la condensación de los vapores de alcohol.

Cada una de las cuatro fábricas de mezcal que existen en Alcozauca ocupa anualmente alrededor de 400 individuos de maguey mezcalero. Con base en esta cifra, se puede calcular que a nivel municipal se extraen anualmente entre 1 500 y 2 000 individuos. No se tiene todavía un cálculo preciso del abatimiento de las poblaciones de maguey; por lo cual puede afirmarse que tienen un gran riesgo de desaparecer. Esto con base en las siguientes consideraciones:

1) No se practican técnicas de cultivo o propagación.
2) La extensión de los bosques donde se encuentra el maguey disminuye año con año debido a la apertura de terrenos agrícolas, incendios y sobrepastoreo, principalmente.
3) Los incendios forestales que se presentan anualmente destruyen miles de plántulas, alterando el ritmo de crecimiento natural de las poblaciones.
4) Los campesinos recolectan intensamente las flores del maguey, pues es un alimento sabroso, a pesar de que esta actividad muy frecuentemente implica el corte completo del escapo o quiote, impidiendo la maduración de los frutos y la propagación de las semillas.

ALFARERÍA

El trabajo del barro tiene también importancia en la economía de Alcozauca. La alfarería es una práctica muy antigua entre los mixtecos, tal como lo revelan multitud de evidencias arqueológicas y crónicas de la Conquista. En todas las comunidades estudiadas, la población indígena elabora sus vasijas y comales con fines de autoconsumo. No existe el uso del torno, el moldeado se realiza con las manos superponiendo tiras de barro (fotografía 36), que posteriormente se secan al sol y finalmente se cuecen a fuego lento y directo utilizando maderas *bofas* como las del colorín (*Erythrina americana*) y las de los *casahuates* (*Ipomea spp*). Otras comunidades del municipio, como Cuyuxtlahuac, realizan una producción alfarera similar que se vende en el mercado municipal.

Otra industria del barro es la fabricación de teja, ladrillos y loza para pisos. De las comunidades estudiadas, en dos existen pequeñas fábricas de estos materiales: Amapilca y Alcozauca (fotografía 37).

INDUSTRIAS DESAPARECIDAS

Una de las actividades más importantes en Alcozauca durante la época colonial fue la minería. Se desconoce cuándo se abandonó; sin embargo, hay evidencias de una mina de oro y plata trabajada durante la Colonia en el lugar conocido como El Jicaral. Muñoz sostiene que por los restos de la fundición se supone que la mina era muy rica.[14] Al oriente de la cabecera municipal, en el sitio conocido como La Carbonera, existe carbón de piedra, el cual se explotaba antiguamente. En Almolonga y Zoyatlán existen también vestigios de minas de oro y plata.

En el municipio hubo también pequeños talleres de curtiduría y zapatería, así como una embotelladora de refrescos gaseosos.

[14] *Idem.*

TERCERA PARTE

ALIMENTACIÓN

INTRODUCCIÓN

Uno de los grandes problemas actuales de México es la subalimentación que padecen amplios sectores de la población. Dicho problema no parece nuevo, ya que existen evidencias arqueológicas y documentales de que el hambre se ha sufrido en México muchas veces a lo largo de la historia. Así, parece que en la época precolombina el acceso a los alimentos por las poblaciones indígenas se vio afectado en diversas ocasiones por los efectos de cambios climáticos, el crecimiento de la población, las guerras y las epidemias.[1] Durante la Conquista y el periodo colonial tuvieron impacto considerable los drásticos cambios económicos, políticos e ideológicos que ocurrieron, así como el abatimiento de la población por las guerras, las epidemias y los trabajos forzados, lo cual disminuyó enormemente la fuerza de trabajo y por ende la producción de alimentos.[2] Parece que en la actualidad el problema es más agudo, sobre todo si se considera la magnitud que ha alcanzado el crecimiento de la población, así como la gravedad de la crisis económica que afecta al país.

Algunos autores han pretendido explicar el problema de la subalimentación actual únicamente desde la perspectiva del crecimiento poblacional, planteando como solución por excelencia la

[1] L. A. Vargas G., "La historia de la alimentación en México", en T. T. Reyna (ed.), *Seminario sobre la alimentación en México*, México, Instituto de Geografía, UNAM, 1984, pp. 13-26.

[2] P. Armillas, "Notas sobre...", *op. cit.*; P. Armillas, "Land use...", *op. cit.*; A. Chávez, "Nutrición: problemas y alternativas", en P. González Casanova y E. Florescano (coords.), *México, hoy*, México, Siglo XXI, 3a. ed., 1979.

disminución del crecimiento demográfico. Aunque debe reconocerse que el factor demográfico es de gran importancia, lo cierto es que en el fenómeno se entrelazan diversos factores políticos, socioeconómicos y tecnológicos que determinan más fuertemente la magnitud del problema. Entre estos factores es necesario destacar la distribución desigual de la riqueza y el paulatino empobrecimiento de grandes sectores de la población, cuyo acceso a los alimentos es cada vez más limitado; así como el abatimiento de la productividad de ellos, lo cual determina la importación creciente de grandes volúmenes de granos básicos y proteína animal.

Un aspecto central de la problemática es, sin duda, el sistema de producción de alimentos. En México, como en muchos países, se ha pretendido satisfacer las necesidades alimentarias y de materia prima para la industria mediante la adopción de modelos tecnológicos especializados, basados en la superexplotación de unos cuantos recursos y la subexplotación o destrucción de una gran cantidad de otros. El proceso de sustitución de los modelos tecnológicos tradicionales por los modernos especializados y tecnificados se ha acelerado en los últimos 40 años como parte de una visión desarrollista de la economía mexicana. En cuanto a la agricultura, por ejemplo, el modelo de producción adoptado (el de la Revolución Verde) está basado en la lógica de una elevada productividad, rentabilidad en el mercado y altas tasas de ganancia, pero es un modelo esencialmente destructivo, pues para lograr sus objetivos se encuentra fundado en la superexplotación de la fuerza de trabajo y de la naturaleza.

Aunado a lo anterior, debe destacarse la drástica reducción de la base genética de los cultivos utilizados. En México,

> donde la riqueza varietal de plantas cultivadas alcanza niveles sorprendentes, el espectro genético de los cultígenos se va estrechando cada vez más con la introducción de híbridos que están sustituyendo a numerosas variedades nativas que han sido seleccionadas y adaptadas empíricamente por el hombre, a lo largo de miles de años, a un amplio rango de condiciones ambientales en que se realiza la agricultura en el país.[3]

[3] N. J. Caballero, "Recursos comestibles...", en T. T. Reyna, *op. cit.*

Asimismo, la especialización tecnológica ha sido uno de los factores determinantes en la utilización de sólo unos cuantos de los recursos existentes. En la actualidad, 90 por ciento de la producción agrícola del mundo descansa en sólo 26 de las quizá 30 000 especies de plantas útiles para la alimentación. Numerosos estudios han demostrado que la subsistencia entre la población rural de México tradicionalmente se basa en el uso diversificado de los ecosistemas. De cada uno de ellos se obtiene multitud de recursos para satisfacer las necesidades básicas. Los campesinos no sólo realizan una producción agrícola diversificada, sino que, además, obtienen muchos otros recursos a partir de la caza, pesca y recolección. Esta estrategia de uso diversificado de los recursos[4] no sólo es frecuentemente soslayada por los programas de desarrollo rural, sino que también se le considera un signo de atraso y se le sustituye por patrones especializados de producción que conllevan la transformación paulatina de la economía campesina y su integración a los mecanismos de acumulación y centralización de capital. Este proceso generalmente hace más grandes los problemas que pretende resolver.

El desuso de todos estos recursos como consecuencia de la especialización productiva atenta entonces contra la posibilidad de enriquecer y desarrollar nuevas opciones alimentarias. En tal perspectiva, las investigaciones etnobotánicas pueden brindar aportes muy valiosos mediante el reconocimiento de recursos vegetales comestibles poco conocidos por la generalidad de la sociedad, sus diversas formas de uso y manejo, su valor nutricional, etcétera. Esto es particularmente importante en países como México, en donde existe una enorme riqueza natural y cultural.

En los siguientes capítulos se analiza la importancia de las plantas en la alimentación de los pobladores de Alcozauca. Primeramente se presenta un panorama de los recursos alimentarios, después se analiza el papel que desempeñan en la alimentación campesina, y finalmente se discuten algunos aspectos sobre las potencialidades futuras de algunos de estos recursos en los programas regionales de alimentación.

[4] V. M. Toledo M. *et al.*, "Uso múltiple del ecosistema: estrategia del desarrollo", en *Ciencia y Desarrollo*, núm. 2, vol. 11, 1976, pp. 33-39.

VII. LOS RECURSOS VEGETALES COMESTIBLES

Introducción

La manipulación de las plantas por las culturas mesoamericanas ha sido un proceso largo, complejo e intenso. Diversas excavaciones arqueológicas, tales como las realizadas en Tehuacán (Puebla) por Mac Neish,[1] muestran que hace unos 5 000 años los productos vegetales eran ya los elementos predominantes en la dieta humana; y que hace poco más de 3 000 años, 55 por ciento de los alimentos provenían de plantas cultivadas (cuadro 17). De hecho, como han señalado Harlan y Hawkes,[2] Mesoamérica ha sido uno de los centros de domesticación de plantas más importantes del mundo.

Como resultado de esta larga historia de interacción hombre-planta, actualmente un gran número de especies vegetales son aprovechadas por la población rural de México. Caballero estima que los indígenas mexicanos reconocen y utilizan más de 1 000 especies de plantas comestibles.[3]

Desde la antigüedad, la recolección de plantas ha desempeña-

[1] R. S. Mac Neish, "A sumary of the subsistence", en D. S. Byers (ed.), *The prehistory...*, *op. cit.*, cap. 15, pp. 290-310.

[2] J. R. Harlan, *Crops and man*, Madison, Wisconsin, Foundation for Modern Cropscience Series/American Society of Agronomy, 1975; G. Hawkes J., *The diversity of groups Plants*, Cambridge, Mass., Harvard University Press, 1983.

[3] N. J. Caballero, "Recursos comestibles...", en T. T. Reyna, *op. cit.*

Cuadro 17

ESPECIES VEGETALES COMESTIBLES ENCONTRADAS EN EL REGISTRO ARQUEOLÓGICO DE TEHUACÁN Y GUILÁ NAQUITZ

Familia botánica	*Especies*	*Parte usada*
PINACEAE	*Pinus sp.*	Semilla
TYPHACEAE	*Typha sp.*	Raíz
GRAMINACEAE	*Heteropogon*	Semilla
LILIACEAE	*Allium sp.*	Bulbo
AGAVACEAE	*Agave sp.*	Fruto
FAGACEAE	*Quercus sp.*	Fruto
ULMACEAE	*Celtis sp.*	
LAURACEAE	*Persea americana*	Fruto
LEGUMINOSAE	*Acacia sp.*	Semilla
	Aeschynomene sp.	Semilla
	Leucaena sp.	Semilla
	Phaseolus sp.	Semilla
	Prosopis juliflora	Semilla
MALPIGHIACEAE	*Malpighia sp.*	Fruto
EUPHORBIACEAE	*Jatropha neodioica*	
CACTACEAE	*Lemaireocereus sp.*	Fruto
	Opuntia sp.	Tallo
		Fruto
RUBIACEAE	*Randia sp.*	
CUCURBITACEAE	*Apodanthera sp.*	Fruto
	Cucurbita sp.	Fruto
		Semilla

Fuente: D. S. Byers (ed.), *The prehistory of the Tehuacan...*, y K. V. Flannery (ed.), *Guilé Naquitz...*

do un papel muy importante en la economía familiar del pueblo mixteco. Dahlgren sostiene que:

> La recolección de hierbas, verduras, guajes y frutas silvestres representaba una adición muy importante en la economía de aprovechamiento de los indígenas, quienes en caso de malas cosechas dependían en gran parte de ellos.[4]

[4] B. Dahlgren, *op. cit.*

Para la Mixteca Baja, la misma autora cita una larga lista de plantas comestibles recolectadas, las que son referidas en la *Relación de Acatlán*:

> "Ay árboles de 'guaxes' que lleuan vnas vainas... que comen los yndios"; el "copalxocotl que lleva una fruta como ciruelas"; el "quaunochtli que lleva unas vainas"; el "pochotl que lleva vna fruta de capullos grandes y es de comer"; el "teonochtli... que lleva vna fruta llamada pitahayas"; el "mizquitl que lleva vnas vainillas dulces de comer"; "aguacates... desta fruta se suele sacar azeite"; el "tetzonzapotl (mamey)...; el "texalzopotl, árbol grande que lleva vna fruta grande, dulce y muy blanca"; xocotl (ciruelas); tlitzapotl (zapote negro). "Ay 'papaloquilites' y huauquilites y mixixin, ques mastuerzo; ahueltzonpancin, yzmiquilitl, que son verdolagas, y ahuiacatzin y nonoquilitl y otras verduras; danse en este pueblo cebollas... de las de acá." A esta lista solamente hay que añadir el zapote blanco (cochitzapotl), el guayabo y la anona.

En el cuadro 18 se presentan las plantas comestibles referidas en las *Relaciones geográficas del siglo XVI*[5] para la región de la Montaña y sus vecindades (relaciones de Acatlán, Juxtlahuaca y Chilapa).

Al discutir los aspectos de la división del trabajo entre los mixtecos prehispánicos, Dahlgren atribuye a las mujeres del estamento inferior (las mujeres de los macehuales) la responsabilidad de "recolectar yerbas y sabandijas".[6]

En la actualidad, la recolección de plantas silvestres en Alcozauca es realizada básicamente por la población indígena y algunos agricultores mestizos pobres. La recolección de estos recursos no sólo proporciona alimentos de emergencia durante periodos de escasez de alimentos básicos, sino que a lo largo del año proporciona también un importante complemento para la alimentación diaria. La recolección de plantas comestibles la realiza el hombre cuando acude a las labores agrícolas, cuando va a buscar leña o cuando realiza actividades de pastoreo. En ocasiones los campesinos suelen ir al *monte* específicamente para recolectar al-

[5] R. Acuña, 1984, *op. cit.*; R. Acuña, 1985, *op. cit.*

[6] B. Dahlgren, *op. cit.*

Cuadro 18

ESPECIES DE PLANTAS COMESTIBLES RECOLECTADAS POR LOS MIXTECOS EN LA ÉPOCA DE LA CONQUISTA (RELACIONES DE ACATLÁN, JUSTLAHUACA Y CHILAPAN)

Nombres referidos	*Probable identidad botánica*
Guajes	*Leucaena esculenta,* *L. macrophylla*
Copalxocotl	
Quauhmochitl	*Pithecollobium dulce*
Pochotl	*Ceiba parvifolia*
Teonochtli	*Stenocereus sp.*
Mizquitl	*Prosopis juliflora*
Ahuacatl	*Persea americana*
Xocotl	*Spondias mombin*
Xalxocotl	*Psidium guajava*
Papaloquilites	*Porophyllum ruderale* *P. nuttans* *P. tagetoides*
Huauhquilites	*Amaranthus spp.*
Mixixin	
Ahuehuetzonpantzin	
Itzmiquilitl	
Ahiacatzin	
Nonoquilitl	
Cebollas	*Allium glandulosum*
Nogal silvestre	*Juglans mollis*
Capuli	*Prunus capuli*
Palmas silvestres	*Brahea dulcis*
Chía	*Savia sp.*
Nopal y tuna	*Opuntia spp.*
Quauhxinicuiles	*Inga sp.*

Fuente: R. Acuña, *Relaciones geográficas del siglo XVI...*, 1984, 1985, 1986.

gunas plantas. Las mujeres suelen recolectar diferentes plantas comestibles en su mismo solar o bien salir a buscarlas en las zonas próximas a las casas. Los niños también acostumbran recolectar plantas comestibles cuando realizan actividades de pastoreo. Algunas veces sus padres los mandan específicamente a buscarlas.

El conocimiento que la población local tiene sobre estas plantas es muy amplio. Una expresión de este conocimiento es la existencia de un complejo sistema de clasificación tradicional, el cual reconoce diferencias muy sutiles entre las plantas, en relación con atributos tales como sabor, toxicidad, efectos indeseables en su consumo, propiedades medicinales, periodos de floración, fructificación, pérdida de follaje, hábitat, los sitios de mayor abundancia de estas plantas, así como sus depredadores, polinizadores y competidores.

LAS PLANTAS COMESTIBLES

En el área de estudio se identificaron un total de 162 especies vegetales utilizadas como alimento por la población del municipio de Alcozauca. De estas especies, 80 son cultivadas en los diversos sistemas agrícolas descritos anteriormente (apéndice III), aunque 20 de estas especies cultivadas son nativas y presentan poblaciones silvestres localmente. Todas estas plantas tienen una larga historia de selección humana y poseen, en mayor o menor grado, las características distintivas de las plantas domesticadas. De acuerdo con Schwanitz, Harlan y Hawkes, las plantas domesticadas tienen las siguientes características: reducida competitividad con otras especies; gigantismo; amplio rango de variabilidad morfológica y adaptación fisiológica; supresión de los mecanismos naturales de dispersión y de protección; dependencia del manejo humano para sobrevivir y reproducirse; cambio de hábito de crecimiento.[7]

Sin embargo, la mayor parte de las plantas comestibles (102 especies) son silvestres, arvenses o ruderales. De acuerdo con De Wet y Harlan,[8] la principal diferencia entre las plantas domesticadas y las arvenses y silvestres, es el grado de dependencia para sobrevivir que tienen con respecto al hombre, siendo mayor en las domesticadas y nulo en las silvestres. Las plantas arvenses y

[7] F. Schwanitz, *The origins of cultivated plants*, Cambridge, Mass., Harvard University Press, 1966; J. R. Harlan, *op. cit.*; G. Hawkes J., *op. cit.*

[8] J. M. J. de Wet y J. R. Harlan, "Weeds and domesticates: evolution in the man-made habitat", en *Economic Botany*, núm. 29, 1975, pp. 99-107.

ruderales, aunque crecen en los hábitat creados por el hombre, no dependen de éste para sobrevivir.

Entre las plantas silvestres, arvenses y ruderales puede encontrarse un amplio espectro de situaciones en cuanto a su forma de manejo por el hombre. Muchas de estas especies son plantas silvestres, pero hay otras que de algún modo son fomentadas, protegidas, semicultivadas o inclusive francamente cultivadas por la población. En algunos casos puede decirse que estas plantas están bajo procesos incipientes de domesticación por el hombre. En realidad, éste no es un fenómeno particular de Alcozauca sino que se puede observar en cualquier parte donde el hombre hace uso intenso y generalizado de su entorno vegetal. Esta situación es claramente descrita por Levi-Strauss en el caso de las culturas amazónicas:

> No siempre es fácil distinguir entre las plantas silvestres y cultivadas en Sudamérica, y existen muchos estados intermedios entre la utilización de las plantas en su estado silvestre y el verdaderamente domesticado.[9]

Formas de manejo

Partiendo de esta base, en el presente trabajo se establece una clasificación de las plantas comestibles de acuerdo con las distintas formas de interacción e interrelación que el hombre mantiene con ellas, tomando en cuenta que tales interacciones tienen consecuencias de carácter cultural para la sociedad humana y de carácter biológico y ecológico para las plantas (cuadro 19).

Plantas recolectadas

Dentro de esta categoría se incluyen aquellas plantas que forman parte de las vegetaciones primaria y secundaria, y que son extraí-

[9] C. Levi-Strauss, "The use of wild plants in tropical South-America", en *Handbook of South-America Indians*, Bor. Amer. Ethnoll. Bull., núm. 43, vol. 6, 1950.

Cuadro 19

NÚMERO DE ESPECIES DE PLANTAS COMESTIBLES DE ACUERDO CON LA FORMA DE MANEJO

Formas de manejo	*Tipos de plantas*		
	Silvestres	*Arvenses*	*Domesticadas*
Recolección	67	33	
Tolerancia	39	26	
Protección	7	3	
Fomento	3	11	
Cultivo	22	8	80

das por el hombre directamente de la naturaleza. Se consideran también las formas silvestres de especies de plantas domesticadas y que son recolectadas en el monte (fotografía 38). Puede tratarse de parientes silvestres o bien de plantas domesticadas escapadas. Éstos pueden ser los casos de la jícama de monte (*Pachyrrhyzus erosus*) (figura 14), del frijol ayocote (*Phaseolus coccineus*) (figura 15) y del frijol común (*Phaseolus vulgaris*) (figura 16).

Plantas toleradas y protegidas

Entre las especies silvestres también existen algunas que son toleradas durante el desmonte para construir casas o abrir terrenos de cultivo. Por ejemplo, existen muchas milpas que mantienen árboles de guaje colorado (*Leucaena esculenta* subsp. *esculenta*) (figura 17), guamúchil (*Pithecollobium dulce*) (figura 18) y mezquite (*Prosopis juliflora*) (figura 19). Aunque la sombra de estos árboles afecta a los cultivos son tolerados, pues además de proporcionar sombra para el descanso durante las labores agrícolas, producen frutos comestibles. En este grupo se incluyen también las especies arvenses herbáceas asociadas a los cultivos. Algunas de estas especies son de utilidad como alimento (la mayoría de los *quelites*), razón por la cual el hombre las tolera dentro de los campos de cultivo, eliminando los deshierbes sólo a aquellas que compiten fuertemente con los cultivares y que carecen de utilidad (fotografía 39).

Plantas fomentadas

En ocasiones se llevan a cabo acciones tendientes a favorecer la dispersión o crecimiento de algunas plantas para aumentar su disponibilidad. Tal es el caso de la palma (*Brahea dulcis*) (figura 20), la cual es favorecida mediante el fuego provocado por los campesinos (fotografía 40), así como del maguey mezcalero (*Agave sp.*) (figura 21), con el que se realizan prácticas de propagación vegetativa. Es también probable que a este nivel pueda existir alguna forma de selección; por ejemplo, las poblaciones de palma en Amapilca, de acuerdo con la información local, no sirven para el tejido de sombrero porque la hoja es muy corta, en comparación con las poblaciones de San José Laguna, ampliamente explotadas. Aunque la variabilidad biológica que presentan puede deberse a presiones de selección natural, no deja de ser interesante indagar acerca del efecto que tiene sobre ellas el manejo por parte del hombre.

Existen también algunas arvenses sobre las que el hombre tiene un interés particular y no sólo son toleradas, sino que además son promovidas mediante la dispersión de sus estructuras de propagación en los campos de cultivo. Por ejemplo, en el barrio de Las Mesitas, en Alcozauca, algunas familias dispersan en los solares las semillas de chipiles (*Crotalaria pumila*) (figura 22) y quintoniles (*Amaranthus hibridus*) (figura 23). Otras malezas, además de ser propagadas, reciben del hombre cuidados especiales; probablemente existe algún proceso de selección, sin embargo, surgen *espontáneamente* en los campos de cultivo, independientemente de la mano del hombre. Los ejemplos más importantes de este caso son: el tomate cascarudo (*Physalis philadelphica*) (figura 24), el chiltepín (*Capsicum frutescens*) (figura 25) y el tomate de culebra (*Lycopersicum sp.*) (figura 26).

Plantas cultivadas

Dentro de las plantas silvestres existen algunas especies cuyas estructuras de propagación son transportadas a los campos de cultivo, principalmente a los solares, con el fin de ampliar su disponibilidad y tenerlas más cerca. Es importante señalar que esta acción por sí misma no implica necesariamente hablar de domesticación. Se entiende por domesticación un proceso que no involucra solamente el cultivo, sino de manera principal la transformación morfofisiológica y genética de las poblaciones naturales por la acción selectiva del hombre. En este nivel se contempla solamente el aspecto de propagación. Algunos ejemplos de este nivel de interacción en Alcozauca son el *fraile* (*Euphorbia graminea*) (figura 27), llevado del monte a las milpas, el guaje colorado (*Leucaena esculenta*), la chirimoya (*Annona cherimolia*) (figura 28) y el mismo guamúchil, llevados a los solares y huertos.

Existen especies que tienen poblaciones silvestres de las que se obtienen estructuras de propagación y se cultivan junto a formas domesticadas. Tal es el caso de la guayaba (*Psidium guayava*) (figura 29), el nanche (*Byrsonima crassifolia*) (figura 30) o el aguacate (*Persea americana*) (figura 31). Esta situación es de gran importancia porque constituye la base del fitomejoramiento empírico.

Algunas arvenses también son cultivadas; aunque esta práctica no se presenta en Alcozauca, sí ocurre en los alrededores de Tlapa y Cualac. En estos sitos se cultivan con riego, durante la época de secas, como cualquier hortaliza, alaches (*Anoda cristata*) (figura 32), chipiles (*Chotalaria spp.*) y pápalo (*Porophyllum ruderale*) (figura 33), con valor comercial en el mercado de Tlapa. Esta experiencia resulta de particular importancia cuando se piensa en la diversificación de las opciones productivas en los programas de desarrollo rural.

Debe mencionarse que algunas especies reciben a la vez distintas formas de manejo. Por ejemplo, algunas arvenses pueden ser recolectadas, en ocasiones toleradas y protegidas, fomentadas o cultivadas por un mismo agricultor.

Formas de preparación y consumo

Todo este conjunto de plantas forma parte muy importante de la economía familiar. Son recolectadas o cultivadas principalmente por la población indígena, incorporándolas a la dieta como alimentos complementarios, aunque en muchas ocasiones, como se verá posteriormente, llegan a ser el *plato fuerte* de la comida tradicional. La forma de preparación y consumo de cada una de ellas depende en gran medida de sus propiedades biológicas (textura, sabor, digestibilidad, presencia de compuestos secundarios, y otras). En conjunto todas estas especies proporcionan diferentes partes comestibles, las cuales constituyen distintos tipos de alimentos, según su forma de consumo, su papel en la dieta y su aporte nutricional. Con base en estas características se clasificaron las plantas comestibles de la región en la forma siguiente.

Verduras

Dentro de éstas se incluyen aquellas plantas que proporcionan hojas y otras partes vegetativas, aunque en algunos casos también flores y frutos. Se consumen como platillo principal o complementario. Se comen generalmente crudas, hervidas, fritas o asadas, con sal, limón, chile y cebolla. A menudo se cocinan junto con carne de res, cerdo, chivo o pollo, cuando ésta se consume. Todas estas plantas constituyen una fuente muy importante de vitaminas, minerales y fibra vegetal comestible. En esta categoría se incluyen una amplia gama de quelites. Bye muestra a los quelites como las verduras tradicionales en la alimentación indígena de México.[10] Incluye en esta categoría a las verduras derivadas de hierbas anuales *tiernas* y las flores, inflorescencias y brotes de algunas especies perennes. Los quelites pueden consumirse crudos o ligeramente cocinados en agua caliente y pueden comerse frescos durante la estación o bien secos durante el estío. Sin embargo, se ha preferido emplear el término *verdura* porque incluye un conjunto más amplio de plantas comestibles con características similares, entre las que se pueden mencionar nopales, tomates, jitomates, chiles, ejotes, así como tallos y frutos de magueyes y palmas. La mayor parte de estas especies son silvestres y semicultivadas (cuadro 20).

[10] R. A. Bye Jr., "Quelites: Ethnoecology of edible greens-past, present and future", en *Journal of Ethnobiology*, núm. 1, vol. 1, 1981, pp. 109-123.

Cuadro 20

NÚMERO DE ESPECIES DE PLANTAS COMESTIBLES DE ACUERDO CON LA FORMA DE USO

Formas de uso	*Silvestres*	*Arvenses*	*Domesticadas*
Verduras	30	27	27
Frutas	23	2	40
Raíces, bulbos y tubérculos	9	1	3
Semillas y granos	17	4	10
Condimentos y dulces	3	4	5
Bebidas	4	1	2

Frutas

Se incluyen todas aquellas plantas que proporcionan frutos que se comen frescos como *fruta del tiempo*, y generalmente entre comidas. Al igual que las verduras, las frutas son un aporte importante de vitaminas, minerales y carbohidratos. La mayor parte de las especies utilizadas son plantas cultivadas. Debe señalarse, sin embargo, que es muy significativa la presencia de un número considerable de parientes silvestres, los cuales constituyen una fuente de información genética para el mejor desarrollo potencial unitario de las variedades cultivadas.

Raíces, tubérculos y bulbos

Se incluyen aquellas plantas cuyas partes subterráneas se comen crudas o cocidas como alimentos ocasionales. A veces pueden ser el platillo principal de la comida. Algunos bulbos se emplean en forma cotidiana como condimentos. Estos recursos aportan principalmente carbohidratos a la dieta. La mayor parte de estas especies son plantas silvestres y semicultivadas.

Granos y semillas

Aquí están comprendidas las especies que proporcionan semillas, granos y frutos harinosos. Las más importantes son precisamente las especies que conforman la dieta básica (maíz y frijol). Existen, sin embargo, varias especies silvestres y semicultivadas que llegan a tener un papel muy importante en la dieta de la población local. Estas últimas son plantas que poseen un alto valor potencial para el mejoramiento de la alimentación en la región. Estos recursos son el aporte principal de carbohidratos y proteínas para la nutrición. Los granos y semillas cultivados constituyen en general el platillo principal de la dieta diaria y tienen diversas formas de preparación. Los no cultivados pueden ser alimentos de emergencia, tal es el caso de la bellota de encino; o bien, de consumo estacional frecuente, como es el caso de los *guajes*.

Dulces y condimentos

Aquí se incluyen las plantas que proporcionan hojas, tallos u otras partes vegetativas que se utilizan como saborizantes de diversos platillos, o bien como botanas o dulces de consumo ocasional. No obstante que éstos son recursos que se consumen en cantidades relativamente pequeñas, su consumo regular brinda un aporte significativo de carbohidratos, vitaminas y otros elementos nutritivos.

Bebidas

Aquí están comprendidas las especies cuyas hojas, tallos y frutos se utilizan para preparar bebidas estimulantes o fermentadas, las cuales tienen un papel importante sobre todo en las fiestas cívicas y religiosas.

Misceláneas

En esta categoría se agrupan plantas comestibles de diversa índole (frutos, semillas, látex para chicle y otras) que son consumidas eventualmente en las labores del campo, sin constituir nunca un alimento importante. Se trata en realidad de recursos ocasionales para *calmar la sed* o bien se consumen como *botana* o golosina. Nunca son recolectadas para ser consumidas en casa.

DISTRIBUCIÓN Y ABUNDANCIA

Del total de las plantas no cultivadas, cerca de 30 por ciento está constituido por plantas arvenses cuya distribución se encuentra fuertemente asociada a los campos de cultivo. El 70 por ciento restante está formado por especies silvestres, asociadas a las diferentes unidades naturales de vegetación descritas en el primer capítulo. La vegetación riparia aporta la mayor riqueza de recursos para consumo humano, en ella se recolecta 35 por ciento de las especies silvestres comestibles. Le sigue en importancia el bosque tropical caducifolio, donde se encuentra el 32 por ciento de estos recursos. El bosque de encino aporta 26 por ciento y el bosque de pino y encino, 10 por ciento. Este patrón general es coherente con el grado de diversidad vegetal que existe en cada una de tales unidades de vegetación. Cabe agregar que justamente en las zonas de ecotono es donde puede encontrarse la mayor diversidad de recursos, pues en ellas se combinan los elementos de una y otra unidad de vegetación (cuadro 21).

Cuadro 21

NÚMERO DE ESPECIES VEGETALES COMESTIBLES EN LAS DISTINTAS UNIDADES DE VEGETACIÓN

Tipos de vegetación	*Número de especies*
Vegetación riparia	26
Bosque tropical caducifolio	24
Bosque de encino	20
Bosque de pino y encino	8
Arvenses y ruderales	34
Cultivadas	80

Cuadro 22

NÚMERO DE ESPECIES VEGETALES COMESTIBLES EN LAS DISTINTAS UNIDADES FISIOGRÁFICAS DEL MUNICIPIO DE ALCOZAUCA

Unidades fisiográficas	*Número de especies*
Laderas	50
Cañadas	37
Jollas	23
Pie de monte	22
Cimas	20
Vega del río	12

Cuando se analiza el aporte de recursos de las distintas unidades fisiográficas, se encuentra que en las laderas se localiza 67.2 por ciento de las especies comestibles silvestres; les siguen en importancia las cañadas, que aportan 49.1; las jollas, 31.1; la zona de pie de monte, 29.5; las cimas, 26.2; y las vegas, 16.4 por ciento (cuadro 22).

No se cuenta por el momento con una evaluación precisa de la abundancia de los recursos silvestres en cada una de estas unidades ambientales. Sin embargo, es posible hacer estimaciones gruesas a partir de información indirecta, pues si se considera la extensión de las unidades de vegetación y fisiográficas y se les relaciona con su capacidad de aporte de recursos, es posible conocer cuáles unidades aportan mayor cantidad de plantas comestibles silvestres y cuáles especies son los recursos más abundantes. El tipo de vegetación más extendido es el bosque de encino, que cubre aproximadamente 50 por ciento de la superficie del municipio, con todas las asociaciones descritas en el primer capítulo. Le siguen en importancia el bosque de pino y encino, con cerca de 30 por ciento de la superficie de Alcozauca, y el bosque tropical caducifolio, que abarca casi quince por ciento. El cinco por ciento restante está ocupado principalmente por la vegetación riparia (corresponde más o menos tres por ciento a la zona de vega y el resto al complejo de barrancas). En cuanto a las unidades fisiográficas, aunque no se han cuantificado, es posible asumir que las laderas son las más extensas, debido al abrupto relieve que caracteriza a la zona. Les siguen en importancia las zonas de pie de monte y las cimas; finalmente, los coluviones (jollas y valles) y los aluviones (vega y cañadas). Con esta información es posible decir que las laderas y pie de monte con bosque de encino son las unidades ambientales que aportan mayor volumen de recursos, y las especies que ahí se encuentran son los recursos silvestres más abundantes. Después, en orden de importancia, están las cimas de bosque de encino y de encino y pino; las laderas y pie de monte del bosque tropical caducifolio; las barrancas o cañadas que poseen vegetación riparia y, finalmente, los coluviones y aluviones, cuyo aporte de plantas silvestres es muy limitado debido a que generalmente están ocupados como campo de cultivo, por lo que su aporte principal serán las especies comestibles de arvenses.

Las arvenses comestibles se encuentran distribuidas siguiendo distintos patrones de acuerdo con las características ecológicas de los agrosistemas y de acuerdo con su manejo. Muestreos realizados en 21 unidades de agrosistemas, revelaron que quince de las 25 especies de malezas recolectadas se encontraban más comúnmente en los campos de cultivo. Como puede observarse en el cuadro 23, las especies más frecuentes son *Amaranthus hibridus*, *Anoda cristata* y *Physalis philadelphica*, las cuales fueron encontradas en quince de los sitios muestreados. Aunque en ocasiones se presentan como poblaciones únicas, en diez casos estas tres especies aparecieron asociadas. Se encuentran presentes en todos los sistemas agrícolas excepto en las huertas frutícolas. Tienen un rango amplio de distribución altitudinal, encontrándose bien representadas en las cuatro comunidades estudiadas.

Les siguen en importancia los *chipiles* (*Crotalaria pumila*, principalmente, y *Crotalaria sp.*), localizados en diez de las unidades muestreadas. Aunque es muy común encontrar estas plantas en los campos de cultivo, su distribución se encuentra restringida a la zona llamada *tierra caliente*, entre 1 200 y 1 570 msnm. En el cuadro 23 se nota la ausencia de este recurso en el sistema de tlacolol y en las huertas frutícolas. En el primer caso, la razón es que los tlacololes muestreados están ubicados arriba de 1 700 msnm; sin embargo, en otros tlacololes de *tierra caliente* sí han

Cuadro 23

ABUNDANCIA DE PLANTAS ARVENSES COMESTIBLES EN DIFERENTES SISTEMAS AGRÍCOLAS

Especies	*Tlacolole*		*Yunta ladera*		*Yunta jolla*		*Riego en vega*		*Huertas*		*Solar riego*		*Solar temporal*	
	I/m²	*B/ha*	*I/m²*	*B/ha*	*I/m²*	*B/ha*	*I/m²*	*B/ha*	*I/m²*	*B/ha*	*I/m²*	*B/ha*	*I/m²*	*B/ha*
Amaranthus hibhridus	0.42	39.48	0.03	2.82	0.59	55.46	0.17	15.98			0.1	9.4	3.01	282.94
Anoda cristata	0.02	2.38	0.07	8.33	0.09	10.71	0.8	95.2			1.21	143.99	0.7	8.33
Asclepias sp.	0.008	0.456	0.02	1.14	0.01	0.57	—	—			0.01	0.57		
Crotalaria pumila			0.91	74.22	0.22	17.943	0.01	0.816					0.02	1.14
Chenopodium ambrosioides													0.03	2.447
Malva parviflora			0.02	1.86										
Oxalis sp.	0.42	0.42	0.93	0.93	0.03	0.03	0.06	0.06						
Physalis phyladelphica	0.015	13.095	0.04	34.92	0.16	139.68	0.12	104.76					0.57	0.57
Phytolacca icosandra	0.03	9.15	0.11	33.55										
Porophyllum nutans			0.01	0.157										
P. ruderale			0.01	0.163										
P. tagetoides			0.03	0.426	0.02	0.326							0.01	0.142
Portulaca oleracea			0.02	0.46			0.09	2.07					0.2	4.6
Solanum nigrum	0.11	9.57	0.03	2.61			0.07	6.09	0.01	0.87				
Totales	1.023	74.551	2.23	161.586	1.115	224.719	1.32	224.976	0.01	0.87	1.32	153.96	4.54	300.169

I = Individuos. B = Biomasa en kilogramos.

sido observados. En las huertas frutícolas, la penumbra del sotobosque es un factor limitante para el desarrollo de estas plantas.

Otra especie con amplia distribución es el *xocuyule* (*Oxalis sp.*) (figura 34), encontrada en todo el gradiente altitudinal y preferentemente en los sistemas de monte.

La *hierba mora* (*Solanum nigrum*) (figura 35) tiene también amplia distribución, sin embargo solamente se encuentra bien representada en los tlacololes de mayor altitud. Este hecho se explica porque en *tierra caliente* no es consumida en forma importante por la población, de manera que su tolerancia en la milpa no resulta provechosa. En Amapilca y Alcozauca se informó lo siguiente: "Dicen que se come, pero aquí no se acostumbra"; mientras que en Ixcuinatoyac y San José Laguna es más apreciada y de acuerdo con la información local, con sólo comerla "hasta la gripe se cura".

El *yiwa leso* u oreja de conejo (*Asclepias sp.*) (figura 36) es encontrado en los sistemas agrícolas de monte de temporal en un gradiente altitudinal considerable (de 1 340 a 1 850 msnm en las unidades muestreadas).

La *verdolaga* (*Portulaca oleracea*) (figura 37) es una de las especies más apreciadas y se procura siempre mantenerla. Se distribuye principalmente en las comunidades de menor altitud. En Ixcuinatoyac y San José Laguna también existe verdolaga, y es también muy apreciada, sin embargo, su ausencia en los puntos de muestreo revela su relativa escasez en estas zonas. A diferencia de las especies anteriores, la verdolaga sí se encuentra presente en las huertas frutícolas, en las zonas sin sombra.

El caso del *amole* o lava ropa o, en mixteco, *yiwa chi^na* (*Phytolacca icosandra*) (figura 38) es un poco diferente, ya que más que maleza se trata de una planta silvestre distribuida desde la vegetación riparia hasta los bosques de encino. Sin embargo, en Ixcuinatoyac y San José Laguna fue encontrada con frecuencia en los campos de cultivo, principalmente en los tlacololes. Tal diferencia es explicable ya que esta especie es arbustiva y tiende a adquirir un tamaño relativamente grande, además es perenne, lo que constituye una dificultad para el paso de la yunta en el terreno. La unidad del sistema temporal de yunta en ladera, para la que se reporta esta especie, se encuentra en Ixcuinatoyac. En ella se cultiva la mitad con tlacolol y la otra mitad con yunta, debido a las diferencias en pendiente. *Phytolacca icosandra* fue encontrada precisamente en la zona de tlacolol.

Las tres especies comestibles del género *Porophyllum* se distribuyen desde las tierras bajas hasta los 1 700 msnm. La de mayor distribución es la *pipicha* (*Porophyllum tagetoides*) (figura 39). Aunque esta especie crece dentro de la milpa, las poblaciones más grandes se encuentran en las orillas y zonas próximas. Se distribuye además en las zonas perturbadas del bosque tropical caducifolio y del bosque de encino. Las otras dos especies son muy escasas en las milpas y se distribuyen preferentemente en las zonas perturbadas de la vegetación riparia y del bosque tropical caducifolio. Es factible, sin embargo, promover el cultivo del *papaloquelite* (*Porophyllum ruderale*), como ocurre en otras zonas del país.[11] El cultivo del *tlapanche* es más problemático debido a que sus semillas son difíciles de germinar.

El *epazote* (*Chenopodium ambrosioides*) (figura 40) y la *malva* (*Malva parviflora*) (figura 41) tienen una distribución restringida a los sistemas de solar, donde surgen espontáneamente. Junto con *Portulaca oleracea* son las únicas especies arvenses observadas en las huertas de las zonas sin sombra. La reducida distribución de *Malva parviflora* se explica por el hecho de que su consumo como alimento es también muy reducido. El caso de *Chenopodium ambrosioides* no ha sido aún entendido.

Las restantes especies que no fueron encontradas durante el muestreo tienen en general una distribución más restringida. Por ejemplo, la *mostaza* (*Brassica campestris*) (figura 42) y las especies de quelites aun no determinadas (*yiwa chihndi*, *yiwa ndicondo* y *yiwa shiqui*), se encuentran restringidas a las milpas del valle de San José Laguna. *Sicius sp*., el *trepapared*, se localiza en los cercados de los solares de Amapilca y los barrios de Las Mesitas y La Cruz Verde en Alcozauca. El *quelite de marrano* (*Salpianthus purpurascens*) (figura 43), se encuentra en los solares y huertas de Amapilca y Alcozauca. Es importante señalar que ésta es la única especie de arvense comestible capaz de crecer en la

[11] C. Vázquez, "Tendencias en el proceso de domesticación del papaloquelite (*Porophyllum ruderale* (Jacq.) Cass, subsp. *macrocephalum* (D.C.), R. R. Johnson. *Asteraceae*)", México, tesis de maestría, Facultad de Ciencias, UNAM, 1991.

zona de sombra de las huertas frutícolas. *Rumex sp.* (figura 44) se encuentra sobre todo en los terrenos agrícolas del valle de San José Laguna, de preferencia en aquellos que se encuentran en descanso. El *chiltepín* (*Capsicum frutescens*) resulta escaso como arvense (se hace esta aclaración porque también se cultiva), y principalmente crece en los campos de cultivo de las zonas más calientes del municipio. El *tomate de culebra* (*Lycopersicon sp.*), se localiza primordialmente en los solares de Amapilca y Alcozauca.

El conocimiento de la distribución de los recursos proporciona sólo parte de la información necesaria para evaluar la magnitud de su disponibilidad espacial. Otro aspecto importante es el que se refiere a la abundancia. En buena parte ambos aspectos permiten entender mucho del porqué y el cómo del uso y manejo de los recursos.

En el cuadro 23 se muestran los resultados de los muestreos de abundancia de las *malezas* comestibles en los distintos sistemas agrícolas en términos de densidad y biomasa. En esta tabla puede verse que aunque *Amaranthus hibridus* tiene una amplia distribución, alcanza sus niveles más importantes en los tlacololes de Ixcuinatoyac, en las milpas de jolla de San José Laguna y de manera muy importante en los solares, donde son muy abundantes. Si se toma como punto de comparación el valor de densidad del maíz, que en un campo de cultivo es generalmente de 1 (1 individuo/m^2), es más fácil relacionar los valores de densidad que se reportan. El valor de densidad reportado para esta especie en los solares de Las Mesitas es de 5.23 y revela la importancia de este recurso. Debe tomarse en cuenta que su abundancia se explica porque la unidad familiar promueve el crecimiento de esta especie mediante la dispersión de las semillas.

En el caso de *Anoda cristata*, puede observarse que los sistemas donde tiene mayor importancia son el riego de vega y los solares.

Crotalaria pumila es también un recurso de gran importancia. Como puede verse en las tablas mencionadas, es sobre todo abundante en los sistemas de monte de temporal en las comunidades de menor altitud.

En términos de su densidad, *Physalis philadelphica* parecería un recurso medianamente importante; sin embargo, cuando se considera la biomasa que aporta cada individuo, puede verse que ésta sí es considerable. Su abundancia es aproximadamente constante en todos los sistemas.

Otro recurso de gran importancia y que se encuentra relativamente escaso es *Portulaca oleracea.*

Oxalis sp. tiene una amplia distribución, sin embargo es más abundante en las zonas templadas de mayor altitud en las comunidades estudiadas. En términos de biomasa su aporte es pequeño.

Disponibilidad temporal

De acuerdo con la información de fenología y disponibilidad de los recursos comestibles silvestres y semicultivados, se encontró que 73.5 por ciento de las plantas consumidas como verduras están disponibles entre los meses de junio y septiembre; 38.8 por ciento, entre octubre y enero; 10.2 por ciento, entre febrero y mayo, y seis especies (12.2 por ciento) están disponibles todo el año. La mayoría de los frutales (58.8 por ciento) produce también entre los meses de junio y septiembre; 33.3 por ciento, entre octubre y enero; 25 por ciento, entre febrero y mayo, y solamente una especie (el nopal) tiene épocas de fructificación continua que permiten disponer del recurso a lo largo del año. A diferencia de éstos, la disponibilidad de granos y semillas silvestres y semicultivados se concentra fuertemente (91.6 por ciento) entre los meses de octubre y enero; 33.3 por ciento, entre febrero y mayo, y 25 por ciento, entre junio y septiembre, y no existe ninguna especie que produzca semillas durante todo el año. Entre las plantas que producen raíces, tubérculos y bulbos comestibles, la mayoría (66.6 por ciento) está disponible todo el año; 33.3 por ciento, entre junio y septiembre; y 22.2 por ciento entre octubre y enero (cuadro 24).

Como se verá en el capítulo siguiente, estos patrones de disponibilidad tienen gran significación en el estudio de la dieta de los pobladores a lo largo del año y aunque se consumen constantemente, su importancia relativa es variable en diferentes épocas del año.

Cuadro 24

DISPONIBILIDAD ANUAL DE LAS PLANTAS COMESTIBLES ARVENSES Y SILVESTRES DE ALCOZAUCA (% DE ESPECIES DISPONIBLES)

Plantas comestibles	*E*	*F*	*M*	*A*	*M*	*J*	*J*	*A*	*S*	*O*	*N*	*D*
Verduras	39		12					74			39	
Frutales	33		25					59			33	
Raíces, bulbos y tubérculos	89		67					100			89	
Granos y semillas	92		33					25			92	

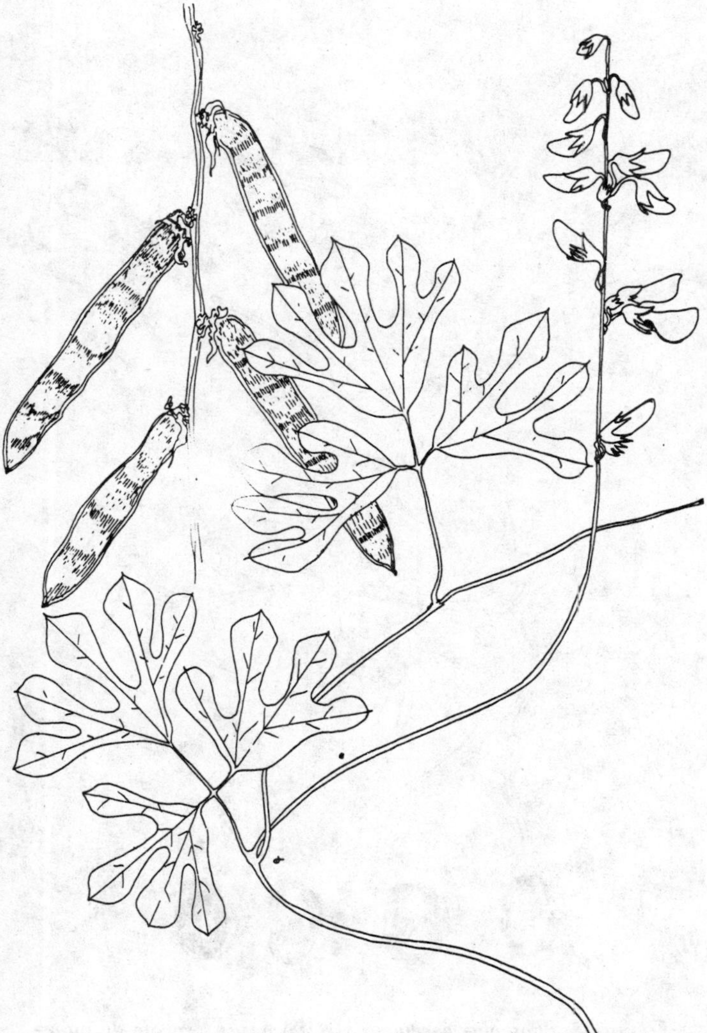

Figura 14. Pachyrrhizus erosus, jícama de monte. (Dibujo: J. Cabrera.)

Figura 15. Phaseolus coccineus ssp. formosus, ayocote de monte. (Dibujo: J. Cabrera.)

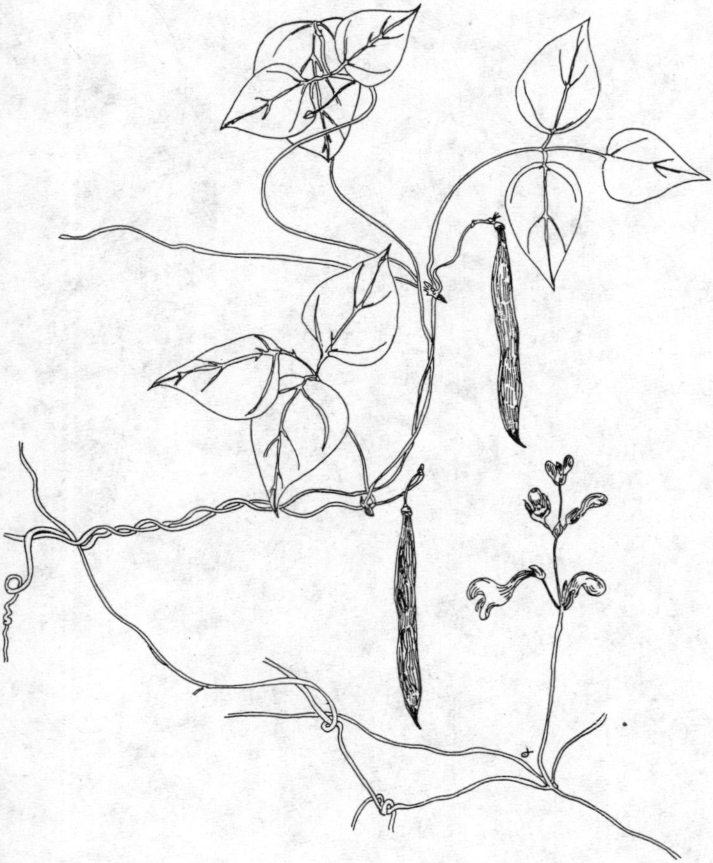

Figura 16. Phaseolus vulgaris ssp. mexicanus, ejote de monte.
(Dibujo: J. Cabrera.)

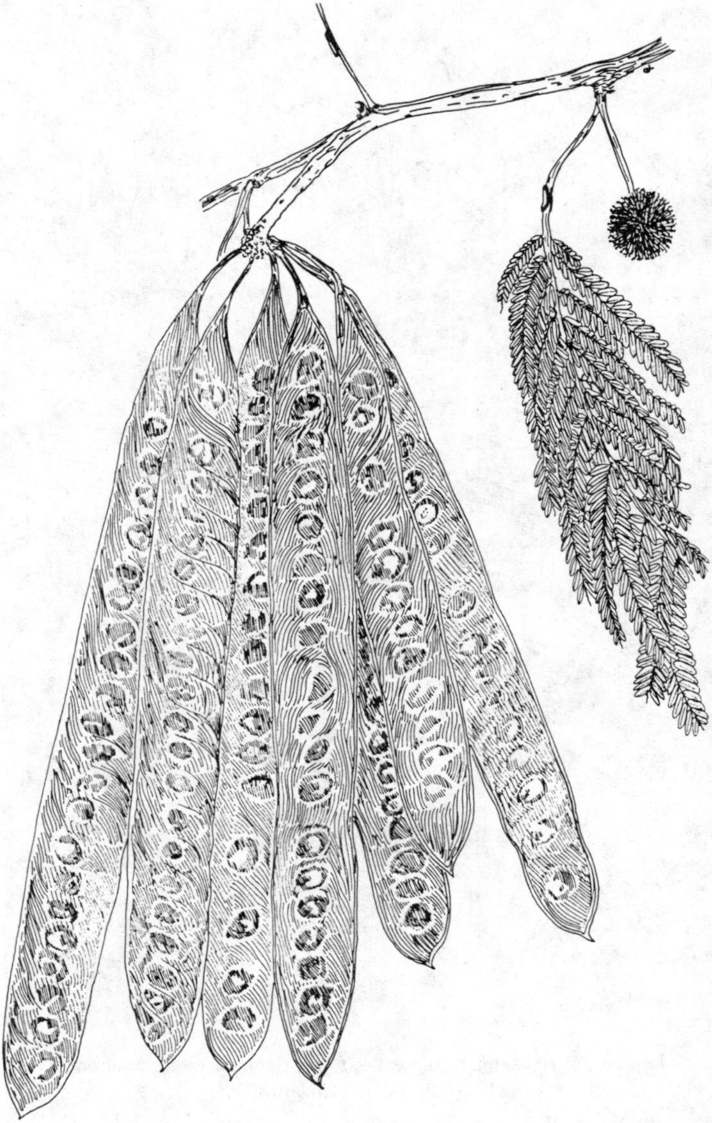

Figura 17. Leucaena esculenta spp. esculenta, guaje colorado.
(Dibujo: J. Cabrera.)

Figura 18. Pithecollobium dulce, guamúchil. (Dibujo: J. Cabrera.)

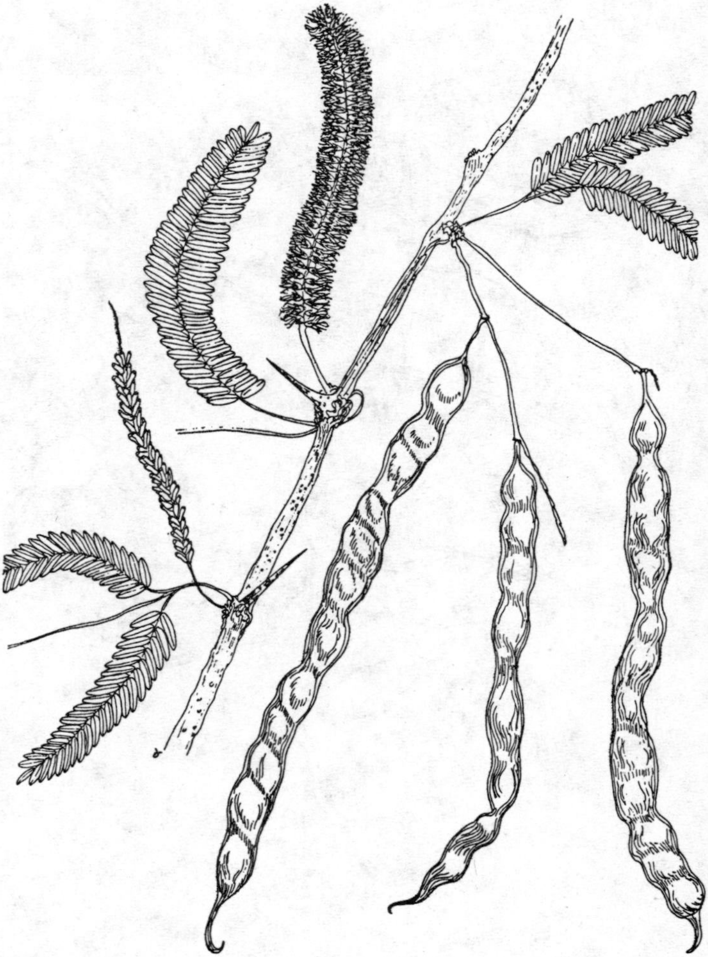

Figura 19. Prosopis juliflora, mezquite. (Dibujo: J. Cabrera.)

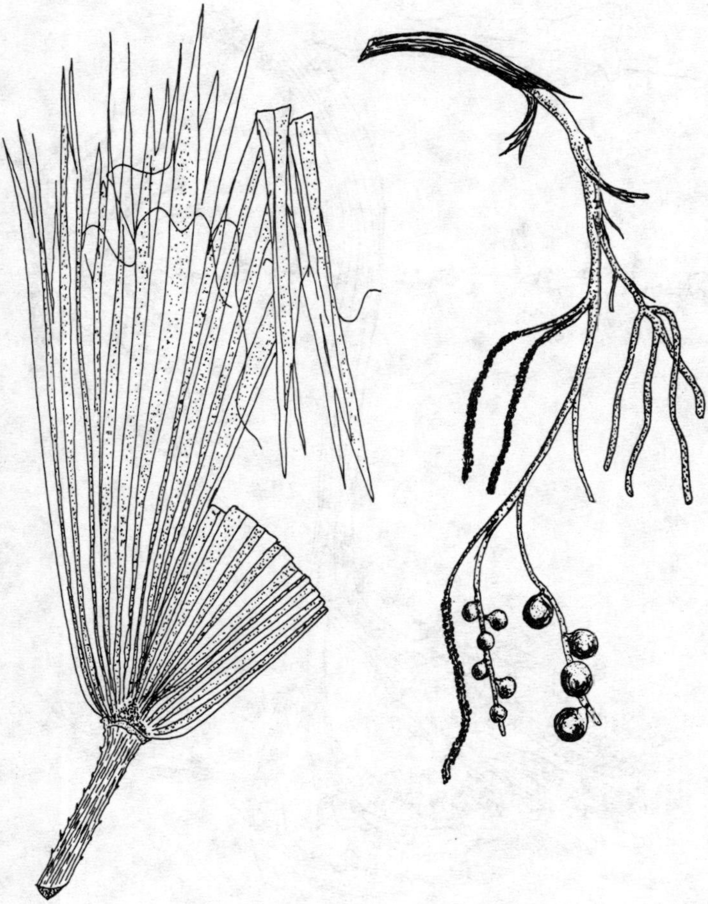

Figura 20. Brahea dulcis, palma. (Dibujo: J. L. Viveros-Salinas.)

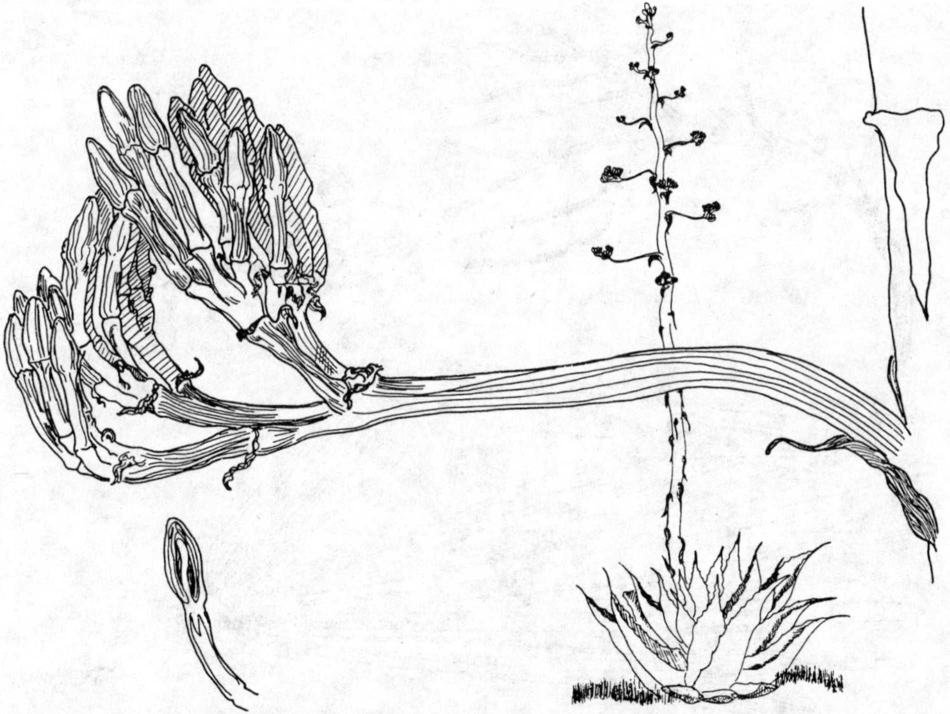

Figura 21. Agave sp., maguey mezcalero. (Dibujo: J. Cabrera.)

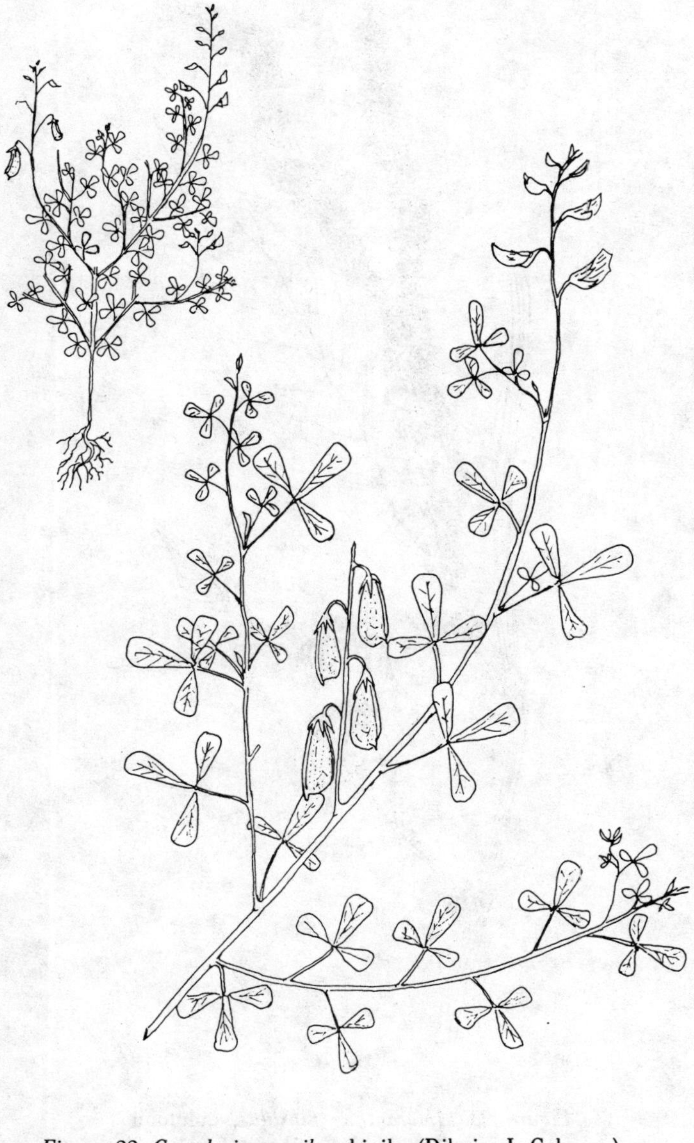

Figura 22. Crotalaria pumila, chipile. (Dibujo: J. Cabrera.)

Figura 23. Amaranthus hibridus, quintonil.
(Dibujo: J. Cabrera.)

Figura 24. Physalis philadelphica, tomate cascarudo. (Dibujo: J. Cabrera.)

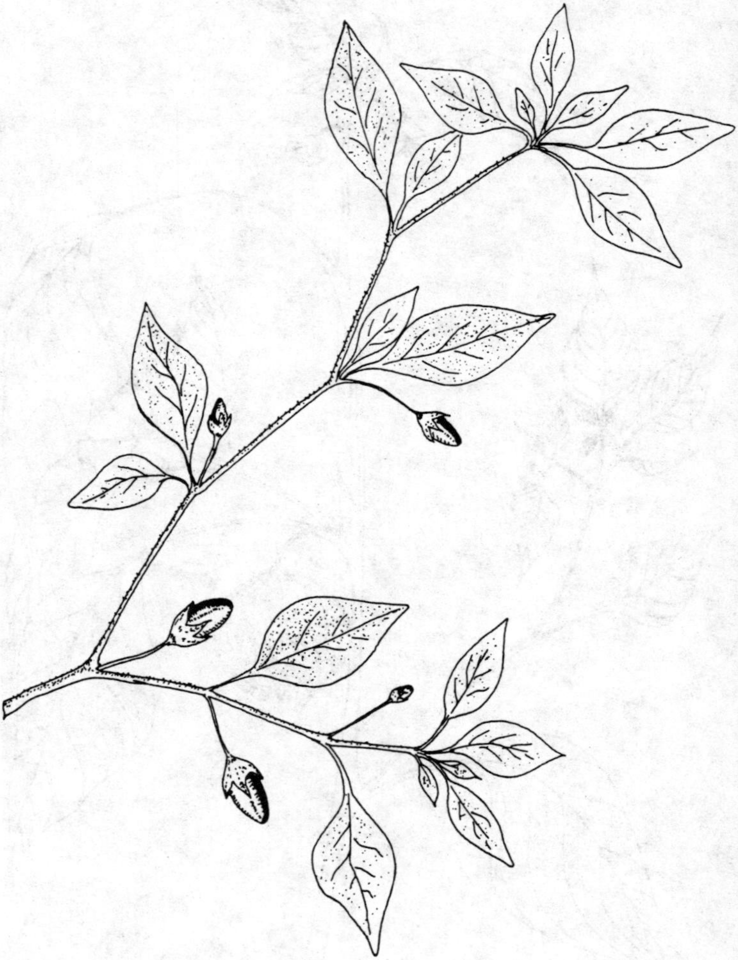

Figura 25. Capsicum frutscens, chiltepín. (Dibujo: J. L. Viveros-Salinas.)

Figura 26. Lycopersicum sp., tomate de culebra. (Dibujo: J. Cabrera.)

Figura 27. Euphorbia graminea, fraile. (Dibujo: J. Cabrera.)

Figura 28. Annona cherimolia, chirimoya. (Dibujo: J. Cabrera.)

Figura 29. Psidium guajava, guayaba. (Dibujo: J. Cabrera.)

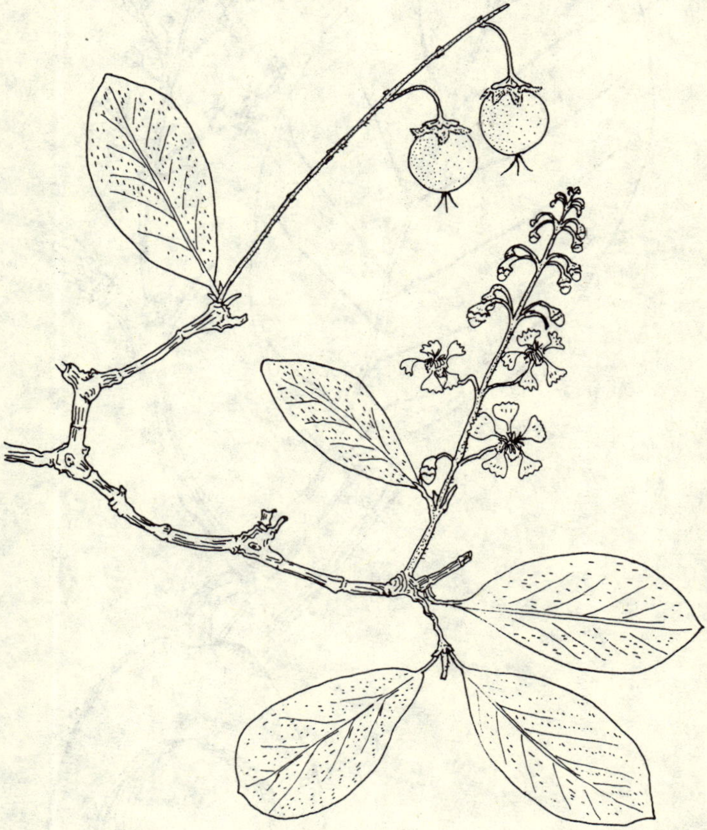

Figura 30. Byrsomina crassifolia, nanche. (Dibujo: J. L. Viveros-Salinas.)

Figura 31. Persea americana, aguacate. (Dibujo: J. Cabrera.)

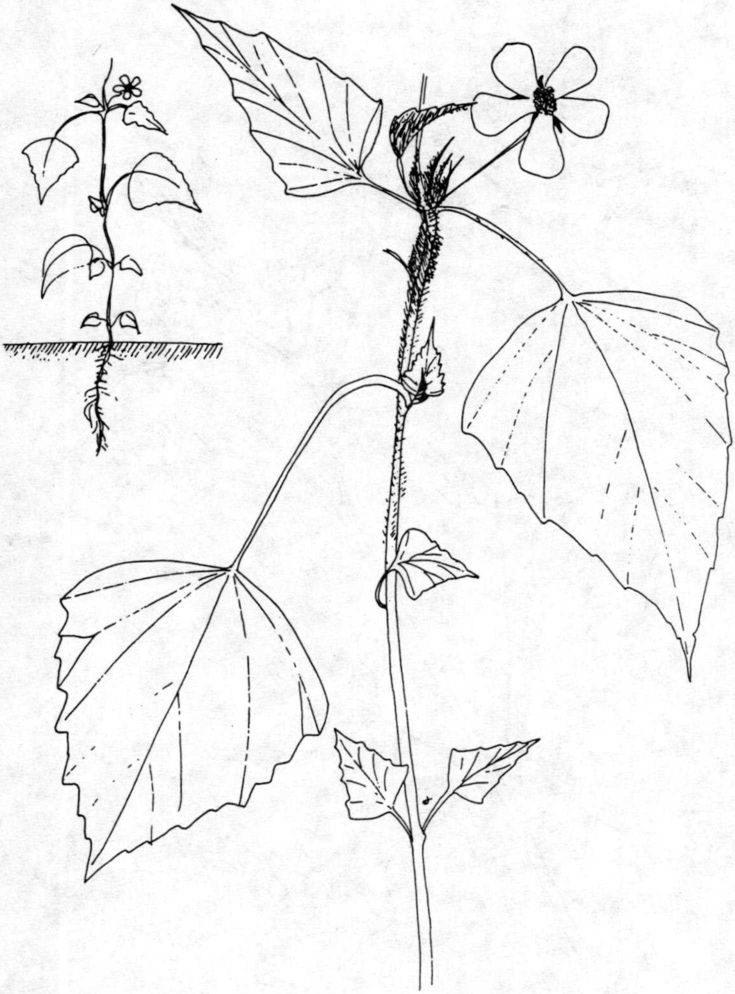

Figura 32. Anoda cristata, alache. (Dibujo: J. Cabrera.)

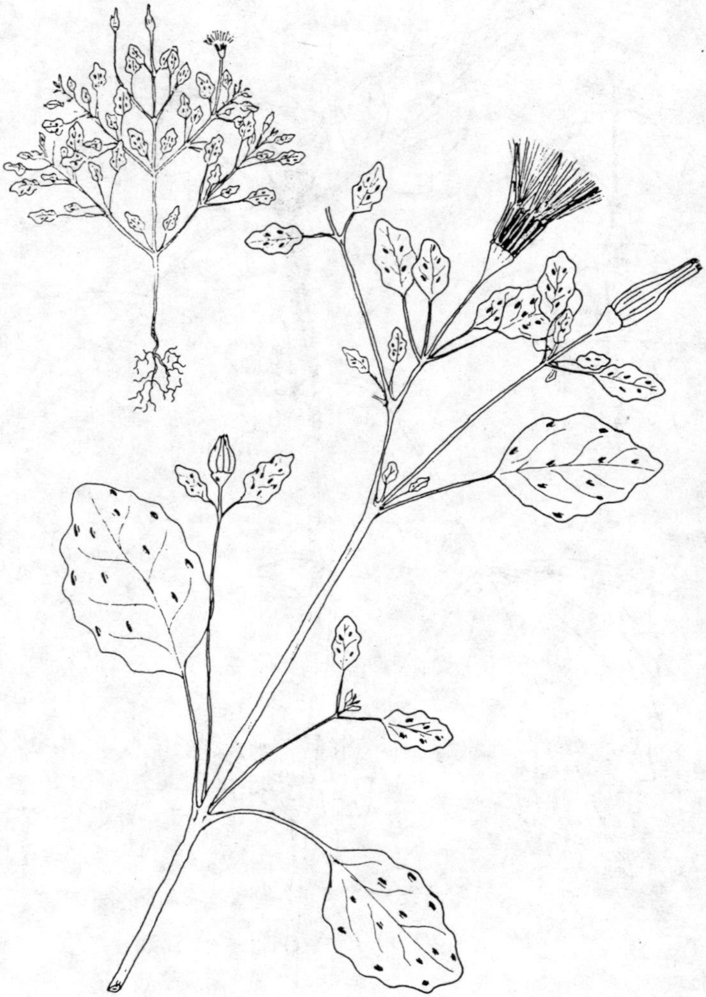

Figura 33. Porophyllum ruderale, pápalo. (Dibujo: J. L. Viveros-Salinas.)

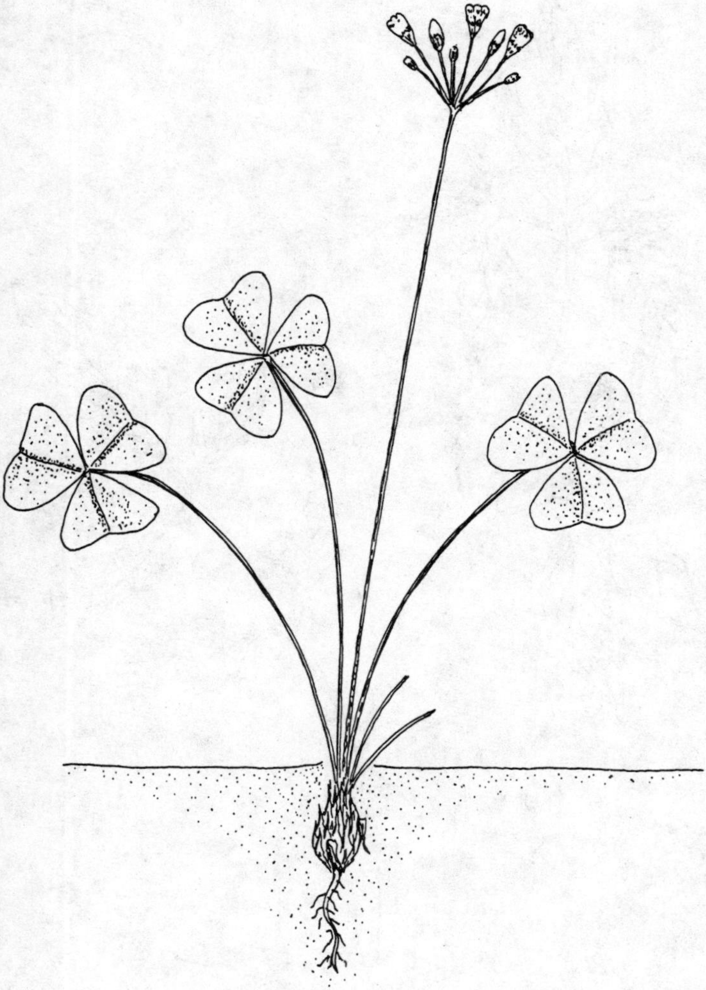

Figura 34. Oxalis sp., xocuyule. (Dibujo: J. L. Viveros-Salinas.)

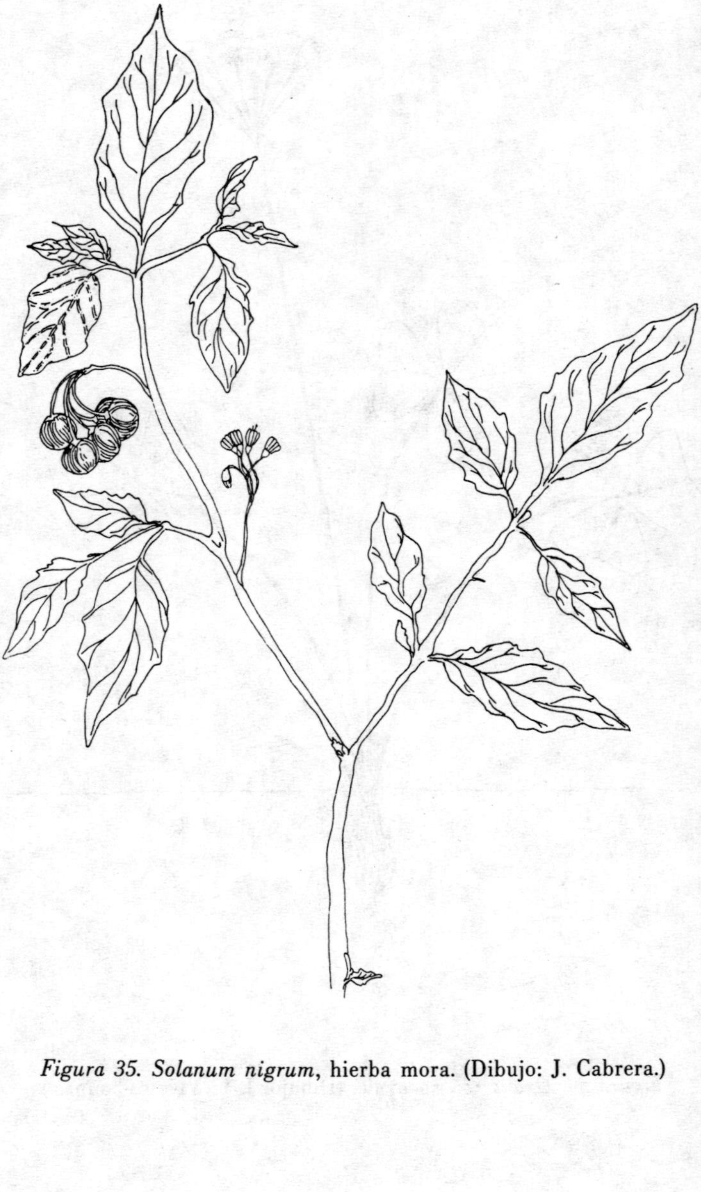

Figura 35. Solanum nigrum, hierba mora. (Dibujo: J. Cabrera.)

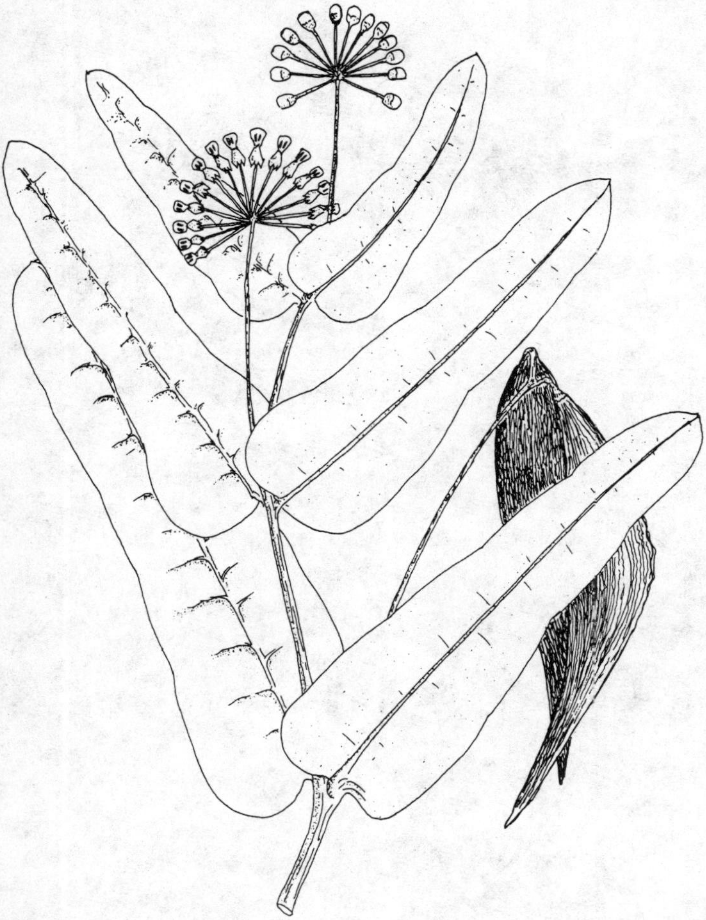

Figura 36. Asclepias sp., oreja de conejo. (Dibujo: J. L. Viveros-Salinas.)

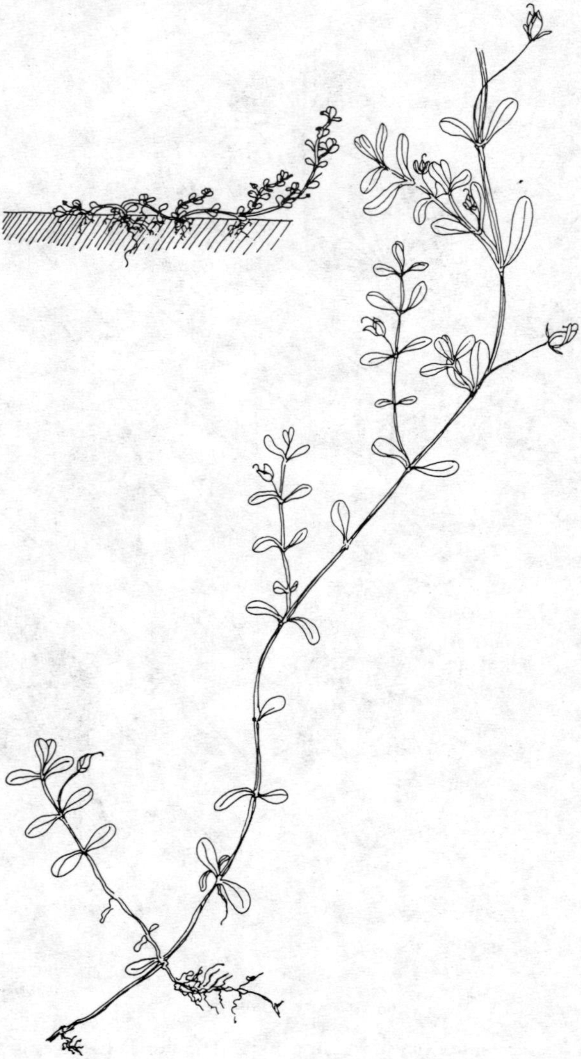

Figura 37. Portuloca oleracea, verdolaga. (Dibujo: J. Cabrera.)

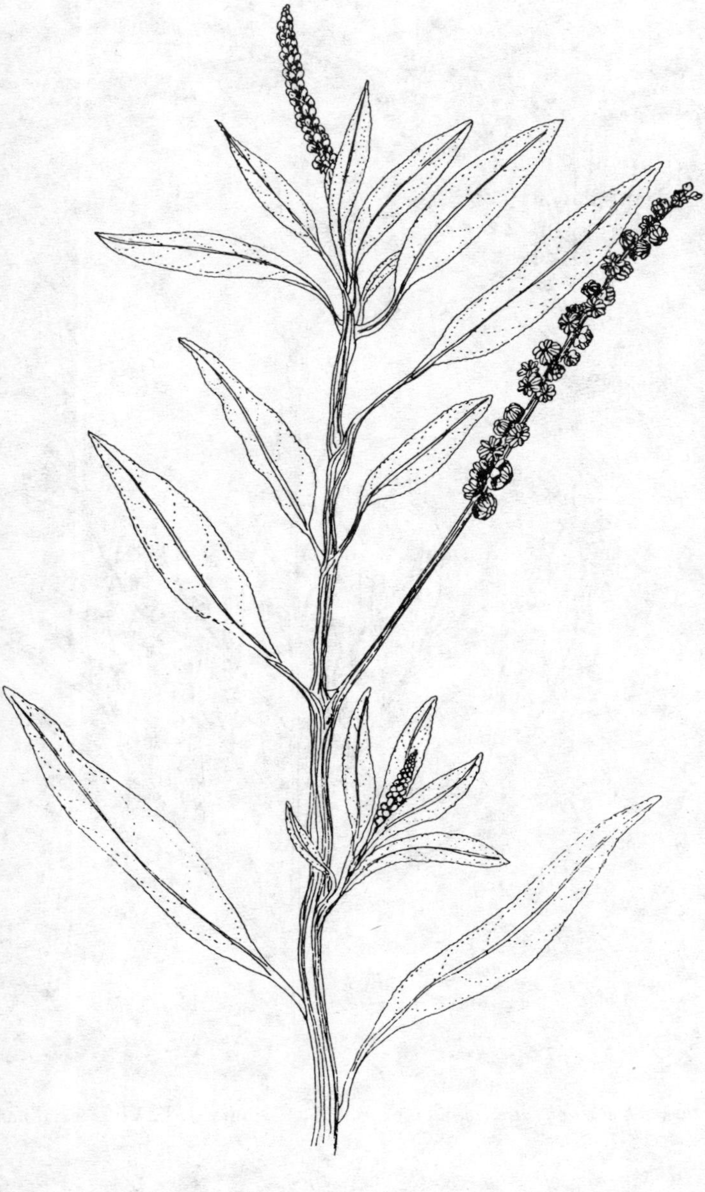

Figura 38. Phytolaca icosandra, lava ropa o amole. (Dibujo: J. Cabrera.)

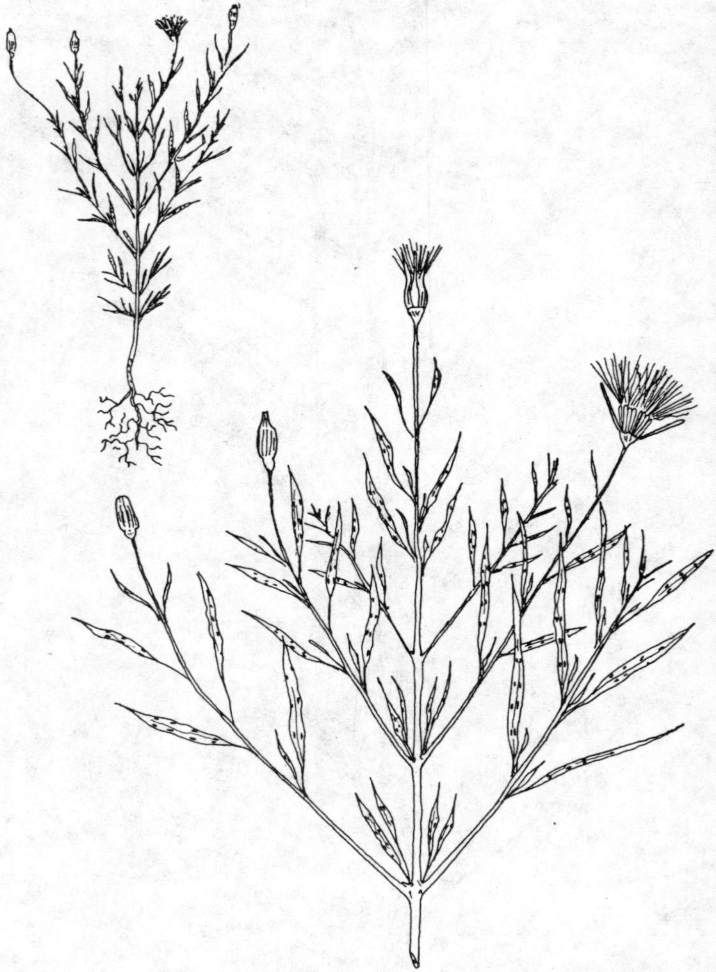

Figura 39. Porophyllum tagetoides, pipicha. (Dibujo: J. L. Viveros-Salinas).

Figura 40. Chanepodium ambrosoides, epazote. (Dibujo: J. Cabrera.)

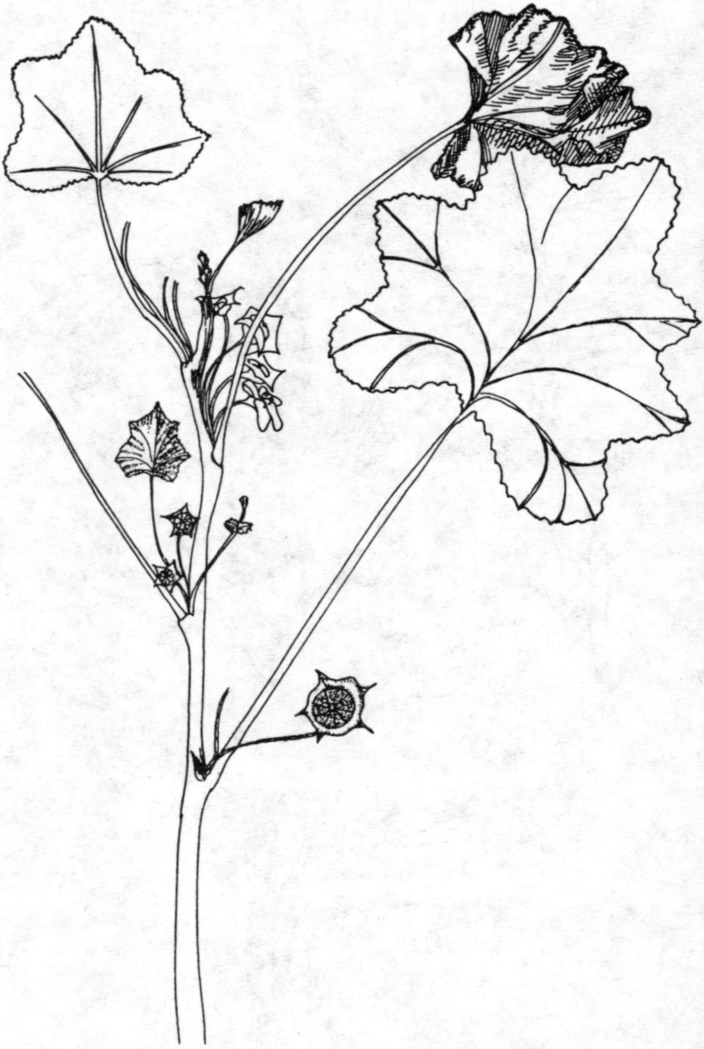

Figura 41. Malva parviflora, malva. (Dibujo: J. Cabrera.)

Figura 42. Brassica campestris, mostaza. (Dibujo: J. L. Viveros-Salinas.)

Figura 43. Salpianthus purpurascens, quelite de marrano. (Dibujo: J. Cabrera.)

Figura 44. Rumex sp., lengua de vaca. (Dibujo: J. Cabrera.)

VIII. LOS PATRONES DE ALIMENTACIÓN Y LAS PLANTAS

INTRODUCCIÓN

Los antiguos cazadores-recolectores que habitaron Mesoamérica obtenían de la naturaleza numerosas especies animales y vegetales. De acuerdo con el registro arqueológico, parece que la proporción de estos elementos en la dieta era muy variable, dependiendo de las características del hábitat que explotaban (cuadro 25).

Sin embargo, el desarrollo de la agricultura motivó, paulatinamente, grandes cambios en la dieta del área. En el cuadro 26 se puede apreciar que en la alimentación humana de Tehuacán, la carne redujo su peso específico hasta 17 por ciento, en un lapso de 8 000 años, mientras que los alimentos de origen vegetal

Cuadro 25

PORCENTAJE DE ALIMENTOS ANIMALES Y VEGETALES EN DISTINTOS SITIOS DE MESOAMÉRICA HACE 8 500 AÑOS

Fuente	*Sitio*	*Caza*	*Recolección*	*Cultivo*
Mac Neish (1958)	Sta. Martha, Chiapas	30	70	0
Mac Neish (1967)	Tehuacán, Puebla	54	41	5
Callen (1973)	Sierra de Tamaulipas	50	49	1
Flannery (1986)	Guilá Naquitz, Oaxaca	10	90	0

Cuadro 26

VARIACIÓN TEMPORAL DE LOS ELEMENTOS DE LA DIETA HUMANA EN TEHUACÁN, PUEBLA

Fase	*Antigüedad*	*Caza* %	*Recolección* %	*Cultivo* %
El Riego	6 500 a.C.	54	41	5
Coaxcatlán	4 200 a.C.	54	41	5
Abejas	2 900 a.C.	30	49	21
Ajalpan	1 200 a.C.	27	18	55
Santa María	550 a.C.	25	17	58
Palo Blanco	250 d.C.	18	17	65
Venta Salada	1 120 d.C.	17	8	75

Fuente: R. S. Mac Neish, "A summary of the...", en D. S. Byers (ed.), *The prehistory...*

aumentaron a 83 por ciento, sobre todo los de plantas cultivadas (cuadro 26 y figura 45). El resto de los estudios arqueológicos, citados en el cuadro 25, reportan una tendencia similar en diferentes sitios de México.

Poco antes de la conquista española, cerca de 80 por ciento de la alimentación cotidiana de los pueblos indígenas dependía de los productos de la agricultura, principalmente del maíz, frijol, chile, calabaza, tomates, jitomates, amaranto y chía. Entre los mexicas —sin considerar los ricos y abundantes platillos que acostumbraba la nobleza—,[1] los labradores macehuales acostumbraban comer por la mañana, casi siempre, lo equivalente a un tazón de *atolli*, con miel o con chile; al mediodía, los alimentos más comunes eran

> ...tortillas de maíz, frijoles, salsa de chile y tomate, a veces tamales y raramente carne: de caza, de venado o de aves (pavo). Como bebida sólo tomaban agua [...] Para la mayor parte de ellos, la segunda comida era también la última, a menos que antes de dor-

[1] Fray Bernardino de Sahagún, *Historia de las cosas de la Nueva España*, México, Porrúa (Sepan Cuantos, 300), 1985.

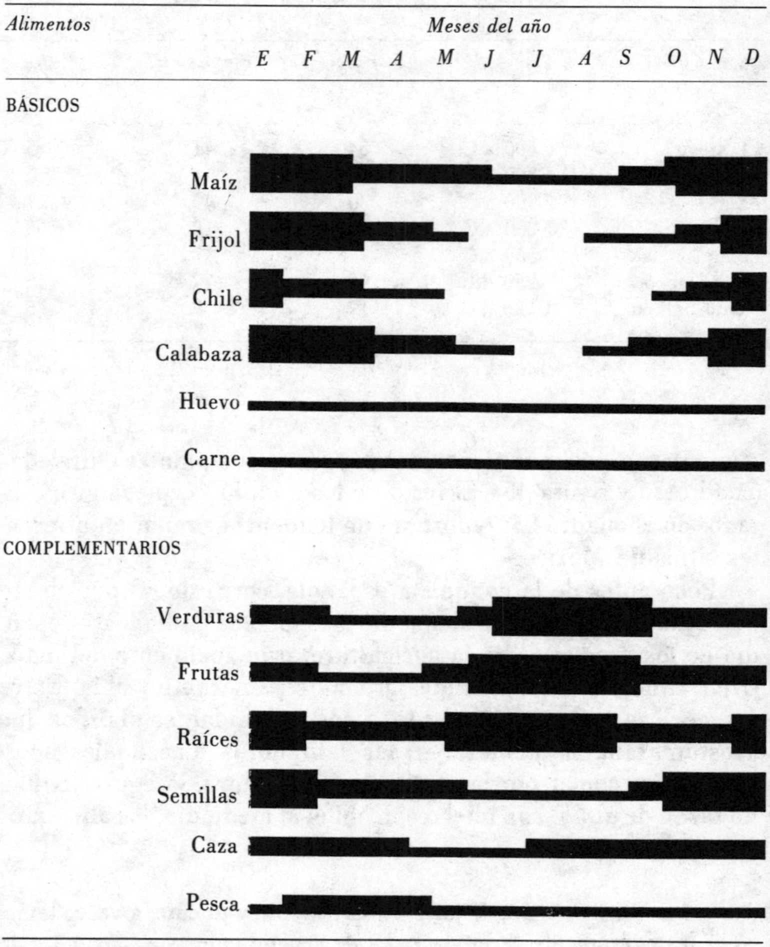

Figura 45. Disponibilidad temporal de alimentos básicos y complementarios en Alcozauca.

mir se refrescaran y alimentaran con una taza de atole, de amaranto o de chía.[2]

Entre los mixtecos, Dahlgren señala que: "Los alimentos básicos y comunes a ambos grupos [señores y macehuales] eran: maíz, frijoles, calabazas y chile, a los cuales se añadían diferentes verduras silvestres, 'quilites' y frutas de estación."[3]

La caza, la pesca y la recolección seguían aportando importantes elementos a la dieta. Diversas fuentes históricas enlistan numerosas especies de animales y plantas que obtenían los pueblos precolombinos mediante tales actividades.[4] En los capítulos anteriores se ha hecho referencia a la importancia que tenían estas actividades en la subsistencia de los mixtecos antes de la Conquista. De acuerdo con esta información, parece que entre los mixtecos prehispánicos la recolección de plantas era la principal fuente de alimentos que complementaba a la de los productos agrícolas en la dieta.

La colonización española repercutió enormemente en la alimentación americana. La población mestiza, que en los siguientes siglos se perfiló como el sector mayoritario del país, fue integrando elementos indígenas y europeos en sus patrones de vida. A las tortillas, frijoles, quelites y salsas, se sumaron el pan, numerosas verduras y frutas y, sobre todo, la carne, cuyo consumo era tanto mayor en la dieta europea, como mayor era el número de especies animales domesticadas en el Viejo Mundo.

No obstante los siglos de mestizaje, en la actualidad muchos pueblos indígenas conservan aún los rasgos fundamentales del patrón autóctono de alimentación. Las investigaciones etnobotánicas realizadas entre distintas etnias del país,[5] muestran que

[2] J. Soustelle, *La vida cotidiana de los aztecas en vísperas de la Conquista*, México, FCE, 1983.

[3] H. B. Dahlgren, *op. cit*

[4] F. J. Clavijero, *Historia antigua de México*, México, Porrúa (Sepan Cuantos), 1987; Fray Bernardino de Sahagún, *op. cit.*; F. Hernández, *Historia natural de Nueva España*, en *Obras completas*, México, UNAM, 1959; R. Acuña, 1984, *op. cit.*; R. Acuña, 1985, *op. cit.*; R. Acuña, 1986, *op. cit.*; R. Acuña, 1987.

[5] D. Zizumbo V. y P. Colunga, *Los huave. La apropiación de los recursos naturales*, México, Departamento de Sociología Rural Universidad Autónoma de Chapingo, 1982; B. Alcorn J., *Huastec Mayan ethnobotany*, Austin, University of Texas Press, 1984; N. J. Caballero y C. Mapes, "Gathering and subsistence patterns among the Piurhepecha", en

los pueblos indígenas de México comparten muchas similitudes en el patrón de subsistencia. Los elementos comunes más importantes de dicho patrón son el cultivo del maíz, frijol, calabaza y chile para el autoconsumo, como base de la subsistencia y la complementación de ésta con productos obtenidos mediante la recolección, la caza y la pesca.

La información arqueológica, histórica y etnobotánica sugiere que este patrón de subsistencia ha cambiado de manera similar a lo largo del tiempo en toda Mesoamérica. Tales modificaciones han sido resultado de drásticos cambios socioeconómicos, culturales, tecnológicos y ambientales.

Comúnmente se piensa que entre la población rural de México la alimentación se basa exclusivamente en el maíz, el frijol, el chile y algunos pocos productos más. El inventario de plantas comestibles que se realizó muestra, sin embargo, la existencia de un abanico muy amplio de productos para la alimentación en el área de estudio.

El análisis de la importancia relativa que tiene el consumo de estos recursos entre la población, así como el aporte nutritivo que representan, resulta de gran interés en términos del diagnóstico y la definición de perspectivas de la alimentación en zonas rurales como la estudiada.

De acuerdo con la zonificación nutricional de Chávez,[6] la región de la Montaña de Guerrero se ubica en la zona sur, una de las cuatro consideradas con niveles de nutrición más bajos (cuadro 27).

Muñoz y Oettinger[7] han hecho referencias generales sobre los patrones de alimentación en la región; no obstante, el único estudio nutriológico que existe es el realizado por Reyes en los

Journal of Ethnobiology, núm. 5, vol. 1, 1985; J. L. Viveros y A. Casas, "Etnobotánica mixteca: alimentación y subsistencia en la Montaña de Guerrero", México, tesis profesional, Facultad de Ciencias, UNAM, 1985; C. Vázquez, "Uso tradicional de plantas comestibles no cultivadas en dos comunidades nahuas del sur del estado de Puebla", México, tesis profesional, Facultad de Ciencias, UNAM, 1986; C. A. Villa, "Las plantas utilizadas en forma tradicional en la alimentación en una comunidad nahua del este del estado de Hidalgo", México, tesis profesional, Facultad de Ciencias, UNAM, 1991.

[6] A. Chávez, *op. cit*

[7] Maurilio Muñoz, *op. cit.*; M. Oettinger, *Una comunidad tlapaneca: sus linderos sociales y territoriales*, México, Instituto Nacional Indigenista, 1980.

Cuadro 27

CONSUMO DIARIO PER CÁPITA DE CALORÍAS Y PROTEÍNAS EN FAMILIAS RURALES DE DIFERENTES REGIONES DE MÉXICO

Zona	*Calorías*	*Proteínas totales (g)*	*Proteína animal (g)*
I. Norte	2 131	60.8	10.4
II. Centro Occ.	1 972	57.8	10.3
III. Golfo	2 163	56.6	18.4
IV. Sur	2 007	53.4	8.9
V. Sureste	1 911	48.4	5.2

Fuente: A. Chávez, ''Nutrición: problemas y alternativas'', *op. cit.*

municipios tlapanecos de Malinaltepec, Zapotitlán Tablas, Atlamajalcingo y Tlacoapa.[8] En ese estudio se caracterizan tres tipos generales de dieta básica entre los pobladores. No existe, sin embargo, una caracterización de las condiciones económicas, sociales y culturales que se asocian a estos patrones de dieta básica. Tampoco una información de cómo se comporta a lo largo del año. El análisis global de la alimentación (cuadro 28) permite concluir que la dieta entre la población estudiada es hipocalórica, hipoproteica, deficiente en proteína de origen animal, deficiente en hierro, vitamina A, vitamina C, tiamina, riboflavina y niacina.

PATRONES DE ALIMENTACIÓN

En el presente estudio se hizo una caracterización del patrón básico de alimentación entre los pobladores de las comunidades estudiadas en el municipio de Alcozauca. Con este propósito, se realizaron entrevistas dirigidas entre varias familias representati-

[8] K. I. Reyes, *op. cit.*

Cuadro 28

CONSUMO DE NUTRIMENTOS DIARIOS PER CÁPITA EN LOS MUNICIPIOS TLAPANECOS DE ATLAMAJALCINGO, ZAPOTITLÁN TABLAS, MALINALTEPEC Y TLACOAPA EN LA REGIÓN DE LA MONTAÑA DE GUERRERO

Nutrimento	*Valor promedio observado*	*Valor promedio recomendado**
Energía (kilocalorías)	1 934	2 023
Proteínas (g)**	77.3	62.7
Grasas (g)	20.5	
Carbohidratos (g)	337.1	
Calcio (mg)	958.1	553.8
Hierro (mg)	26.2	13.8
Tiamina (mg)	2.0	1.06
Riboflavina (mg)	0.93	1.3
Niacina (mg)	13.2	18.71
Ácido ascórbico (mg)	28.2	46.9
Retinol (mcg Eq)	202.5	846.15

Fuente: K. I. Reyes, *Educación y promoción nutricional en áreas interétnicas, para realizar el Servicio Social de Licenciatura en Nutrición, Zapotitlán Tablas, Guerrero*, México, 1982.

* Con base en M. Hernández *et al.*, *Valor nutritivo de los alimentos mexicanos. Tablas de uso práctico*, México, pub. L-12, División de Nutrición, INN, 1983.

** 90 por ciento de las proteínas es de origen vegetal y 10 por ciento animal.

vas de las diferentes condiciones socioeconómicas y culturales. Con tales entrevistas se obtuvo información acerca del número de comidas realizadas durante el día, el tipo de alimentos y la cantidad y frecuencia de consumo de cada uno de ellos por los diferentes miembros de la familia. Con base en lo anterior se definió a un alimento básico como aquel que se consume en forma cotidiana y que constituye la parte esencial de una o todas las comidas diarias a lo largo del año.

Posteriormente se hizo una evaluación del consumo de nutrimentos diario per cápita a partir de los alimentos que constituyen la dieta básica entre los niños y adultos de las familias entrevistadas. Para ello se hicieron evaluaciones de la cantidad de

Cuadro 29

PESO PROMEDIO DE LOS PRINCIPALES ALIMENTOS INCLUIDOS EN LA DIETA DE LOS POBLADORES DE ALCOZAUCA

Alimentos	*Peso*
Tortilla	80 g
Plato de frijoles	90 g
Salsa	4 g de chile y 30 g de tomate
Huevo	85 g
Plato de arroz	50 g de arroz y 40 g de jitomate
Plato de sopa	16 g de pasta y 40 g de jitomate
Pieza de pan	40 g
Taza de atole	250 g
Taza de chocolate	5 g de chocolate
Taza de leche	250 g

alimento en gramos que contienen los distintos elementos de la comida. Para algunos platillos se hicieron estimaciones promedio de acuerdo con las observaciones directas. Por ejemplo, las tortillas tienen un peso promedio de 80 g, un plato de frijol contiene en promedio 90 g de grano, el consumo promedio de salsa por individuo al día es de 4 g de chile seco y 30 g de tomate verde, etcétera (cuadro 29). Para efectuar las conversiones a valores de nutrimentos se utilizaron datos de las tablas de valor nutritivo de los alimentos reportados por Hernández[9] (cuadro 30).

En las entrevistas realizadas se encontraron grandes coincidencias entre algunas familias, lo que permite definir *grosso modo* tres patrones generales de alimentación, que se encuentran a su vez relacionados con las condiciones económicas, sociales y culturales. Los resultados obtenidos para el consumo diario promedio per cápita fueron los siguientes:

[9] M. Hernández *et al.*, *op. cit.*

Cuadro 30

VALOR NUTRITIVO DE LOS ALIMENTOS MÁS IMPORTANTES DE LA DIETA MIXTECA

Alimentos	*Energía (kcal)*	*Proteínas (g)*	*Grasas (g)*	*Carbohidratos (g)*	*Calcio (mg)*	*Hierro (mg)*	*Tiamina (mg)*	*Riboflavina (mg)*	*Niacina (mg)*	*Ácido ascórbico (mg)*	*Retinol (mcg Eq)*
Tortilla	224	5.9	1.5	47.2	108.0	2.5	0.17	0.08	0.09		2
Frijol negro	322	21.8	2.5	55.4	183	4.7	0.63	0.17	1.8	1	1
Atole	21	0.4	0.1	4.7	14	0.1	0.02		0.1		
Chile guajillo seco	253.7	9.74	7.22	47.6	117.6	8.5	0.15	0.78	4.03	84	2 756
Tomate	20.6	0.86	0.6	3.87	15.48	1.97	0.06	0.03	1.46	1.72	3.44
Huevo entero	130.2	9.9	8.6	2.37	47.5	2.2	0.12	0.32	0.08		110

Fuente: M. Hernández *et al.*, *Valor nutritivo de los alimentos mexicanos...*

Dieta básica observada entre la población indígena

Se hicieron entrevistas con familias indígenas de agricultores; agricultores-pastores; agricultores-pequeños comerciantes y agricultores-pastores-pequeños comerciantes. Entre estas familias existen ejidatarios, comuneros y pequeños propietarios. Había también arrendadores, arrendatarios, aparceros y jornaleros; personas monolingües y bilingües. En todas las familias entrevistadas el patrón básico de alimentación fue esencialmente el mismo. La principal diferencia es que algunas familias de la comunidad de San José Laguna frecuentemente no toman alimentos en la noche. Es importante señalar que algunas familias de mestizos que practican la agricultura de subsistencia (principalmente en la comunidad de Amapilca, donde además existe una fuerte convivencia con la población indígena), siguen también el mismo patrón de alimentación. Debe considerarse también que, como se indicó en el capítulo II, la población indígena es el sector mayoritario del municipio (cuadro 31).

Dieta básica intermedia

En las comunidades de Amapilca y Alcozauca existe un pequeño sector de familias que comparten un patrón de alimentación muy similar. Dichas familias están constituidas por matrimonios de indígenas con mestizos, o bien se trata de familias indígenas en un fuerte proceso de adopción de los patrones culturales mestizos. Generalmente son agricultores y pequeños comerciantes, maestros bilingües, peones asalariados y empleados federales. Algunos mestizos agricultores de la comunidad de Amapilca siguen también este patrón (cuadro 31).

Dieta básica entre la población mestiza

Con las excepciones mencionadas anteriormente, la mayoría de la población mestiza concentrada en la cabecera municipal presenta un patrón de alimentación muy similar. En este sector predominan los agricultores-comerciantes, comerciantes, empleados

Cuadro 31

DIETAS HABITUALES INDÍGENA, INTERMEDIA Y MESTIZA EN ALCOZAUCA

	Dieta habitual indígena	*Dieta habitual intermedia*	*Dieta habitual mestiza*
Desayuno	Tortillas: 2-4 (1-2) Atole de masa: 3 tazas/semana Salsa: 1/2 plato Agua	Tortillas: 2-4 (1-2) Frijoles: 1 plato Huevo: 2-3 piezas por semana Atole de masa: 1-2 tazas/semana Café: 2-4 tazas por semana Chocolate: 1 taza por semana Pan: 3 piezas por semana Salsa: 1/2 plato Agua	Tortillas: 2-3 Frijoles: 1 plato Huevo: 3-4 piezas por semana Leche: 1-2 tazas por semana Café: 3-5 tazas por semana Chocolate: 1 taza por semana Pan: 3 piezas por semana Salsa: 1/2 plato Carne: 1 trozo por semana Azúcar o piloncillo Agua
Comida	Tortillas: 4-4 (1-2) Frijoles: 1 plato Huevo: 1 pieza por semana Carne: 1 trozo por mes Salsa: 1/2 plato Agua	Tortillas: 3 (1-2) Frijoles: 1 plato Huevo: 2 piezas por semana Carne: 1 trozo por semana Arroz: 1 plato por semana Sopa de pasta: 1 plato/semana Salsa: 1/2 plato Agua	Tortillas: 3 (1-2) Frijoles: 1 plato Huevo: 3 piezas por semana Carne: 2-3 trozos por semana Arroz: 2-3 platos por semana Sopa de pasta: 2-4 platos/semana Salsa: 1/2 plato Agua
Cena	Tortillas: 1-3 (1-2) Salsa: 1/2 plato Agua	Tortillas: 1-2 (1) Pan: 3-4 piezas por semana Café: 2-3 tazas por semana Chocolate: 1 taza por semana Salsa: 1/2 plato Agua	Pan: 2 (1) piezas Café: 1 taza Chocolate: 1 taza por semana

federales, maestros, empleados federales-comerciantes, maestros-comerciantes y ganaderos (principalmente de vacunos y porcinos). Aunque este sector es mayor que el del caso anterior, es significativamente pequeño con respecto al sector descrito en el primer caso (cuadro 31).

Un análisis de los patrones de alimentación obtenidos permite ver que existe una relación muy estrecha entre la dieta y los factores culturales, la economía familiar y la capacidad de compra en el mercado. Por ejemplo, el patrón indígena de alimentación se encuentra estrechamente relacionado con la economía campesina de autosubsistencia. En efecto, la dieta de esta población está constituida en lo fundamental por elementos producidos directamente en las actividades agrícolas (maíz, frijol y chile). El poco consumo de carne se explica en parte porque bajo esta economía los productos pecuarios generalmente se intercambian por otros bienes de consumo que la familia no puede producir (medicinas, calzado y otros). En estas condiciones existen además pocas posibilidades de producir excedentes capaces de traducirse en moneda, lo que explica en parte el bajo consumo de alimentos industrializados que se obtienen en el mercado. Sin embargo, parece que el factor cultural tiene también un peso determinante, pues en el sector indígena ganadero el consumo de carne es también reducido y en el sector comerciante-ganadero que tiene cierta capacidad de compra se presentan los mismos hábitos de alimentación que en los sectores de agricultores pobres. Entre el pequeño sector de mestizos agricultores pobres parece que la baja capacidad de compra tiene mayor peso, pues aunque la tendencia más generalizada es a negar la condición y los valores indígenas (“los naturales”) y a aspirar la condición y los valores propiamente mestizos (“la gente de razón”) su pobreza no se los permite.

El patrón básico de alimentación muestra que entre la población mestiza existe un mayor consumo de alimentos de origen animal, es por ejemplo el único sector que consume leche, aunque en poca cantidad. Entre ellos también es común la ingesta de productos industrializados (sopas de pasta, pan, refrescos, dulces y otros), y a la par se presenta una disminución en el consumo de alimentos con base en los productos básicos de la agricultura (tortillas y frijoles). Esta dieta supone una cierta capacidad de compra que generalmente se obtiene a partir de los salarios, ganancias comerciales, etcétera, pues en este sector la economía de autosubsistencia es prácticamente nula.

El patrón de alimentación entre la población que combina elementos culturales indígenas y mestizos, muestra una situación intermedia. Existe un mayor consumo de alimentos de origen animal que entre la población indígena, aunque menor con respecto a la población mestiza. Se mantienen elevados los niveles de consumo de alimentos con base en los principales productos agrícolas, ya que este sector está constituido fundamentalmente por agricultores; existe una menor incorporación de productos industrializados comerciales en comparación con la población mestiza. Esta situación depende en parte de la poca capacidad de compra en el mercado, pues es un sector relativamente pobre, aunque también se presenta el caso de algunas familias de comerciantes que teniendo cierta capacidad de compra, mantienen esencialmente la misma dieta. El factor cultural también es de importancia, pues los indígenas que tienden a adoptar los valores y costumbres mestizas no rompen tajantemente con las propias y, por otro lado, las familias constituidas por indígenas y mestizos tienden a combinar sus elementos culturales, entre los que se incluyen los hábitos alimentarios.

ANÁLISIS NUTRICIONAL DE LAS DIETAS

En el cuadro 32 se presenta el promedio del consumo de nutrimentos por día en la población infantil y adulta de acuerdo con los tres patrones básicos de alimentación antes señalados. Al comparar el consumo de nutrimentos per cápita de las familias entrevistadas con los valores recomendados por el Instituto Nacional de la Nutrición (INN)[10] y con los recomendados por la Food and Agriculture Organization (FAO) y la Organización Mundial

[10] H. Bourges, A. Chávez y P. Arroyo, *Recomendaciones de nutrimentos para la población mexicana*, México, pub. L-17, División de Nutrición, INI, 1970; H. Bourges, "Panorama de la alimentación y la nutrición en México", en T. T. Reyna, *op. cit.*, pp. 27-48.

Cuadro 32

VALOR NUTRITIVO DE LAS DIETAS BÁSICAS DE LA POBLACIÓN DE ALCOZAUCA Y SU COMPARACIÓN CON LOS VALORES RECOMENDADOS POR EL INSTITUTO NACIONAL DE LA NUTRICIÓN Y LA FAO/OMS

Nutrimentos	*DIETAS*									
	Indígena		*Intermedia*		*Mestiza*		*Recomendación INN*		*Recomendación FAO*	
	Niños	*Adultos*	*Niños*	*Adultos*	*Niños*	*Adultos*	*Niños*	*Adultos*	*Niños*	*Adultos*
Energía (kcal)	1 422	23 178	1 776.6	2 454.7	1 780.1	2 128	1 473	2 283	1 793	2 615
Proteínas (g)	50.44	74.04	74.78	92.88	72.20	86.52	37.25	73.77	20.33	32.62
Grasas (g)	11.17	17.17	21.49	27.99	27.27	34.16				
Carbohidratos (g)	285	473.3	329.5	468.73	314.27	376.74				
Calcio (mg)	712.2	1 144.2	829.3	1 138.18	687.07	792.87	500	566	500/600	525/625
Hierro (mg)	20.58	30.5	24.57	31.84	22.29	25.08	12.5	14.4	5/10	8.62/17
Tiamina (mg)	1.456	2.126	2.141	2.617	2.22	2.48	0.775	1.2	0.7	1.03
Riboflavina (mg)	0.614	0.934	0.905	1.158	0.935	1.074	0.95	1.44	1.06	1.56
Niacina (mg)	6.71	10.31	8.46	11.1	9.117	10.24	13.6	20.98	11.86	17.25
Ácido ascórbico (mg)	4.79	4.79	7.44	7.44	11.93	11.39	40.0	50.0	20.0	27.5
Retinol (mcg Eq.)	135.08	143.08	222.88	244.63	374.45	389.47	500	1 000	316.6	700

de la Salud (OMS)[11] para una dieta *normal*, se puede decir lo siguiente:

1) La dieta básica entre la población indígena resulta deficiente en calorías de acuerdo con las recomendaciones de la FAO y la OMS, aunque resulta ligeramente superior a lo recomendado por el INN. El nivel de ingesta de proteínas rebasa lo recomendado por ambas, sin embargo, debe aclararse que del total de proteínas consumidas, 97.6 por ciento son de origen vegetal y sólo 2.4 por ciento son de origen animal. Al respecto, Coplamar recomienda una proporción de 35 por ciento de proteína animal del total de proteínas ingeridas.[12] Los niveles de calcio, hierro y tiamina se encuentran también por arriba de lo recomendado, esto se explica debido a que estos nutrimentos son aportados principalmente por la tortilla y los frijoles, los cuales son los alimentos que se consumen en mayor volumen. Destaca, sin embargo, el bajo aporte de vitaminas tales como riboflavina, niacina, ácido ascórbico y retinol.
2) Para la dieta intermedia se observa una situación similar en la ingesta de calorías, ya que ésta se encuentra por debajo de lo recomendado por la FAO y la OMS y ligeramente arriba de lo recomendado por el INN. En cuanto a las proteínas, si bien se encontró que estaban por arriba de los niveles de proteína total recomendados, sólo 8.7 por ciento estaba constituido por proteínas de origen animal. Los niveles de calcio, hierro y tiamina también se encuentran por arriba de lo recomendado y en general se mantiene el bajo nivel de aporte vitamínico en la dieta.
3) En la dieta mestiza aumenta ligeramente el consumo de calorías entre los niños, aunque disminuye notablemente entre los adultos, en ambos casos los niveles se encuentran por debajo de las recomendaciones tanto de la FAO y la OMS como del INN.

[11] Organización Mundial de la Salud (OMS), "Protein requeriments", Informe técnico FAO/WHO, Ginebra, núm. 301, 1955; OMS, "Necesidades de vitamina A, tiamina, riboflavina y niacina", Informe técnico FAO/OMS, Ginebra, núm. 362, 1965; Food and Agriculture Organization (FAO), *Calories requeriments. Nutritional studies*, núm. 5, 1950; y núm. 15, 1957.

[12] Coplamar, *Necesidades esenciales en México. Alimentación*, México, Siglo XXI, 1983.

Este hecho se explica debido a la disminución en la ingesta de tortilla. El nivel de proteínas también se encuentra por encima de los valores recomendados y aunque se consume carne con mayor frecuencia, sólo alcanzan 9.7 por ciento de proteína animal. Los niveles de calcio, hierro y tiamina también se superan pero se mantiene la baja ingesta de riboflavina, niacina, ácido ascórbico y retinol.

De los resultados obtenidos puede decirse que en términos globales la dieta básica de la población de Alcozauca es suficiente en energía, deficiente en proteína animal, suficiente en calcio y deficiente en vitaminas.

En los patrones de alimentación presentados anteriormente sólo quedan incluidos los alimentos que se consumen más frecuentemente, sin embargo, la dieta de la población es en realidad mucho más compleja y diversa. En primer lugar debe mencionarse que durante las festividades religiosas y cívicas se acostumbra preparar alimentos en abundancia, con gran diversidad de elementos y mayor elaboración. Esto es de particular significación para la población indígena, ya que de ellos se obtiene un aporte importante de proteína animal. Entre los alimentos que comúnmente se consumen en las festividades destacan: chilate (caldo con carne, verduras y chile), barbacoa (de chivo y de res), mole (de chile guajillo con carne de guajolote, cerdo o gallina), pozole (maíz tehuacanero con carne de cerdo), pipián (semillas de calabaza, tomate y chile con carne de cerdo o pollo); cecina de res, chileajo (también con carne), tamales con carne o frijoles, pescado, atole de elote o pinole, elotes, totopos, calabaza en dulce, chocolate, chicha (bebida a base de maíz fermentado), atole de arroz, chates (galletas de maíz y piloncillo), fruta de horno (polvorones de harina de trigo), pan, torta de huevo, etcétera.

El conjunto tan diverso de recursos alimentarios que se incorpora cotidianamente a la dieta mediante la recolección, generalmente queda fuera de los análisis nutricionales debido a su difícil evaluación. Existen pocos datos sobre su valor nutritivo, pero con la información disponible puede suponerse que elevan sustancialmente la calidad de la dieta. Por ejemplo, la caza, pesca y recolección de insectos son una fuente importante de proteína animal que generalmente no se registra en las encuestas. De la misma manera se excluye la importancia que tienen las plantas silvestres y semicultivadas en el aporte de vitaminas, minerales y fibra vegetal comestible. Todos estos recursos acompañan generalmente a los alimentos básicos y su consumo puede ser más o menos frecuente a lo largo del año. De manera preliminar, se ha calculado que el consumo anual de estas plantas es aproximadamente entre 40 y 50 kg per cápita, constituyendo alrededor de diez por ciento del total de los comestibles consumidos, por esta razón se les ha caracterizado como alimentos complementarios.

Aunado a lo anterior, debe agregarse que tales recursos vegetales complementan en forma importante las deficiencias que en vitaminas, minerales y fibra vegetal comestible presentan los alimentos básicos. En los cuadros 33 y 34 se muestran ejemplos de las cantidades de nutrimentos que aportan algunos de estos alimentos.

Al comparar la disponibilidad de los recursos comestibles silvestres y semicultivados con la de los alimentos básicos a lo largo del año, se encuentran elementos de complementariedad de alta significación. Por ejemplo, como puede apreciarse en la figura 45, entre los meses de marzo y abril comienza a disminuir la reserva de los granos básicos en la despensa de los campesinos. Entre los meses de mayo, junio y julio se encuentra el periodo de mayor escasez y la población tiene que acudir a otros lugares para conseguir esos granos o bien deja de consumirlos. Justamente en este momento inicia el periodo de lluvias aumentando la disponibilidad de quelites, verduras y frutos silvestres. Es entonces cuando estos alimentos *complementarios* ocupan un papel más importante en la dieta, constituyendo el *plato fuerte* de la comida diaria. Entre los meses de agosto y septiembre, comienzan a cosecharse los primeros productos de la agricultura (elotes, ejotes, calabacitas tiernas y los granos de las variedades más precoces), estando aún disponibles los alimentos derivados de las plantas silvestres y semicultivadas. En este segundo periodo puede encontrarse la mayor riqueza de elementos en la dieta.

Después de las cosechas fuertes de noviembre y diciembre, la despensa de los campesinos vuelve a restituirse y disminuye la disponibilidad de los quelites y frutos silvestres, aunque aumenta la de los granos y semillas que aportan este tipo de plantas. Durante este tercer periodo y hasta la escasez, los granos básicos

Cuadro 33

VALOR NUTRITIVO DE ALGUNAS PLANTAS COMESTIBLES SILVESTRES, ARVENSES Y RUDERALES

Alimentos	*Energía (kcal)*	*Proteínas (g)*	*Grasas (g)*	*Carbohidratos (g)*	*Calcio (mg)*	*Hierro (mg)*	*Tiamina (mg)*	*Riboflavina (mg)*	*Niacina (mg)*	*Ácido ascórbico (mg)*	*Retinol (mcg Eq)*
Chipile	28.4	4	0.34	4.3	213.4	2.72	0.17	0.12	0.63	29	386.8
Epazote	25.6	2.5	0.19	5	6.7	4.46	0.02	0.1	0.47	10.4	150
Semilla de guaje	40.1	3.9	0.27	6.16	71.1	1.7	22.5	0.2	0.72	18	17.5
Hojas de Mostaza	22.1	2.13	0.32	3.9	65.6	3.2	0.05	0.17	5.08	50.8	500.2
Nopales	21.06	1.3	0.2	4.3	75.5	1.24	0.02	0.04	0.2	6.2	31.9
Papaloquelite	13.6	1.4	0.2	2.3	2.88	1.8	0.06	0.16	0.24	15.2	103.2
Quelite cenizo	23.7	3.9	0.32	3.28	123	2.95	0.12	0.15	0.23	32.8	760.9
Verdolagas	21.3	1.8	0.24	4	70.5	3.7	0.01	0.08	0.49	10.6	157.4
Yerbamora	41	3.9	0.65	7.2	226.3	11.4	0.19	0.29	0.82	98.4	0.82
Anona	32.8	1	0.09	8	27.9	1.3	0.03	0.04	0.31	4.5	
Guayaba	45.1	0.82	0.32	11	27	1.06	0.03	0.03	1.06	163.1	24.6

Fuente: M. Hernández *et al.*, *Valor nutritivo de los alimentos mexicanos...*

Cuadro 34

ANÁLISIS QUÍMICO PROXIMAL DE PLANTAS COMESTIBLES ARVENSES Y SILVESTRES DE ALCOZAUCA

Especie	*Humedad* %	*Proteína cruda* %	*Extracto etéreo* %	*Fibra cruda* %	*Cenizas* %	*Extracto libre de N* %
Anoda cristata						
Verduras	82.2	30.94	5.8	9.12	12.97	41.17
Leucaena leucocephala						
Semillas	71.57	31.82	2.48	15.99	4.97	44.74
Melothria pringlei						
Frutos	89.46	12.85	4.47	18.29	7.74	56.65
Verduras	83.57	18.6	3.31	9.62	13.17	53.3
Euphorbia graminea						
Verduras	84.8	20.97	5.72	15.14	14.26	43.91
Sicius sp.						
Verduras	83.3	28.9	4.95	13.89	9.72	42.54
Cinanchum jaliscanum						
Verduras	82.02	22.45	7.83	11.98	12.11	45.63
Phaseolus coccineus						
Semillas (cocidos)	3.3	20.8	2.2	6.3	4.8	62.7

tienen un papel preponderante en la dieta. Cabe destacar la importancia de algunos recursos silvestres y semicultivados que de acuerdo con sus características fenológicas son capaces de aportar materiales alimentarios a lo largo del año. Existen verduras, frutas y sobre todo raíces y tubérculos disponibles como alimento a lo largo del año, lo que significa que, en realidad, el consumo de alimentos de este tipo de plantas puede acompañar cotidianamente la dieta de granos básicos y lo que cambia es su importancia relativa en diferentes épocas del año.

OTROS ALIMENTOS COMPLEMENTARIOS

La evaluación del aporte de nutrimentos a partir de los productos de la caza, pesca y recolección de insectos, también ha sido soslayado en los estudios nutricionales. Aunque históricamente parece que la caza ha tenido poca importancia en la subsistencia mixteca, actualmente en Alcozauca más de 20 por ciento de las familias la practican anualmente en distintas temporadas. En el capítulo V se enlistan 17 especies animales que incorporan ocasionalmente proteínas a la dieta. En el cuadro 35 se presenta información sobre análisis bromatológicos realizados en algunas de las especies animales cazadas en Alcozauca. Resulta difícil evaluar el aporte de estos productos a la nutrición, debido a la irregularidad con la cual son consumidos; sin embargo, es posible decir que el deterioro del medio natural, ocurrido durante los últimos 30 años, ha provocado una disminución en su consumo.

En cuanto a la pesca, Rodiles sostiene que esta actividad la practican sólo alrededor del 20 por ciento de las familias campesinas que viven en las comunidades ribereñas.[13] Dicho autor estima que tales familias obtienen entre 30 y 40 kg anuales de pescado, aproximadamente de 4 a 6 kg anuales per cápita. Éstos significan un promedio de entre 1.6 y 2.8 g de proteína de pescado diaria per cápita en las familias pescadoras. Estima además, que en los últimos 20 años la producción pesquera se ha abatido

[13] H. R. Rodiles, "La acuacultura en la región de la Montaña de Guerrero", México, tesis profesional, Facultad de Ciencias, UNAM, 1991.

Cuadro 35

CONTENIDO NUTRICIONAL DE ALGUNAS ESPECIES DE ANIMALES COMESTIBLES PRESENTES EN ALCOZAUCA

Especie	*Energía (kcal)*	*Proteínas (g)*	*Grasas (g)*	*Azúcares (g)*	*Calcio (mg)*	*Hierro (mg)*	*Tiamina (mg)*	*Riboflavina (mg)*	*Niacina (mg)*	*Vit. C (mg)*	*Retinol (mcg Eq)*
Venado[1]	105.1	21.2	1.58	0	14.4	2.52	0.26	0.20	5.32	0	0
Venado[2]	126	21	4	0							
Armadillo[1]	173.0	29.0	5.4	0	30.0	10.9	0.10	0.40	6.0		
Conejo[1]	127.2	16.3	6.4	0	14.4	1.9	0.03	0.14	8.0		
Conejo[2]	135	21	5	0							
Mapache[2]	255	29.2	14.5	0							
Bagre[3]	233	17.6	16.8	1.5							
Chapulines[4]		52.13-75.3									
Chinches[4]		36.82-71.52									
Abejas, avispas y hormigas[4]		9.45-81.69									

[1] M. Hernández *et al.*, *Valor nutritivo de los alimentos mexicanos...*

[2] J. R. K. Robson y J. N. Elias, "Nutritional significance of the Guilá Naquitz food remains", en K. V. Flannery (ed.), *Guilá Naquitz...*

[3] H. R. Rodiles, "La acuacultura en la región de la Montaña de Guerrero"...

[4] C. J. Ramos/Elordy, "Los insectos como un recurso actual y potencial", en T. T. Reyna, *Seminario sobre la alimentación en México*, México, Instituto de Geografía, UNAM, 1984.

en más de 50 por ciento, como consecuencia del deterioro ambiental y técnicas inadecuadas de extracción.

La recolección de insectos involucra actualmente, por lo menos, las ocho especies referidas en el capítulo V. Esta actividad, muy generalizada entre la población indígena, reditúa anualmente entre 3 y 4 kg de insectos per cápita. Con base en información sobre contenido nutricional reportada para algunas de estas especies (cuadro 35), es posible estimar que dicho nivel de ingesta aporta entre 5 y 10 g diarios de proteína per cápita.

ANÁLISIS DE LOS PATRONES DE ALIMENTACIÓN

De todo lo antes señalado, puede verse que para una caracterización precisa de los patrones de alimentación es necesario abordar el estudio considerando muestras representativas de la población de acuerdo con las diferencias económicas, sociales y culturales. Es también necesario considerar la totalidad de alimentos que se incorporan a la dieta. En este sentido es necesario evaluar en forma integral y detallada el aporte nutricional que brindan numerosos recursos vegetales como los quelites, las semillas, las raíces y frutos silvestres. Considerar las distintas formas de preparación y consumo, las diversas formas de cambiar los alimentos y la frecuencia y cantidades de que se echa mano resulta de gran importancia, pues de ello depende el balance equilibrado del consumo de nutrimentos. No es posible llegar a conclusiones correctas sin considerar los cambios que ocurren en la dieta a lo largo del año. Esto es particularmente cierto entre la población campesina con una economía de autosubsistencia, cuya alimentación depende en gran medida de los ritmos que impone la naturaleza. En el análisis de los niveles nutricionales debe ponerse énfasis en que el balance positivo o negativo es una función directa del nivel de ingesta de los diferentes nutrimentos y del gasto energético.

El análisis de los patrones de alimentación en las comunidades estudiadas del municipio de Alcozauca muestra dos hechos fundamentales: la existencia de una dieta indígena basada en la diversidad y la complementación, y la existencia de procesos de cambio sociocultural que determinan la modificación de esta dieta en detrimento de su valor nutricional.

Diferentes estudios etnográficos, geográficos y etnobotánicos[14] realizados entre diferentes grupos indígenas de México, revelan que la alimentación tradicional de estas poblaciones incorpora un amplio espectro de plantas y animales recolectados, semicultivados o cazados. Las fuentes documentales disponibles y estudios etnohistóricos recientes, sugieren que estos patrones de alimentación son esencialmente los mismos que los que podrían encontrarse entre las distintas sociedades mesoamericanas en la época prehispánica.

Si bien esta dieta se basa en el maíz, el frijol, el chile y la calabaza como fuentes principales de proteína, energía y algunos otros nutrimentos, lo cierto es que el consumo frecuente de quelites, frutos, raíces y otros productos, complementa la nutrición con aporte de vitaminas, minerales y fibra vegetal comestible. Por otra parte, la fuente de proteína animal la constituyen tanto los animales de patio (aves y cerdos) como aquellos que se cazan, pescan o se recolectan en el medio ambiente natural.

Wilken señala que la recolección de plantas y animales es una práctica aún generalizada entre las poblaciones rurales del altiplano central de México.[15] Según este autor, la vigencia de tales prácticas se encuentra asociada a las condiciones de pobreza que existen en el área. Desde su punto de vista, los patrones de subsistencia estarían determinados fundamentalmente por factores económicos. Sin embargo, los resultados de la presente investigación sugieren que el problema es mucho más complejo. Por ejemplo, en los tres patrones generales de dieta habitual que se encontraron, el ingreso monetario de la unidad familiar efectivamente determina la capacidad de adquirir algunos alimentos en el mer-

[14] R. S. Felger y M. B. Moser, "Seri indian food plants: desert subsistence without agriculture", en *Ecology of Food and Nutrition*, núm. 5, 1976, pp. 13-27; R. A. Bye Jr., "Ethnoecology of the tarahumar of Chihuahua, Mexico", tesis doctoral, Cambridge, Mass., University of Harvard, 1976; B. Alcorn J., *op. cit.*; C. W. Pennington, *The tarahumar of Mexico. Their environment and material culture*, Salt Lake, University of Utah Press, 1963; C. W. Pennington, *The Tepehuan of Chihuahua. Their material culture*, Salt Lake, University of Utah Press, 1969; N. J. Caballero y C. Mapes, *op. cit.*; I. Kelly y A. Palerm, *The Tajin Totonac, I: History, subsistence, shelter and technology*, Washington, D. C., pub. 13, Institute of Social Anthropology, 1952; C. Vázquez, *op. cit.*

[15] G. C. Wilken, "The ecology of gathering in a mexican farming region", en *Economic Botany*, núm. 24, vol. 3, 1969, pp. 286-295.

cado, aunque parece que el núcleo básico de alimentos y los recursos que lo complementan se encuentran moldeados, de manera más importante, por elementos culturales, de acuerdo con la estrategia general de subsistencia. Desde este punto de vista, resulta más atinada la opinión de Caballero y Mapes,[16] en el sentido de que el uso intensivo de los productos de la recolección constituye un rasgo propio de las culturas indígenas de México, formando parte del patrón de subsistencia basado en el uso diversificado de los recursos.

De esta manera, los cambios en los hábitos alimentarios son resultado de las transformaciones que en el patrón general de subsistencia imprime, actualmente, la dinámica situación económica, social y cultural que existe en la región de la Montaña de Guerrero.

Por ejemplo, el patrón indígena de alimentación en Alcozauca presenta rasgos esencialmente similares a los que presumiblemente existían entre los mixtecos en la época prehispánica.[17] Sin embargo, actualmente este patrón se encuentra bajo transformaciones importantes. Una tendencia general de estos cambios es la disminución en el consumo de los productos de la recolección, la caza y la pesca. En estos dos últimos casos, como se ha señalado, la principal causa ha sido la escasez de recursos debido al deterioro del medio natural y la consecuente modificación del hábitat de las poblaciones animales, ocasionado principalmente por la expansión de la frontera agrícola.

En cuanto a la recolección de arvenses, la escasez de estos recursos parece no ser el factor determinante en la disminución de su consumo. Así, los cálculos preliminares permiten estimar que el requerimiento anual de verduras recolectadas por unidad familiar es de alrededor de 140 kg. Tan sólo en los calmiles la productividad de tales recursos es de alrededor de 300 kg (cuadro 23) y la disponibilidad es aún mayor, pues generalmente los campesinos cultivan otro sistema agrícola, además del calmil o solar (fotografía 41).

De acuerdo con información proporcionada por los campesi-

[16] J. Caballero y C. Mapes, *op. cit.*
[17] B. Dahlgren, *op. cit.*

nos más viejos, las plantas recolectadas tenían mayor importancia en la dieta de la población indígena hasta hace unos 20 años. Sin embargo, cuando se comenzaron a utilizar insumos químicos en la agricultura, aumentó la productividad de los cultivos y se incorporó una mayor superficie de tierras a esta actividad. Esto elevó el consumo de productos agrícolas, disminuyendo el consumo de plantas recolectadas, lo que revela una clara preferencia, de parte de los campesinos, a consumir los productos de la agricultura y a tomar como complemento los de la recolección. Esta tendencia a sustituir los productos de la recolección por los de la agricultura, en realidad, como puede apreciarse en el cuadro 26, es una tendencia muy antigua. En el caso estudiado, el almacenamiento de granos cultivados permite un suministro constante y seguro de alimentos a lo largo del año. Ésta es una razón suficiente mediante la cual los campesinos explican su preferencia por los productos de la agricultura. Sin embargo, esta preferencia no implica una tendencia a eliminar totalmente los productos de la recolección. Estos productos constituyen una posibilidad enorme de variar y enriquecer la dieta; además, existe un gusto patente sobre tales alimentos, lo que explica por qué, aun en los periodos de abundancia de los alimentos básicos, existe un consumo importante de plantas arvenses y silvestres así como de otros alimentos complementarios.

En el sector *intermedio* se expresan más claramente los cambios de la dieta tradicional. En este sector, los cambios operan como parte de un proceso en el cual se tiende a negar la condición indígena y a adoptar otros elementos culturales ajenos. Éste es el sector que muestra más claramente un proceso de aculturación, fuertemente influido por la convivencia cotidiana con los mestizos y las estancias de migración temporal fuera del municipio. Considerando la tendencia creciente de la migración, es factible prever un incremento de este sector en los próximos años.

La actitud despectiva hacia los alimentos proporcionados por la recolección revela la importancia que éstos tienen como símbolo de identidad étnica. Por esta razón, en el proceso de aculturación se presenta una tendencia a sutituirlos por otros alimentos de mayor *prestigio* cultural, tales como carne, arroz, pastas y otros productos industrializados de menor calidad nutritiva (entre éstos muchos de los llamados *alimentos chatarra*) que las plantas recolectadas. El descenso en el consumo de estas plantas tiene, sin duda, una repercusión importante en el balance dietético, pues los nutrimentos que tradicionalmente aportaban, ahora se incorporan en niveles más bajos.

En los últimos años de la década de los ochenta, la FAO por conducto del Instituto Nacional Indigenista (INI), y el Programa para el Desarrollo Integral de la Familia (DIF), impulsaron programas de asistencia alimentaria en la región de la Montaña. Estos programas, sin embargo, han sido esfuerzos aislados, que no han tenido continuidad. Por otra parte, estos programas promueven el consumo de alimentos con poca o nula aceptación cultural, o bien, inviables para las condiciones de infraestructura de la región. Por ejemplo, en los programas de la FAO, 1987, se integraban despensas que contenían queso (con requerimiento de refrigeración), latas de pollo *al curry* y leche en polvo. Su apariencia y sabor no eran del gusto de los campesinos, quienes preferían dárselos a los animales.

Estas experiencias revelan la importancia por la cual los programas de asistencia alimentaria deben ser constantes y con productos alimentarios para los cuales existe mayor demanda: maíz, frijol, chile, huevos y carne.

Los resultados de la presente investigación sugieren la posibilidad de integrar a los programas de nutrición, además, una gama muy amplia de recursos vegetales arvenses y silvestres, disponibles en la zona y para las cuales existe una tradición de consumo. Con base en la información sobre frecuencia de consumo, distribución, abundancia, disponibilidad temporal y contenido nutricional, se considera que de entre las 102 especies de plantas comestibles silvestres y arvenses algunas son de mayor importancia potencial como recursos. En el cuadro 36 se muestra un resumen de estos recursos.

El cultivo y fitomejoramiento de algunas de estas plantas permitirían, por otro lado, aumentar su disponibilidad durante los periodos de escasez y elevar sus cualidades como recurso. Sin embargo, hacen falta aún investigaciones para lograrlo.

Trabajos recientes con la estación de radio del Centro Coordinador Indigenista del INI de Tlapa, WEZV, La Voz de la Montaña, muestran que la difusión de información sobre la calidad nutritiva y las formas de preparación de los alimentos con base en

Cuadro 36

ESPECIES VEGETALES COMESTIBLES SILVESTRES, ARVENSES Y RUDERALES CON MAYOR IMPORTANCIA POTENCIAL COMO RECURSOS

Forma de uso	*Especie*	*Nombre común*	*Nombre mixteco*
Verduras	*Anoda cristata*	Alache	*Yiwa tíio*
	Crotalaria pumila	Chipile	*Yiwa bishí*
	Amaranthus hybridus	Quintonil	*Yiwa ticúni*
	Euphorbia graminea	Fraile	*Yiwa shúsha*
	Agave mezcalaensis	Maguey	*Yaave ndishí*
	Opuntia spp.	Nopales	*Vihnia*
	Parmentiera edulis	Cuajilote	
	Leucaena spp.	Guajes	*Nduva*
	Portulaca oleracea	Verdolaga	*Yiwa calishi*
	Porophyllum spp.	Pápalos	*Yiwa ndusú*
Frutas	*Psidium guajava*	Guayabas	*Tincuá*
	Spondias mombin	Ciruelas	*Tî.cáhua*
	Annona cherimolia	Chirimoya	*Ndoco tiâ.tá*
	Byrsonima crassifolia	Nanche	
	Cyrtocarpa procera	Chupandía	*Tî.cáya*
	Pithecollobium dulce	Guamúchil	*Tichi coó*
	Stenocereus stellatus	Pitahaya	*Túchichí*
Granos y semillas	*Leucaena spp.*	Guajes	*Nduva*
	Quercus spp.	Encinos	*Tiâ.tá*
	Phaseolus vulgaris var. *mexicanus*	Frijol de monte	*Nduchí yucú*
	Phaseolus coccineus var. *formosus*	Frijol de monte	*Nduchí yucú*
Raíces, tubérculos y bulbos	*Allium glandulosus*	Cebolleja	*Ticumishá*
	Pachyrrhyzus erosus	Jícama de monte	*Chicama yucú*
	Dioscorea spp.	Camotes	*Ñâ.mi*

estas plantas resulta eficaz para la promoción de su consumo. Esta labor puede reforzarse aún más con programas comunitarios de alimentación apoyados con audiovisuales y folletos, además de la difusión cotidiana en las escuelas.

La población de la Montaña de Guerrero padece de manera aguda los procesos de degradación del nivel de vida que afectan a los campesinos mexicanos. Varios municipios de la región, incluyendo el de Alcozauca, se cuentan entre los más pobres del país[18] y en ellos se presentan también los índices más elevados de desnutrición. En estas zonas, la atención de la nutrición requiere del impulso de programas e inversiones sólidas para la asistencia comunitaria de la salud, para el apoyo a la producción de alimentos y para la asistencia alimentaria.

En el área, la producción agrícola, pecuaria y forestal puede aún elevar significativamente sus potencialidades, para ello requiere el impulso, a gran escala, de programas para la conservación y aumento de la fertilidad de los suelos agrícolas, para el mejoramiento de los hatos de ganado y para el ordenamiento de la explotación de los pastizales y bosques, que en conjunto permitan incrementar y sostener la productividad de los sistemas, aumentar la producción de alimentos y generar los recursos monetarios que las unidades familiares necesitan.

[18] Coplamar, *op. cit.*

DISCUSIÓN

Los campesinos mixtecos de Alcozauca utilizan alrededor de 400 especies de plantas y animales para la satisfacción de sus diferentes necesidades de subsistencia; cerca de la mitad de estas especies es utilizada en la alimentación. Esta extraordinaria riqueza de recursos provenientes del complejo mosaico de unidades ambientales, que caracteriza a la región, evidencia un patrón de subsistencia basado en lo que Toledo y colaboradores han definido como "el uso múltiple de los recursos y la diversificación productiva".[1]

Este patrón de subsistencia constituye una herencia cultural de los pueblos mixtecos prehispánicos. Posee, por lo mismo, una larga historia de desarrollo y un fuerte arraigo en la cultura indígena actual. Sin embargo, los siglos de dominación colonial y la compleja problemática que vive el mundo rural del México de hoy indudablemente han influido e influyen continuamente en la transformación de este modo de vida.

En la actualidad los factores que mayormente contribuyen a alterar los patrones tradicionales de uso de los recursos son, quizás, el propio deterioro de los recursos naturales; el crecimiento demográfico y el crecimiento de la pobreza rural, sobre todo entre la población indígena; la baja productividad primaria, y los cambios socioculturales determinados por la emigración temporal y definitiva.

[1] V. M. Toledo V. *et al.*, *op. cit.*

Los recursos vegetales y faunísticos, los suelos y el agua y, en suma, la integridad de los ecosistemas, son el soporte fundamental de la estrategia de uso múltiple de los recursos naturales y de la complementariedad de las diferentes actividades productivas en distintos ambientes. La pérdida de cualquiera de estos elementos, en consecuencia, inevitablemente contribuye a estrechar el espectro de recursos y de opciones productivas.

El deterioro del medio natural actualmente alcanza niveles alarmantes en la región de la Montaña de Guerrero. Landa encontró, por ejemplo, que en 1979 ya 42 por ciento de la superficie de la región se encontraba deteriorada.[2] El deterioro actual es mayor pues, como se indica en el mismo trabajo, en algunas comunidades campesinas la tasa de deforestación anual es de entre cuatro y 30 por ciento (fotografía 42).

La destrucción de la naturaleza es la afectación de la base material de la producción y de la cultura. Su degradación es consecuencia de una trama compleja de factores socioeconómicos y culturales, cuya expresión más directa son los cambios en los patrones tecnológicos de uso y manejo de los recursos. A lo largo de la lectura del texto se puede apreciar que, para el caso de la Montaña de Guerrero, tales cambios tecnológicos en las últimas décadas se caracterizan por una explotación más intensa de los recursos. En el caso de los suelos agrícolas, este cambio ha significado el acortamiento de los ciclos tradicionales de uso y de descanso de la tierra y la incorporación de nuevas áreas que en el pasado no eran aptas para la producción agrícola. Esto ha sido posible sobre todo a partir del uso de fertilizantes químicos; sin embargo, este hecho no sólo ha afectado negativamente la economía de las familias campesinas, sino que además ha favorecido el empobrecimiento agudo de los suelos y los agricultores se han visto obligados a incrementar el desmonte de las áreas forestales, con la poca o nula recuperación de las parcelas abandonadas.

Los cambios tecnológicos se han caracterizado también por la intensificación del efecto destructivo del pastoreo en las áreas forestales. Esto se debe al incremento de los hatos ganaderos, que constituyen una de las pocas maneras de generar recursos

[2] R. Landa O., *op. cit.*

monetarios en la zona. El problema está agudizado porque el espacio que se destinó a tal actividad se ha visto reducido paulatinamente, pues no sólo han sido modificados los patrones de pastoreo que cubrían grandes extensiones, sino que ahora las comunidades defienden celosamente sus áreas comunales, sin permitir pastores de otros poblados. Además, el crecimiento general de las áreas deterioradas limita paulatinamente las zonas de pastoreo. A pesar de tal situación, no existen por el momento sistemas intensivos de producción pecuaria que permitan aumentar el rendimiento y proteger las áreas forestales que actualmente se afectan.

Las prácticas de extracción forestal también han tendido a incrementar su incidencia, pues no sólo son necesarias para cubrir los requerimientos de subsistencia de una población creciente, sino que también constituyen fuentes de recursos monetarios. La palma, el maguey y las especies maderables de mayor valor comercial constituyen un espectro reducido de recursos sobre los cuales se ha incrementado la presión extractiva. Este ritmo de extracción que imponen las necesidades del mercado afecta no sólo a las poblaciones de plantas utilizadas, sino que también significa la afectación de las comunidades vegetales en su conjunto, en áreas cada vez más extensas en las cuales no se repone lo tomado.

Todas las condiciones mencionadas en los párrafos anteriores se entrelazan para deteriorar de manera creciente al medio natural. Son todas parte de un círculo vicioso que resulta de la ruptura de los patrones de uso múltiple de los recursos y que al mismo tiempo limitan cada vez más la base material para la realización de estos patrones. Como parte de este proceso, los campesinos se ven obligados a usar más intensamente un conjunto más reducido de recursos y patrones tecnológicos más uniformes y menos acordes con la diversidad ambiental.

Sin embargo, es necesario tener presente que la intensificación de la explotación de los suelos, bosques y aguas, es una consecuencia del paulatino empobrecimiento de los campesinos de la región, de la falta de opciones productivas y de empleo y de la necesidad de cubrir los requerimientos de una población en crecimiento. Es el enfrentamiento cada vez más agudo de una economía campesina cuyas tácticas productivas y patrones de consumo y de intercambio se encuentran severamente desfasados de los que exige la economía de mercado que los invade de manera creciente.

Uno de los ejemplos más dramáticos de este proceso es quizás el uso de fertilizantes químicos. Hasta mediados de la década de los años setenta, estos insumos no habían sido necesarios como lo son en el presente. Las largas colas de campesinos en las oficinas de Fertimex en Tlapa, año con año, son ejemplo patético del nivel que ha alcanzado esta nueva necesidad. Uno de los problemas mayores que acarrea el uso de fertilizantes es el desbalance de la economía campesina tradicional. Así, la compra de tal insumo no está respaldada por la propia producción agrícola pues, como se recordará, el destino de los productos es casi totalmente para el autoabasto de las unidades familiares. Para cubrir los gastos de los fertilizantes, los campesinos han recurrido a aumentar el ritmo de aquellas actividades que les permiten generar recursos monetarios: el tejido de sombrero, las actividades de extracción forestal, los hatos de ganado y, sobre todo, la emigración. La fertilización artificial genera una nueva necesidad que altera la forma de uso de la tierra y favorece directamente su deterioro y que al alterar la economía campesina tradicional contribuye también indirectamente a deteriorar el medio natural y la cultura.

Los procesos migratorios introducen a su vez una compleja red de problemas socioculturales que tienden a dar al traste con las costumbres locales. Estos procesos, en el caso de la alimentación, como se ha visto, tienden a empobrecer la calidad de la dieta. La migración constituye una opción que los campesinos encuentran para enfrentar los requerimientos monetarios que de manera creciente impone la sociedad actual. La preocupación primaria que motiva a emigrar es la atención de las necesidades de la producción y de la vida comunitaria; sin embargo, al emigrar, los campesinos entran a una nueva órbita de preocupaciones y de valores que poco tiene que ver con el modo de vida tradicional basado en el uso múltiple de los recursos.

El modo de vida campesino tradicional y el uso múltiple de los recursos naturales son aspectos que se encuentran íntimamente ligados. Ambos resultan cruciales para la preservación de las culturas milenarias que integran la cultura nacional y para la conservación de la biodiversidad y de la integridad del medio natural. Para apoyar su desarrollo en las condiciones actuales es preciso reconocer sus nuevas necesidades y atender los problemas que se derivan de los enormes rezagos en el impulso al desarrollo y de la defectuosa integración que con la sociedad nacional han sufrido las etnias a lo largo de la historia.

PERSPECTIVAS. LA ETNOBOTÁNICA EN EL DESARROLLO REGIONAL

Alcozauca es un escenario que permite palpar la crisis actual que viven muchas otras comunidades indígenas del país; para hacerlo es necesario enfrentar su modo de vida tradicional con aquel que plantean las condiciones actuales de la sociedad nacional. Esta crisis debe constituirse en una fuente de reflexiones que contribuyan a encontrar soluciones a los graves problemas que viven los campesinos indígenas de México.

Los avances logrados en las investigaciones realizadas en la región permiten apreciar un panorama general de los problemas y requerimientos en los elementos sociales y naturales que se involucran en los procesos productivos actuales. En el ámbito social resulta evidente la necesidad de aumentar y sostener la producción agrícola, de manera que ésta pueda satisfacer los requerimientos en alimentos básicos. Igualmente importante resulta el desarrollo de prácticas productivas que permitan generar los recursos monetarios que requieren las unidades familiares. En el ámbito natural, es clara la necesidad de poner en práctica nuevas estrategias de planeación de la producción, de conservación de los recursos actuales y de restauración de los ya perdidos, como base para el mantenimiento de las unidades ambientales y para el sostenimiento futuro de las actividades productivas.

Éstas son tan sólo grandes líneas que se consideran necesarias para la planeación del desarrollo productivo. Su realización requiere de un enorme esfuerzo organizativo y financiero, pero también intelectual. Reunir los elementos de información que se necesitan para el diseño de tal plan de desarrollo, así como la orquestación de las instituciones y organizaciones sociales para ponerlo en práctica, es una labor titánica que exige el aporte de numerosas disciplinas administrativas y científicas. Es desde este punto de vista que adquiere relevancia analizar la función social de la etnobotánica, la ecología y otras áreas de las ciencias naturales.

Vista desde la perspectiva del desarrollo social, la etnobotánica permite conocer los recursos vegetales de una comunidad, de una región o del país. Permite conocer también la tecnología de uso y manejo desarrollada empíricamente por las etnias a través de los siglos. Estos dos elementos resultan de gran trascendencia para conocer las materias primas que pueden emplearse para distintos propósitos productivos, así como la manera en la cual pueden emplearse. Son también una base importante para la experimentación de nuevos elementos tecnológicos.

En la Montaña de Guerrero, las investigaciones etnobotánicas han estado dirigidas, en primer término, a inventariar los recursos vegetales y las tecnologías indígenas para su aprovechamiento. Aunque los frutos de este inventario son aún incipientes, las experiencias desarrolladas sugieren que estos recursos tienen grandes potencialidades utilitarias para el desarrollo regional. Tales experiencias son las siguientes:

1) Con la estación de radio XEZV, La Voz de la Montaña, se realizaron programas transmitidos en mixteco, náhuatl, tlapaneco y español. En ellos se aportaba información sobre las diferentes especies de plantas comestibles silvestres y arvenses. Los programas motivaron un gran interés en el público, principalmente en aspectos tales como el contenido nutricional de cada una de las plantas y las formas de preparación. La información registrada en el inventario de plantas comestibles y esta experiencia muestran la viabilidad de incorporar a muchos de los recursos vegetales locales a los programas de nutrición.
2) El Instituto Nacional Indigenista (INI) y la UNICEF impulsaron en la región un programa de Atención Primaria de Salud, con el fin de reforzar los conocimientos y técnicas de atención primaria de las personas que a nivel comunitario se ocupan de la salud (hueseros, parteras, yerberos, brujos, etcétera). Como parte de este programa, y con el fin de ampliar los conocimientos de herbolaria médica tradicional de estas personas, se solicitó a los autores aportar la información de las plantas medicinales registradas en el inventario de flora útil, así como técnicas de colecta y obtención de información etnobotánica

por parte de un grupo de promotores bilingües que colaboraban con la investigación. Aunque el proyecto se vio truncado por muchos problemas administrativos, la experiencia dio una muestra de la utilidad de las investigaciones etnobotánicas en los programas regionales de salud.

3) Durante el diseño de programas de restauración ambiental y reforestación, el Programa de Aprovechamiento Integral de los Recursos Naturales en la Montaña de Guerrero (PAIR) consideró conveniente consultar a los autores acerca de las especies arbóreas nativas, útiles y con otras ventajas desde el punto de vista ambiental, para ser utilizadas en tales programas. Con base en una lista de especies sugeridas, el PAIR ha venido desarrollando una tecnología de restauración ambiental con recursos propios de la región (fotografía 43).[3]

4) En un sentido similar, el PAIR consultó a los autores acerca de las diferentes especies locales factibles de aprovecharse en la elaboración de alimentos balanceados para el desarrollo de la acuacultura regional. Cabe señalar que este insumo es uno de los principales cuellos de botella para tal actividad productiva en la Montaña de Guerrero, tanto por sus costos como por su difícil comercialización. Con base en una lista de posibilidades, en la cual se reunía información bromatológica, de distribución, abundancia y comportamiento temporal de las diferentes especies, el PAIR ha venido realizando experimentos de innovación tecnológica, los cuales a mediano plazo permitirán a los campesinos independizarse de los alimentos comerciales.[4]

En el mismo sentido, el inventario etnoflorístico de la región posee una lista de sugerencias sobre recursos para experimentar con el fin de desarrollar modelos intensivos de producción pecuaria, de producción de leña, forraje y de otros productos foresta-

[3] V. Arriaga, "Fenología de 12 especies de la Montaña de Guerrero, México: elementos para su manejo en una comunidad campesina", México, tesis profesional, Facultad de Ciencias, UNAM, 1991; A. Vargas-Mena, "Sobrevivencia y crecimiento de leguminosas utilizadas en la reforestación de Selva Baja Caducifolia en la Montaña de Guerrero", México, tesis profesional, Facultad de Ciencias, UNAM, 1991.

[4] H.R. Rodiles, *op. cit.*

les, los cuales a mediano plazo contribuirían a reducir la presión que actualmente efectúan estas actividades sobre los bosques.

La conservación de los recursos genéticos es quizás una de las líneas de trabajo que más exige en las investigaciones etnobotánicas. El reconocimiento de la potencialidad de los recursos, la evaluación de la variabilidad que contiene cada uno de ellos, la documentación del uso y manejo de esta variabilidad y el estudio de las pautas evolutivas de las plantas que modula la cultura humana, son todos temas que aborda la etnobotánica y son todos conocimientos básicos para la conservación de la diversidad genética.

Las investigaciones en la Montaña de Guerrero han aportado, por el momento, un inventario de las especies vegetales útiles a nivel regional, así como una evaluación de aquellos recursos con mayores potencialidades para distintas actividades productivas. Falta, sin embargo, desarrollar más investigaciones para la conservación de tales recursos y para elevar sus potencialidades utilitarias.

Para elevar las potencialidades de los recursos vegetales, resulta necesario desarrollar dos grandes líneas de trabajo. Por un lado, experimentar tecnología nueva, utilizando como base a tales recursos. Por otro lado, también es necesario conocer el espectro de atributos utilizables contenidos en la variabilidad biológica de las plantas, así como las formas de uso y manejo que los campesinos dan a tal variabilidad. Esta última línea es de crucial importancia tanto para la conservación como para el desarrollo del fitomejoramiento. Los primeros pasos en esta dirección se han dado con los estudios de Casas con *Leucaena esculenta*, el guaje colorado.[5] Sin embargo, es necesario llevar a cabo este tipo de trabajos con las diferentes especies que a lo largo de este texto han sido reconocidas por su alto valor potencial como recursos.

En la conservación de los recursos genéticos, un capítulo especial merece el estudio de la diversidad genética de las plantas que constituyen los alimentos básicos. Para especies como el

[5] F. A. Casas, "Etnobotánica y procesos de domesticación, en *Leucaena esculenta* (Moc. *et* Sessé ex A.DC.) Benth", México, tesis de maestría, Facultad de Ciencias, UNAM, 1992.

maíz y el frijol, México fue en el pasado y sigue siendo en la actualidad, el reservorio de diversidad genética más importante del planeta, debido a que en él existen poblaciones silvestres de tales plantas, y debido también a que durante más de 8 000 años los agricultores mesoamericanos han generado una extraordinaria variabilidad morfológica y genética de estas plantas, de acuerdo con la también extraordinaria diversidad de climas, suelos, tecnologías y atributos culturales. Esta diversidad genética es, sin duda, uno de los patrimonios más importantes del país.

Por sus características de heterogeneidad ambiental y por la vigencia de tecnologías agrícolas tradicionales, la región de la Montaña es un reservorio importante de variabilidad genética de los cultivos básicos antes señalados. La conservación de esta diversidad y la continuación de los procesos de variación, constituyen piezas clave para el desarrollo de la tecnología agrícola y, por lo tanto, debe ser una línea de trabajo prioritaria para las instituciones de investigación.

CONCLUSIONES

La subsistencia indígena de Alcozauca sigue dependiendo principalmente del aprovechamiento y manejo diversificado de los recursos naturales. La agricultura, cría de animales, caza, pesca y recolección de plantas e insectos continúan aportando los insumos fundamentales de la alimentación, de manera similar a como ocurría hace siglos.

El deterioro de los recursos naturales, el incremento de la pobreza, que se agudiza con el crecimiento de la economía de mercado en el área, así como los cambios socioculturales motivados por la emigración, son, entre otros, factores que influyen modificando los patrones de subsistencia y que, en el caso de la alimentación, tienden a empobrecer la calidad de la dieta.

El apoyo a la producción agropecuaria y forestal, desde el punto de vista técnico y financiero; el impulso de programas de conservación de suelos, agua y bosque que permita mejorar y sostener en el futuro la producción de alimentos, así como la generación de recursos monetarios que hoy resultan de gran importancia a las comunidades campesinas, son medidas que, junto con programas asistenciales adecuados y constantes, permitirán elevar la calidad de vida campesina y asegurar la conservación de los recursos naturales.

1. El relieve más común en la Montaña de Guerrero. (Juan Luis Viveros y Alejandro Casas.) [Los nombres entre paréntesis corresponden a los autores de las fotografías.]

2. Bosque de Pinos. (Juan Luis Viveros y Alejandro Casas.)

3. Bosque de Encino. (Juan Luis Viveros y Alejandro Casas.)

4. Bosque Tropical Caducifolio. (Juan Luis Viveros y Alejandro Casas.)

5. Vegetación Riparia. (Raúl López-Vargas.)

6. Piezas arqueológicas encontradas en San Nicolás Zoyatlán, Guerrero. (Raúl López-Vargas.)

7. Aspecto de un poblado en la Montaña de Guerrero. Tlacoapa, Guerrero. (Ricardo María Garibay.)

8. Niños mixtecos. (Ricardo María Garibay.)

9. Vista exterior de una vivienda. (Ricardo María Garibay.)

10. Vista interior de una vivienda. (María del Carmen Rojas.)

11. Vestido tradicional en la Montaña de Guerrero. (Raúl López-Vargas.)

12. Asamblea comunitaria en Alcozauca, Guerrero. (Juan Luis Viveros y Alejandro Casas.)

13. Fiesta de san José, en San José Laguna, Guerrero. (María del Carmen Rojas.)

14. Fiesta de san Marcos, en Alcozauca, Guerrero. (Juan Luis Viveros y Alejandro Casas.)

15. Fiesta de Todos los Santos en Ixcuinatoyac, Guerrero. (Juan Luis Viveros y Alejandro Casas.)

16. Mercado de Tlapa, Guerrero. (Juan Luis Viveros y Alejandro Casas.)

17. Escuela primaria de San Nicolás Zoyatlán, Guerrero. (Raúl López-Vargas.)

18. Sistema agrícola Tlacolol en Alcozauca, Guerrero. (Rafael Obregón.)

19. Limpia manual de campos de cultivo. (Juan Luis Viveros y Alejandro Casas.)

20. La cosecha del maíz. (Juan Luis Viveros y Alejandro Casas.)

21. Sistema agrícola Temporal con Yunta. (María del Carmen Rojas.)

22. Almácigos de arroz para cultivo con riego. (Ricardo María Garibay.)

23. Cultivo de sandía en terrenos con riego. (Juan Luis Viveros y Alejandro Casas.)

24. Huerta frutícola. (Juan Luis Viveros y Alejandro Casas.)

25. Solar de Temporal. (Juan Luis Viveros y Alejandro Casas.)

26. El desgrane del maíz. (María del Carmen Rojas.)

27. Maíz. (Ricardo María Garibay.)

28. Conservación de las semillas de maíz seleccionadas para siembra. (Juan Luis Viveros y Alejandro Casas.)

29. Calabazas chompo (*Cucurbita mixta*). (Juan Luis Viveros y Alejandro Casas.)

30. Pastoreo de cabras. (Anairamiz Aranguren.)

31. Tejido de sombreros de palma. (Juan Luis Viveros y Alejandro Casas.)

32. Venta de cogollos de palma en el mercado de Alcozauca, Guerrero. (Juan Luis Viveros y Alejandro Casas.)

33. Leña. (Anairamiz Aranguren.)

34. Materiales para construcción. (Ricardo María Garibay.)

35. Construcción de una vivienda. (Ricardo María Garibay.)

36. Cerámica. (Ricardo María Garibay.)

37. Horno para la fabricación de tejas. (Juan Luis Viveros y Alejandro Casas.)

38. Recolección de guamúchil (*Pithecollobium dulce*). (Juan Luis Viveros y Alejandro Casas.)

39. Tolerancia de árboles silvestres de guaje colorado (*Leucaena esculenta*) dentro de las milpas. (Juan Luis Viveros y Alejandro Casas.)

40. Aspecto de un palmar en Alcozauca, Guerrero. (Juan Luis Viveros y Alejandro Casas.)

41. Recolección de quelites. (Ricardo María Garibay.)

42. Deterioro ambiental. (Juan Luis Viveros y Alejandro Casas.)

43. Vivero para la reforestación con especies nativas. (Araceli Vargas-Mena.)

APÉNDICES

I. PLANTAS MEDICINALES DE ALCOZAUCA

AGAVACEAE

1. *Agave sp.* — BTC,[1] BE[2]
n.c.[3] maguey mezcalero; mix.[4] *yaave ndishi* — Silvestre
p.u.[5] mezcal. Frotado
REUMAS

AMARANTHACEAE

2. *Iresine sp.* — BTC, BE
n.c. sangrinaria — Silvestre
p.u. tallos, hojas, flores. Té — Ruderal
DIURÉTICO

3. *Iresine calea* (Ibáñez) Stand. — BTC
n.c. tlancuaya — Silvestre
p.u. tallos, hojas, flores. Té
TOS

ANACARDIACEAE

4. *Mangifera indica* L. — Cultivada
n.c. mango; mix. *yito tu* — *huertas*
p.u. hojas. Té
TOS, CARRASPERA

[1] Bosque tropical caducifolio.
[2] Bosque de encino.
[3] Nombre común.
[4] Mixteco.
[5] Parte(s) usada(s).

5. *Spondias mombin* L.	BTC
n.c. ciruela; mix. *tihcahua*	Silvestre
p.u. corteza, hojas. Té	Cultivada
ANTISÉPTICO OFTÁLMICO, CICATRIZANTE,	*huertas*
DOLOR DE ESTÓMAGO	*solares*

ANNONACEAE

6. *Annona squamosa*	Cultivada
n.c. anona	*solares*
p.u. hojas. Té	*huertas*
GRIPE, FIEBRE	
7. *Annona cherimolia* Mill.	Cultivada
n.c. chirimoya; mix. *ndoco tiahtá*	*solares*
p.u. hojas. Té	*huertas*
GRIPE, FIEBRE, INFLAMACIONES	Silvestre
	VR[6]

ARISTOLOCHIACEAE

8. *Aristolochia sp.*	BTC
n.c. patito, tlacopaxtle	Arvense
p.u. hojas, flores. Té	Cultivada
PIQUETE DE ALACRÁN	*solares*

ASCLEPIADACEAE

9. *Asclepias curassavica* L.	VR
n.c. flor de tigre	Silvestre
p.u. tallos, hojas, flores. Té	Arvense
VÓMITO, ESTREÑIMIENTO, DOLOR DE MUELA,	
ANTISÉPTICO, HEMORROIDES	

BEGONIACEAE

10. *Begonia balmisiana* Ruiz, *ex* Kl	*milpa*
n.c. begonia; mix. *yita tushaia*	Arvense
p.u. raíz. Té.	BTC
EMOLIENTE, PURGANTE, PROMUEVE LA MENSTRUACIÓN	Silvestre
11. *Begonia gracilis* Kunt	BPE[7]
n.c. carne de doncella	Silvestre
p.u. raíz. Té	
VÓMITO, PURGANTE	

[6] Vegetación riparia.
[7] Bosque de pino y encino.

BIGNONIACEAE

12. *Tecoma stans* (L) H.B.K.	BTC, VR
n.c. hoja de baño, flor de San Pedro, flor de	Silvestre
San Diego, asomiate; mix. *yucu ii*	Ruderal
p.u. hojas. En vara, té	
BAÑO DE TEMAZCAL, DIABETES	

BORAGINACEAE

13. *Cordia curassavica* (Jack) R. & S.	BTC
n.c. palito negro	Silvestre
p.u. hojas. Té	
ANTISÉPTICO PARA LAVAR HERIDAS	
14. *Cordia dentata* Poiret	BTC
n.c. zajamil, bojote	Silvestre
p.u. hojas. Té	
EMOLIENTE, ANTISÉPTICO	
15. *Tournefortia hartwegiana* Steud	BE
n.c. tlachichinole	Silvestre
p.u. hojas. Té	
INFLAMACIÓN DE RIÑÓN Y ENCÍAS	
16. *Bursera simaruba* (L.) Sarg.	BTC
n.c. palo mulato	Silvestre
p.u. corteza. Té	
QUEMADURAS, FIEBRE	

CAPRIFOLIACEAE

17. *Sambucus mexicana* Presl.	BP[8]
n.c. sauco	Silvestre
p.u. hojas. Té	
FIEBRE, INFLAMACIONES, ESPASMOS	

CARICACEAE

18. *Carica papaya*	Cultivada
n.c. papaya	*huertas*
p.u. frutos	
ESTREÑIMIENTO	

CHENOPODIACEAE

19. *Chenopodium ambrosioides* L.	*solares*
n.c. epazote; mix. *miíno*	*huertas*

[8] Bosque de pino.

p.u. tallos, hojas. Té *milpas*
PARÁSITOS INTESTINALES Arvense

COMPOSITAE

20. *Calea hipoleuca* BE
n.c. yerba amarga; mix. *yucu cua* Silvestre
p.u. tallos, hojas, flores. Té
AGOTAMIENTO

21. *Calea zacatechichi* Schl. BE
n.c. mix.[9] *yucu caua* Silvestre
p.u. tallos, hojas, flores. Té
AGOTAMIENTO, BILIS

22. *Elephantopus spicatus* Rob. BTC
n.c. lengua de vaca Silvestre
p.u. tallos, hojas, flores. Té
ANALGÉSICO

23. *Erigeron karwinskianus* D.C. BPE
n.c. manzanilla cimarrona Silvestre
p.u. tallos, hojas. Té
DISENTERÍA, DOLOR DE ESTÓMAGO

24. *Eupatorium odoratum* King & Robin Ruderal
p.u. tallos, hojas. Té
EXPECTORANTE

25. *Iostephane heterophyla* Benth. BE
n.c. liga, tlalpopolote Silvestre
p.u. tallos, hojas. Té
DISENTERÍA, ÚLCERA, CICATRIZANTE DE HERIDAS

26. *Latucca sativa* Cultivada
n.c. lechuga *riego*
p.u. hojas. Té
CALMANTE

27. *Melampodium divaricatum* (Rich ex Pers.) D.C. BTC
n.c. ojo de perico, ojo de guajolote Silvestre
p.u. hojas. Té
DISENTERÍA, EXPECTORANTE

28. *Montanoa frutescens* (Mairet) Hensl BE
n.c. tzoapatle Silvestre
p.u. hojas. Té
ABORTIVO, UTEROTÓNICO

29. *Perezia adnata* Gray BTC

[9] Nombre común mixteco.

n.c. árnica Silvestre
p.u. hojas. Té
ANTINFLAMATORIO
30. *Perezia dugesii* Gray BTC
n.c. árnica; mix. *tia shi* Silvestre
p.u. hojas. Té
ANTINFLAMATORIO
31. *Pluchea odorata* (L.) Cass. BE
n.c. canela, canelón, yerba de la virgen Silvestre
p.u. hojas. Té
ANALGÉSICO, HEMOSTÁTICO, FEBRÍFUGO, ANTINFLAMATORIO
32. *Porophyllum ruderale* (Jacq) Cass. *milpas*
n.c. pápalo; mix. *yiwa papalo* VR
p.u. hojas. Té *solares*
DOLOR DE ESTÓMAGO Arvense
33. *Porophyllum nutans* Rob. & Greenm. *milpas*
n.c. tlapanche VR
p.u. hojas. Té *solares*
DOLOR DE ESTÓMAGO Arvense
34. *Porophyllum tagetoides* D.C. *milpas*
n.c. pipicha VR
p.u. hojas. Té *solares*
DOLOR DE ESTÓMAGO Arvense
35. *Sanvitalia procumbens*. Lam. BTC
n.c. ojo de pollo Silvestre
p.u. hojas. Té Arvense
PIQUETE DE ALACRÁN Ruderal
36. *Tagetes sp.* BTC, VR
n.c. flor de pinta Silvestre
p.u. hojas. Té Arvense
DOLOR DE ESTÓMAGO
37. *Tagetes erecta* L. Cultivada
n.c. cempasúchil; mix. *yita cuáa* *milpas*
p.u. hojas, flores. Té *solares*
VÓMITO, DIARREA, DOLOR DE ESTÓMAGO
38. *Tagetes lucida* H.B.K. BE
n.c. pericón; mix. *yita pericoó* *solares*
p.u. hojas, flores. Té Silvestre
VÓMITO, DIARREA, DOLOR DE ESTÓMAGO, DOLOR DE CABEZA, UTEROTÓNICO, ANTINFLAMATORIO Ruderal
39. *Tagetes tenuifolia* Cav. BTC, BE

n.c. flor de muerto de monte; mix. *yita cuáa* — *solares*
p.u. hojas, flores. Té — Silvestre
VÓMITO, DIARREA, DOLOR DE ESTÓMAGO — Ruderal

40. *Tagetes filifolia* Lag. — BE
n.c. anís; mix. *tacuá mishí* — Silvestre
p.u. tallos, hojas, flores. Té — Ruderal
DOLOR DE ESTÓMAGO

41. *Tithonia tubaeiformis* Cass. — BTC, BE
n.c. acahual; mix. *yita tunu* — *milpas*
p.u. hojas, flores. Té — *solares*
ANTINFLAMATORIO — Arvense
Ruderal

42. *Tridax mexicana* — BE
n.c. rosabilis — Silvestre
p.u. hojas. Té — Arvense
BILIS

CONVOLVULACEAE

43. *Ipomoea arborescens* (Humb *et* Bomp.) Don. — BTC
n.c. casahuate blanco — Silvestre
p.u. corteza. Té
REUMAS, ANTINFLAMATORIO

44. *Ipomoea murucoides* (Roemet) Schult. — BTC
n.c. casahuate prieto — Silvestre
p.u. corteza. Té
REUMAS, ANTINFLAMATORIO

CRASSULACEAE

45. *Echeveria gibbiflora* D.C. — VR, BE
n.c. lengua de vaca — Silvestre
p.u. hojas. Emplastos
FUEGOS, FIEBRE

CUCURBITACEAE

46. *Cucurbita mixta* Pang. — Cultivada
n.c. calabaza chompo
p.u. semillas
PARÁSITOS INTESTINALES

47. *Cucurbita moschata* Duch. — Cultivada
n.c. calabaza de guiña; mix. *ndi quiña*
p.u. semillas
PARÁSITOS INTESTINALES

48. *Cucurbita pepo* L. Cultivada
n.c. calabaza tamaloyota
p.u. semillas
PARÁSITOS INTESTINALES

CUPRESACEAE

49. *Juniperus flaccida* Schl. VR, BE
n.c. sabino; mix. *ti ití* Silvestre
p.u. frutos. Té
ESTREÑIMIENTO

CYPERACEAE

50. *Cyperus flavus* (Vahl.) Nees. BTC
n.c. pasto *solares*
p.u. hojas. Té Silvestre
DIURÉTICO, FEBRÍFUGO Arvense

51. *Cyperus hermaphroditus* (Jack) Standley BE
p.u. hojas. Té Silvestre
DIURÉTICO, FEBRÍFUGO

EBENACEAE

52. *Dyospiros digyna* Jacq. Cultivada
n.c. zapote negro; mix. *doco tuhú* *huertas*
p.u. frutos. Emplaste
SARNA

EQUISETACEAE

53. *Equisetum* aff. *laevigatum* VR
n.c. cola de caballo Silvestre
p.u. tallos. Té
DIURÉTICO, DOLOR DE ESTÓMAGO

EUPHORBIACEAE

54. *Acalypha phaeoides* Cav. BTC, BE
n.c. hierba del pastor Silvestre
p.u. hojas. Té
COMEZÓN DESPUÉS DEL PARTO

55. *Croton cilliatoglandulosus* Ort. BTC, BE
n.c. solimán; mix. *yucu yaa* Silvestre
p.u. hojas, látex. Emplaste Arvense
MEZQUINOS, DOLOR DE ESTÓMAGO Ruderal

56. *Euphorbia* sp. BE
n.c. alacranillo Silvestre
p.u. tallos, látex. Tapón de muela
DOLOR DE MUELA

57. *Ricinus communis* L. — *solares*
n.c. pacón, paraguas — Ruderal
p.u. hojas, semillas. Té, emplaste
ESTREÑIMIENTO, PARÁSITOS INTESTINALES, INFLAMACIONES

FAGACEAE

58. *Quercus conspersa* Benth. — BE, BPE
n.c. encino de tinta — Silvestre
p.u. corteza. Té
INFLAMACIÓN DE ENCÍAS

59. *Quercus rugosa* Nee. — BE
n.c. encino prieto — Silvestre
p.u. corteza. Té
DISENTERÍA, HEMOSTÁTICO, ANALGÉSICO

60. *Quercus urbanii* Trel. — BE, BPE
n.c. encino de cuchara; mix. *tucuoyo* — Silvestre
p.u. corteza. Té
DISENTERÍA

GRAMINEAE

61. *Andropogon barbinodis* Lag. — BE
n.c. zacatón — Silvestre
p.u. hojas. Té
DIURÉTICO

JUGLANDACEAE

62. *Junglans mollis* Engelm — BE, BPE
n.c. nuez corriente; mix. *tih ti* — *huertas*
p.u. mesocarpio del fruto. Emplaste — Silvestre
RONCHAS

LABIATAE

63. *Hyptis suaveolens* (L.) Poir — Cultivada
n.c. chía gorda, chía grande, chía de Colima — Ruderal
p.u. semillas. Solución acuosa
AFECCIONES INTESTINALES, CATARATAS

64. *Salvia* sp. — BE
n.c. salverreal — Silvestre
p.u. hojas. Té
DOLOR DE ESTÓMAGO

65. *Salvia sessei* Benth. — VR
n.c. mix. *yita ndiquií* — Silvestre
p.u. hojas. Té
DOLOR DE ESTÓMAGO

LAURACEAE

66. *Persea americana* Mill. — Cultivada
n.c. aguacate; mix. *tichí* — *huertas*
p.u. hojas, semillas. Té — *solares*
AGOTAMIENTO, VÓMITO, DIARREA, CÓLICOS

LEGUMINOSAE

67. *Acacia angustissima* (Mill) Kuntze — BTC
n.c. palo de pulque — Silvestre
p.u. corteza. Té
DIARREA, REUMATISMO

68. *Acacia farnesiana* (L.) Wild. — BTC, BE
n.c. huizache; mix. *inu cua* — Silvestre
p.u. goma del fruto. Té
ANTISÉPTICO OFTÁLMICO, HEMORRAGIAS VAGINALES

69. *Desmodium prehensile* — BTC, BE
(hierba para sacar sangre de los ojos) — BPE
mix. *yucu dquishi* — Silvestre
p.u. tallos
LIMPIEZA DE LOS OJOS (EXTRACCIÓN DE BASURA)

70. *Erythrina americana* Mill. — Cultivada
n.c. pipe; mix. *tusavi* — *solares*
p.u. corteza. Té — Ruderal
ANALGÉSICO, INTOXICACIONES

71. *Eysenhardtia polystachya* (Ort.) Sarg. — BTC, BE
n.c. palo dulce; mix. *yitu bishi* — Silvestre
p.u. corteza. Solución acuosa
ESTREÑIMIENTO

72. *Indigofera suffruticosa* Mill. — BTC
n.c. añil, jiquilite — Silvestre
p.u. corteza. Té
MATAPIOJOS, DIURÉTICO, ANALGÉSICO, PURGANTE, ANTIESPASMÓDICO

73. *Leucaena esculenta* (Moc. & Sess.) Benth. *subsp. esculenta* — BTC, VR, BE
n.c. guaje colorado; mix. *nduva cuaá* — Silvestre
p.u. semillas — Cultivada
OBSTRUCCIONES INTESTINALES, DOLOR DE ESTÓMAGO — *solares*, *huertas*

74. *Leucaena esculenta* (Moc. & Sess.) Benth. BTC, VR
subsp. paniculata BE
n.c. guajentuchi; mix. *nduva nduchí* Silvestre
p.u. semillas
OBSTRUCCIONES INTESTINALES, DOLOR DE ESTÓMAGO

75. *Leucaena leucocephala* (Lam.) De Wit. Cultivada
subsp. leucocephala *solares*
n.c. guaje verde; mix. *nduva manso* *huertas*
p.u. semillas
OBSTRUCCIONES INTESTINALES, DOLOR DE ESTÓMAGO

76. *Leucaena leucocephala* (Lam.) De Wit. Cultivada
subsp. glabrata *huertas*
n.c. guaje verde; mix. *nduva cuií* *solares*
p.u. semillas
OBSTRUCCIONES INTESTINALES, DOLOR DE ESTÓMAGO

77. *Leucaena macrophylla* Benth. BTC, VR,
n.c. guaje de caballo; mix. *nduva cuallo* BE
p.u. semillas Silvestre
OBSTRUCCIONES INTESTINALES, DOLOR DE ESTÓMAGO

78. *Mimosa albida* H. & B. BTC, BE
n.c. vergonzosa; mix. *yucu nditaá* Silvestre
p.u. tallos, hojas. Té
DOLORES POSTERIORES AL PARTO, DIARREA, ANTISÉPTICO

79. *Parkinsonia aculeata* L. Ruderal
n.c. retama
p.u. hojas. Té
FEBRÍFUGO, SUDORÍFICO, ABORTIVO, ANTIEPILÉPTICO

80. *Pithecollobium dulce* (Roxb.) Benth. BTC, VR
n.c. guamúchil; mix. *ti chicóo* Silvestre
p.u. arilos. Té *huertas*
DOLOR DE ESTÓMAGO *solares*

81. *Prosopis juliflora* BTC
n.c. mezquite Silvestre
p.u. frutos
DOLOR DE ENCÍAS

82. *Sena occidentalis* (L.) Link Ruderal
n.c. hediondo
p.u. corteza. Té
FEBRÍFUGO, ANALGÉSICO

83. *Willardia mexicana* Mill. BTC
n.c. palo de piojo, talizte Silvestre

p.u. hojas. Té
PIOJOS

LILIACEAE
84. *Allium sativum* L. Cultivada
n.c. ajo
p.u. bulbo
INFLAMACIÓN DE AMÍGDALAS, DOLOR DE GARGANTA, PARÁSITOS INTESTINALES
85. *Aloe vera* L. Cultivada
n.c. sábila *huertas*
p.u. hojas. Emplastes
INFLAMACIONES, CORTADAS

LYTHRACEAE
86. *Cuphea wrightii* Gray Arvense
n.c. pájaro vachiquichi; mix. *yita ndio*
p.u. hojas. Té
CATARRO

MALPIGHIACEAE
87 *Thryallis glauca* (Cav.) Kuntze BTC
n.c. flor de yitaquiti, hierba de piojo, veneno de coyote Silvestre
p.u. hojas. Té
EMOLIENTE, FUNGICIDA

MALVACEAE
88. *Anoda cristata* (L.) Schl. Arvense
n.c. alache; mix. *yiwa tio*
p.u. hojas. Té
CONGESTIÓN
89. *Malva parviflora* L. BE
n.c. malva; mix. *yiwa taio* Silvestre
p.u. hojas. Té Arvense
DOLOR DE ESTÓMAGO, ANTISÉPTICO, CICATRIZANTE
90. *Sida rhombifolia* L. BTC
n.c. barabarisco Silvestre
p.u. hojas. Té
CASPA, FIEBRE, DIARREA, GASTRITIS, BILIS, ANALGÉSICO
91. *Sida spinosa* L. BTC
mix. *ndacua* Silvestre
p.u. hojas. Té
DIARREA, DOLOR DE ESTÓMAGO

MELIACEAE

92. *Trichilia hirta* L. BTVC
n.c. tapaqueso Silvestre
p.u. hojas. Té
PURGANTE, EMPACHO, PARÁSITOS INTESTINALES

MORACEAE

93. *Ficus cotinifolia* H.B.K. VR
n.c. amate de zorro, amate grande; mix. *tunihu tuu*, *tunihu nahno* Silvestre
p.u. látex
INFLAMACIÓN ABDOMINAL

MYRTACEAE

94. *Psidium guajava* L. Cultivada
n.c. guayaba, *huertas*
p.u. hojas, frutos. Té VR, BE
VÓMITO, DIARREA, DOLOR DE ESTÓMAGO, TOS Silvestre

95. *Psidium sp.* VR
n.c. guayaba tlahuanca Silvestre
p.u. hojas, frutos. Té, Cultivada
VÓMITO, DIARREA, DOLOR DE ESTÓMAGO, TOS *solares*

96. *Psidium sartorianum* Cultivada
n.c. guayabillo, arrayán BTC
p.u. hojas, frutos. Té Silvestre
VÓMITO, DIARREA, DOLOR DE ESTÓMAGO, TOS

NYCTAGINACEAE

97. *Bugambillia* Cultivada
n.c. bugambilia *huertas*
p.u. hojas. Té *solares*
DOLOR DE GARGANTA

PAPAVERACEAE

98. *Bocconia sp.* VR
n.c. jarilla real Silvestre
p.u. corteza
PARA MATAR PIOJOS

PINACEAE

99. *Pinus ayacahuite* Ehr. BPE, BP
n.c. ocote; mix. *tuusha* Silvestre

p.u. resina
TORCEDURAS
100. *Pinus lawsoni* Roezl. BPE, BP
n.c. ocote; mix. *tuusha* Silvestre
p.u. resina
TORCEDURAS
101. *Pinus michoacana* var. *cornuta* Martínez BPE, BP
n.c. ocote; mix. *tuusha* Silvestre
p.u. resina
TORCEDURAS
102. *Pinus michoacana* var. *tumida* Martínez BPE, BP
n.c. ocote; mix. *tuusha* Silvestre
p.u. resina
TORCEDURAS
103. *Pinus montezumae* Lamb. BPE, BP
n.c. ocote; mix. *tuusha* Silvestre
p.u. resina
TORCEDURAS
104. *Pinus montezumae* var. *macrocarpa* BPE, BP
n.c. ocote; mix. *tuusha* Silvestre
p.u. resina
TORCEDURAS
105. *Pinus oocarpa* var. *ochoterenai* Martínez BPE, BP
n.c. ocote; mix. *tuusha* Silvestre
p.u. resina
TORCEDURAS
106. *Pinus pringlei* Shaw BPE, BP
n.c. ocote; mix. *tuusha* Silvestre
p.u. resina
TORCEDURAS
107. *Pinus pseudostrobus* Lindl. BPE, BP
n.c. ocote; mix. *tuusha* Silvestre
p.u. resina
TORCEDURAS
108. *Pinus pseudostrobus* var. *oaxacana* Martínez BPE, BP
n.c. ocote; mix. *tuusha* Silvestre
p.u. resina
TORCEDURAS
109. *Pinus teocote* Schl. & Cham. BPE, BP
n.c. ocote; mix. *tuusha* Silvestre
p.u. resina
TORCEDURAS

PIPERACEAE

110. *Piper sp.* — Arvense
n.c. cardoncillo — *huertas*
p.u. hojas. Té
ANTICROTÁLICO, DISENTERÍA

111. *Piper auritum* H.B.K. — Cultivada
n.c. hierba santa — *huertas*
p.u. tallos, hojas. Té — *solares*
IRRITACIÓN DE LA GARGANTA

POLEMONIACEAE

112. *Loezelia mexicana* (Lam.) Brand. — BE
n.c. espinosilla — Silvestre
p.u. tallos, hojas. Té
FIEBRE

POLYPODIACEAE

113. *Adiantum sp.* — VR, BE
n.c. culantrillo — Silvestre
p.u. rizoma. Té
DOLORES RENALES, DIURÉTICO

114. *Polypodium aureum* L. — VR, BE
n.c. canahuala — Silvestre
p.u. rizoma. Té
GOLPES, HEMATOMAS

115. *Polypodium polypodioides* — BP, BPE
p.u. rizoma. Té — Silvestre
FIEBRE

RUBIACEAE

116. *Bouvardia ternifolia* (Cav.) Schl. — BTC
n.c. erisipela; mix. *yita ticua* — Silvestre
p.u. hojas. Té
ERISIPELA, ANTISÉPTICO, ANTICROTÁLICO

RUTACEAE

117. *Casimiroa edulis* Llave & Lex. — Cultivada
n.c. zapote blanco — *huertas*
p.u. frutos — VR, BE
CALMANTE — Silvestre

118. *Citrus aurantifolia* (Chirst) Swingle — Cultivada
n.c. limón — *huertas*

p.u. frutos. Jugo, té
ANALGÉSICO, ANTIESPASMÓDICO, FEBRÍFUGO, PARÁSITOS INTESTINALES, ANTISÉPTICO — *solares*

119. *Citrus limetta* Risso (dos variedades locales) — Cultivada
n.c. lima — *huertas*
p.u. hojas, flores, frutos. Té
ANALGÉSICO, FEBRÍFUGO

120. *Ruta chalepensis* L. — Cultivada
n.c. ruda — *huertas*
p.u. hojas. Té — *solares*
ANALGÉSICO, ABORTIVO, VOMITIVO, AIRE

SAPINDACEAE

121. *Serjania racemosa* Schum. — BTC
n.c. hierba de golpe; mix. *yucu golpe* — Silvestre
p.u. hojas. Cataplasma — Ruderal
ANALGÉSICO, ANTINFLAMATORIO

SELAGINELLACEAE

122. *Selaginella lepidophylla* Spreng. — BE, BTC, VR
n.c. doradilla — Silvestre
p.u. toda la planta. Té
BILIS

SOLANACEAE

123. *Datura stramonium* L. — Arvense
n.c. espina de marrano — Ruderal
p.u. frutos, semillas, raíz. Té
ANALGÉSICO

124. *Lycopersicum sp.* — Arvense
n.c. tomate de culebra, tomate de venado — Cultivada
p.u. frutos. Emplastes
CASPA, CAÍDA DEL CABELLO

125. *Lycopersicon esculentum* Mill. — Cultivada
n.c. jitomate
p.u. frutos. Emplastes
CASPA, CAÍDA DEL CABELLO

126. *Nicotiana glauca* — Ruderal
n.c. hoja fría
p.u. hojas. *Chiqueadores*
DOLOR DE CABEZA

127. *Physalis philadelphica* Lam. — Arvense

n.c. tomate cascarudo; mix. *tinana*
p.u. frutos. Cataplasmas
AMIGDALITIS, DOLOR DE GARGANTA

128. *Solanum nigrum* L. — VR, BE
n.c. hierba mora; mix. *yiwa tii* — Silvestre
p.u. hojas, frutos. Té — Arvense
GRIPE

STERCULIACEAE

129. *Waltheria americana* L. — BE
n.c. tapaculo, tapanalgas — Silvestre
p.u. hojas. Té
DIARREA

TILIACEAE

130. *Heliocarpus donell-smithii* Rose — BTC, VR
n.c. cuetlo, calahuate — BE
p.u. hojas. Té — Silvestre
DOLOR DE ESTÓMAGO

131. *Heliocarpus microcarpus* — BTC, VR
n.c. cuetlo, calahuate — BE
p.u. hojas. Té — Silvestre
DOLOR DE ESTÓMAGO, RETORTIJONES, CICATRIZANTE

VERBENACEAE

132. *Lantana achyrantifolia* Desf. — BE
n.c. hierba de mariposa — Silvestre
p.u. hojas. Té — Ruderal
DOLOR DE ESTÓMAGO, CONGESTIÓN

133. *Lantana hispida* H.B.K. — BTC
n.c. salverreal — Silvestre
p.u. ramas. Enteras, emplastes — Ruderal
TORCEDURAS, AIRE (LIMPIAS, BAÑO DE TEMAZCAL)

134. *Lantana* aff. *hispida* — BE
n.c. salvia — Silvestre
p.u. hojas. Té — Ruderal
ANALGÉSICO, DOLOR DE ESTÓMAGO

PLANTAS NO IDENTIFICADAS (NOMBRE COMÚN)

135. Cuchilete — VR
p.u. hojas. Emplastes — Silvestre
SARNA

136. Hierba de la muela, mix. *yucu shashiri yu'uyó*	BE
p.u. hojas. Tapón de muela	Silvestre
DOLOR DE MUELAS	
137. Medicinas para ronchas	BE
p.u. hojas. Emplastes	Silvestre
RONCHAS	
138. Estafiate	BTC
p.u. hojas. Té	Silvestre
DOLOR DE ESTÓMAGO	Ruderal
139. Hierba del aire	VR
p.u. ramas	Silvestre
AIRE	
140. Bejuco de parra	VR
p.u. savia	Silvestre
DOLOR DE CORAZÓN	
141. Quina 1	BTC
p.u. hojas. Té	Silvestre
DOLOR DE ESTÓMAGO	
142. Quina 2	VR
p.u. hojas. Té	Silvestre
DOLOR DE ESTÓMAGO	
143. Itamoreal	BE
p.u. hojas. Té	Silvestre
DOLOR DE ESTÓMAGO	
144. Gordolobo	BE, BPE,
p.u. tallos, hojas. Té	BP
TOS	Silvestre
145. Abrojo	BTC
p.u. hojas. Té	Silvestre
DIURÉTICO	

II. PLANTAS UTILIZADAS COMO VENENO

APOCYNACEAE

1. *Stemadenia* aff. *obovata* — BTC
n.c. cojón; mix. *chii nta* — Silvestre
p.u. semillas (PARA MAMÍFEROS)

2. *Thevetia peruviana* (Pers.) Merr. — BTC, VR
n.c. veneno, cojón — Silvestre
p.u. semillas (PARA MAMÍFEROS)

3. *Thevetia thevetioides* K. Schumann — BTC
n.c. veneno, cojón — Silvestre
p.u. semillas (PARA MAMÍFEROS)

ASCLEPIADACEAE

4. *Asclepias curassavica* L. — VR
n.c. flor de tigre — Silvestre
veneno — Arvense
p.u. hojas (PARA RATONES)

EBENACEAE

5. *Dyospiros digyna* Jacq. — Cultivada
n.c. zapote negro; mix. *ti ndoco tuhú* — *huertas*
p.u. ramas, corteza (PISCICIDA)

JUGLANDACEAE

6. *Juglans mollis* Engelm. — BE, BPE
n.c. nuez corriente; mix. *ti ihti* — *huertas*
p.u. ramas, corteza (PISCICIDA) — Silvestre

7. *Juglans regia* L. — Cultivada

n.c. nuez de castilla *huertas*
p.u. ramas, corteza (PISCICIDA)

LEGUMINOSAE

8. *Gliricidia saepium* (Jack.) Steud. BTC
n.c. cuacuite, primavera Silvestre
p.u. semillas, corteza y hojas molidas (RATONES)

9. *Sena occidentalis* (L.) Link Ruderal
n.c. hediondo
p.u. hojas molidas (RATONES)

10. *Pithecollobium dulce* (Roux.) Benth BTC, VR
n.c. guamúchil; mix. *ti chicóo* Silvestre
p.u. frutos, y corteza (PISCICIDA) *huertas* *solares*

LILIACEAE

11. *Bessera elegans* Schult. BE, BPE
n.c. matamoscas Silvestre
p.u. tallos y hojas (INSECTICIDA)

MALPIGHIACEAE

12. *Thryallis glauca* (Cav.) Kuntze BTC
n.c. flor de yataquiti, hierba de piojo, veneno de coyote Silvestre
p.u. hojas (INSECTICIDA)

RUBIACEAE

13. *Galium mexicanum* H.B.K. VR
n.c. matamoscos Silvestre
p.u. hojas (INSECTICIDA)

RUTACEAE

14. *Zanthoxylum* aff. *arborescens* VR, BPE
n.c. hierba para matar pescado; mix. *yucu tisó'ma* Silvestre
p.u. hojas y frutos (PISCICIDA)

SOLANACEAE

15. *Datura stramonium* L. Arvense
n.c. espina de marrano Ruderal
p.u. frutos (RATONES)

16. *Nicotiana glauca* Ruderal
n.c. hoja fría

p.u. hojas (VERMICIDA, INSECTICIDA)

17. *Physalis nicandriodes* Schl.	Arvense
n.c. matapulgas; mix. *yucu quise*	BE
p.u. hojas (INSECTICIDA)	Silvestre

III. PLANTAS COMESTIBLES DE ALCOZAUCA

AGAVACEAE

1. *Agave sp.* 1 — BTC, BE
n.c. ixtle; mix. *daa yave* — Silvestre
p.c.[1] Flor, fruto, quiote (VERDURAS)
2. *Agave sp.* 2 — BTC, BE
n.c. maguey mezcalero; mix, *yaave ndishí* — Silvestre
p.c. flor, fruto, penca, quiote, (VERDURAS), mezcal (BEBIDAS)

AMARANTHACEAE

3. *Amaranthus hibridus* — Arvense
n.c. quintonil; mix. *yiwa ticú'uni*
p.c. quelite (VERDURAS)
4. *Amaranthus hypocondriacus* — Cultivada
n.c. alegría; mix. *yiwa ticu uni*
p.c. quelite (VERDURAS), semilla (GRANOS Y SEMILLAS)

ANACARDIACEAE

5. *Comocladia mollisima* H.B.K. — BTC
p.c. fruto (FRUTAS) — Silvestre
6. *Cyrtocarpa procera* H.B.K. — VR, BTC
n.c. chupandía — Silvestre
p.c. fruto (FRUTAS)
7. *Mangifera indica* L. (dos variedades locales) — Cultivada

[1] Parte(s) comestible(s).

n.c. mango criollo, mango petacón; mix. *yito tu* — *huertas*
p.c. fruto (FRUTAS)
8. *Spondias mombin* L. — BTC
n.c. ciruela; mix. *tihcahua* — Silvestre
p.c. fruto (FRUTAS) — Cultivada
huertas
solares
9. *Spondias purpurea* L. — Cultivada
n.c. ciruela — *huertas*
p.c. fruto (FRUTAS) — *solares*
BTC
Silvestre
10. *Spondias sp.* — Cultivada
n.c. ciruela mango — *huertas*
p.c. fruto (FRUTAS)

ANNONACEAE
11. *Annona squamosa* — Cultivada
n.c. anona — *solares*
p.c. fruto (FRUTAS) — *huertas*
12. *Annona cherimolla* Mill. — Cultivada
n.c. chirimoya; mix. *ndoco tiahta* — *solares*
p.c. fruto (FRUTAS) — *huertas*
Silvestre
VR
13. *Annona diversifolia* Saff. — Cultivada
n.c. ilamo — *huertas*
p.c. fruto (FRUTAS)
14. *Annona muricata* L. — Cultivada
n.c. guanábana — *huertas*
p.c. fruto (FRUTAS)

ASCLEPIADACEAE
15. *Cinanhum jaliscanum* — BTC
mix. *Yiwa yoo* — Silvestre
p.c. quelite (VERDURAS)
16. *Asclepias sp.* — *milpa*
n.c. oreja de conejo; mix. *yiwa leso* — Arvense
p.c. quelite (VERDURAS)
17. *Metelea crenata* — BTC
n.c. mix. *tilahpi* — Silvestre
p.c. quelite (VERDURAS)

BIGNONIACEAE

18. *Parementiera edulis*	VR
n.c. cuajilote	Silvestre
p.c. fruto (VERDURA)	Cultivada
	solares

BOMBACACEAE

19. *Ceiba parvifolia* Rose	BTC
n.c. pochote; mix. *ticachó'me*	Silvestre
p.c. semilla (GRANOS Y SEMILLAS), raíz (RAÍCES Y TUBÉRCULOS)	

BORAGINACEAE

20. *Cordia cylindrostachya* (Ruiz & Pav.) Roem & Schult	BTC
n.c. chiche de virgen	Silvestre
p.c. fruto (FRUTAS)	Ruderal
21. *Cordia dentata* Poiret	BTC
n.c. zajamil, bojote	Silvestre
p.c. fruto (FRUTAS)	

CACTACEAE

22. *Opuntia sp.* 1	BTC
n.c. nopal; mix. *vih nialacui*	*solares*
p.c. tallo, fruto (VERDURAS)	Silvestre
23. *Opuntia sp.* 2	Cultivada
n.c. nopal fino	*huertas*
p.c. tallo (VERDURAS)	
24. *Opuntia sp.* 3	Cultivada
n.c. nopal tunero	*huertas*
p.c. tallo (VERDURAS), fruto (FRUTAS)	*solares*
25. *Stenocereus stellatus*	Cultivada
n.c. pitahaya	BTC
p.c. fruto (FRUTAS)	Silvestre

CARICACEAE

26. *Carica papaya*	Cultivada
n.c. papaya	*huertas*
p.c. fruto (FRUTAS)	

CHENOPODIACEAE

27. *Chenopodium ambrosioides* L.	*solares*

n.c. epazote	*huertas*
p.c. quelite (VERDURAS)	*milpas*
	Arvense
28. *Chenopodium berlandieri* Moq.	Cultivada
n.c. quelite de manteca; mix. *yiwa yaa*	*milpas*
p.c. quelite (VERDURAS)	*solares*
	huertas
	Arvense
COMBRETACEAE	
29. *Terminalia catappa* L.	Cultivada
n.c. almendro	*huertas*
p.c. semilla (GRANOS Y SEMILLAS)	
COMPOSITAE	
30. *Galinsoga parviflora* Cav.	*milpas*
n.c. mix. *yiwa ndu*	Arvense
p.c. quelite (VERDURAS)	
31. *Latucca sativa*	Cultivada
n.c. lechuga	*riego*
p.c. hoja (VERDURAS)	
32. *Porophyllum ruderale* (Jacq.) Cass.	*milpas*
n.c. pápalo; mix. *yiwa papalo*	VR
p.c. quelite (VERDURAS)	*solares*
	Arvense
33. *Porophyllum nutans* Rob. & Greenm.	*milpas*
n.c. tlapanche	VR
p.c. quelite (VERDURAS)	*solares*
	Arvense
34. *Porophyllum tagetoides* D.C.	*milpas*
n.c. pipicha	VR
p.c. quelite (VERDURAS)	*solares*
	Arvense
35. *Tagetes filifolia* Lag.	BE
n.c. anís; mix. *tacua mishi*	Silvestre
p.c. hoja (CONDIMENTOS), hoja: té (BEBIDAS)	Ruderal
36. *Tridax mexicana*	BE
n.c. rosabilis	Silvestre
p.c. quelite (VERDURAS)	Arvense
CONVOLVULACEAE	
37. *Ipomoea batatas* Lam.	Cultivada

n.c. camote; mix. *ñaami bishi*	*milpas*
p.c. tubérculo (RAÍCES Y TUBÉRCULOS)	*solares*
38. *Operculina sp.*	BE
n.c. camote	Silvestre
p.c. tubérculo (RAÍCES Y TUBÉRCULOS)	

CRUCIFERAE

39. *Brassica campestris* L.	*milpas*
n.c. mostaza; mix. *yiua calishi*	*solares*
p.c. quelite (VERDURAS)	BE
	Arvense
40. *Brassica oleraceae*	Cultivada
n.c. col, coliflor	
p.c. hoja e inflorescencia (VERDURAS)	
41. *Raphanus sativus* L.	Cultivada
n.c. rábano; mix. *tia'me*	
p.c. quelite (VERDURAS), raíz (RAÍCES Y TUBÉRCULOS)	

CUCURBITACEAE

42. *Cucumis melo* L.	Cultivada
n.c. melón	
p.c. fruto (FRUTAS)	
43. *Cucumis sativus* L.	Cultivada
n.c. pepino	
p.c. verdura (VERDURAS)	
44. *Cucurbita ficifolia* Bouche	Cultivada
n.c. chilacayote	
p.c. verdura (VERDURAS)	
45. *Cucurbita mixta* Pang. (cuatro variedades locales)	Cultivada
n.c. calabaza chompo blanco, chompo negro, chompo pinto y chompo puto	
p.c. semilla (GRANOS Y SEMILLAS), quelite (VERDURAS)	
46. *Cucurbita moschata* Duch. (dos variedades locales)	Cultivada
n.c. calabaza de quiña blanca y negra; mix. *ndi quiña*	
p.c. semilla (GRANOS Y SEMILLAS), quelite (VERDURAS)	
47. *Cucurbita pepo* L. (dos variedades locales)	Cultivada
n.c. calabaza tamalayota y calabaza sarnosa	
p.c. semilla (GRANOS Y SEMILLAS), quelite (VERDURAS)	
48. *Citrullus vulgaris* Sch.	Cultivada
n.c. sandía	
p.c. fruto (FRUTAS)	
49. *Cyclanthera naudiniana* Conq.	VR

n.c. chayotito — Silvestre
p.c. quelite (VERDURAS)
50. *Melothria pringleii* — BTC, VR
n.c. sandiíta; mix. *tinana* — *solares*
p.c. fruto y quelite (VERDURAS) — Arvense
51. *Sechium edule* Sw. — Cultivada
n.c. chayote
p.c. fruto (VERDURAS), raíz (RAÍCES Y TUBÉRCULOS)
52. *Sicius sp.* — *solares*
n.c. trepapared — Arvense
p.c. quelite (VERDURAS) — Ruderal

EBENECEAE
53. *Dyospiros digyna* Jacq. — Cultivada
n.c. zapote negro; mix. *doco tuhu* — *huertas*
p.c. fruto (FRUTAS)

EUPHORBIACEAE
54. *Euphorbia graminea* Jacq. — BE
n.c. fraile; mix. *yiwa shusha* — Silvestre
p.c. quelite (VERDURAS)
55. *Euphorbia* macropus — BE
n.c. chicle; mix. *u uti* — Silvestre
p.c. chicle (MISCELÁNEAS)

FAGACEAE
56. *Quercus glaucoides* Mart & Gal. — BE, BPE
n.c. encino prieto — Silvestre
p.c. fruto (GRANOS Y SEMILLAS)
57. *Quercus obtusata* Humb. *et* Bonpl. — BE, BPE
n.c. encino chimeco; mix. *tiahta* — Silvestre
p.c. bellota (GRANOS Y SEMILLAS)
58. *Quercus urbanil* Trel. — BE, BPE
n.c. encino de cuchara; mix. *tucuoyo* — Silvestre
p.c. bellota (GRANOS Y SEMILLAS)

GRAMINEAE
59. *Sacharum officinalis* — Cultivada
n.c. caña de azúcar
p.c. tallo (BEBIDAS) (MISCELÁNEAS)
60. *Sorghum vulgare* Pers. — Cultivada

n.c. mai milos, alelón
p.c. semilla (GRANOS Y SEMILLAS)
61. *Zea mays* L. (10 variedades locales) Cultivada
n.c. maíz tatacuache, híbrido blanco, híbrido amarillo, tehuacanero, azul, colorado, sangre de toro, redondo amarillo, redondo blanco, delgado; mix: *nuhní*
p.c. grano (GRANOS Y SEMILLAS) (BEBIDAS)
62. *Zea mexicana* BTC, BE
n.c. milpa de pájaro, teozintle Silvestre
p.c. grano (GRANOS Y SEMILLAS)

JUGLANDACEAE
63. *Juglans mollis* Engelm. BE, BPE
n.c. nuez corriente; mix: *tih ti* *huertas*
p.c. semilla (GRANOS Y SEMILLAS) Silvestre
64. *Juglans regia* L. Cultivada
n.c. nuez de castilla *huertas*
p.c. semilla (GRANOS Y SEMILLAS)

LABIATAE
65. *Hyptis suaveolens* (L.) Poir Cultivada
n.c. chía gorda, chía grande, chía de Colima Ruderal
p.c. semilla (BEBIDAS)

LAURACEAE
66. *Litsea glaucescens* H.B.K. VR
n.c. laurel Silvestre
p.c. hoja (CONDIMENTOS)
67. *Persea americana* Mill. (ocho variedades locales) Cultivada
n.c. aguacate de leche, a. criollo, a. de bola, a. montanero, a. paraguayo, a. cuello de ganso, a. roñoso, pagua; mix. *tichí* *huertas* *solares*
p.c. fruto (VERDURAS) (FRUTAS), hojas (CONDIMENTOS)

LEGUMINOSAE
68. *Acacia angustissima* (Mill) Kuntze BTC
n.c. palo de pulque Silvestre
p.c. fruto, para la fermentación del pulque (BEBIDAS)
69. *Arachis hypogaea* L. Cultivada
n.c. cacahuate
p.c. semilla (GRANOS Y SEMILLAS)
70. *Canavalia villosa* Benth. VR

n.c. ejote de monte — Silvestre
p.c. ejote (VERDURAS), frijolito (GRANOS Y SEMILLAS)
71. *Crotalaria pumila* Ortega — Arvense
n.c. chipil; mix. *yiwa bishí*
p.c. quelite (VERDURAS)
72. *Crotalaria sp.* — Arvense
n.c. chipil; mix. *yiwa bishi*
73. *Desmodium cericophyllum* — BTC
n.c. guaje de ratón — Silvestre
p.c. semilla (GRANOS Y SEMILLAS)
74. *Desmanthus virgatus* (L.) Wild. — BTC
n.c. guaje de ratón — Silvestre
p.c. semilla (GRANOS Y SEMILLAS)
75. *Erythrina americana* Mill. — Cultivada
n.c. pipe; mix. *tusavi* — *solares*
p.c. flor, quelite (VERDURAS) — Ruderal
76. *Eysenhardtia* sp. — BTC
n.c. yapaquelite — Silvestre
p.c. brotes de hoja y de flor, quelite (VERDURAS) — Cultivada
77. *Gliricidia saepium* (Jack.) Steud. — BTC
n.c. cuacuite, primavera — Silvestre
p.c. brotes de hoja y flor, quelite (VERDURAS)
78. *Leucaena esculenta* (Moc. & Sess.) Benth. subsp. *esculenta* — BTC, VR BE,
n.c. guaje colorado; mix. *nduva cuaá* — Silvestre
p.c. brotes de hoja y de flor, quelite (VERDURAS), semilla (GRANOS Y SEMILLAS) — Cultivada *solares huertas*
79. *Leucaena esculenta* (Moc. & Sess.) Benth. subsp. *paniculata* — BTC, VR BE
n.c. guajentuchi; mix. *nduva nduchí* — Silvestre
p.c. brotes de hoja y de flor, quelite (VERDURAS), semillas (GRANOS Y SEMILLAS)
80. *Leucaena leucocephala* (Lam.) De Wit. subsp. *leucocephala* — Cultivada *solares*
n.c. guaje verde; mix. *nduva manso* — *huertas*
p.c. brotes de hoja y de flor, quelite (VERDURAS), semilla (GRANOS Y SEMILLAS)
81. *Leucaena leucocephala* (Lam.) De Wit. subsp. *glabrata* — Cultivada *huertas*
n.c. guaje verde; mix. *nduva cuií* — *solares*
p.c. brotes de hoja y de flor, quelite (VERDURAS), semillas (GRANOS Y SEMILLAS)

82. *Leucaena macrophylla* Benth. BTC, VR, BE
n.c. guaje de caballo; mix. *nduva cuallo*
p.c. brotes de hojas y flores, quelite (VERDURAS) semilla (GRANOS Y SEMILLAS) — Silvestre

83. *Pachyrrhyzus erosus* (L.) Urban — BTC, BE
n.c. jícama de monte, jícama; mix. *chicama yucú* — Silvestre
p.c. raíz (RAÍCES Y TUBÉRCULOS) — Cultivada

84. *Phaseolus coccineus* L. — VR
n.c. ejote de monte, frijol ayocote — Silvestre
p.c. ejote (VERDURAS), semillas (GRANOS Y SEMILLAS), raíces (RAÍCES Y TUBÉRCULOS) — Arvense

85. *Phaseolus vulgaris* L. (diez variedades locales) — Cultivada
n.c. frijol colorado de derredor, f. negro de mata, f, tatacuache colorado, f. negro de derredor, f. colorado de mata, f. tatacuache cuadro, f. tatacuache pinto, f. tatacuache negro de cáscara blanca; mix. *duchí*
p.c. semilla (GRANOS Y SEMILLAS), ejote, quelite (VERDURAS)

86. *Phaseolus vulgaris ssp. darwinianus* — VR
n.c. ejote de monte — Silvestre
p.c. ejote (VERDURAS), semilla (GRANOS Y SEMILLAS) — Arvense

87. *Pithecollobium dulce* (Roxb.) Benth. (dos variedades locales) — BTC, VR, Silvestre
n.c. guamúchil dulce, guamúchil amargo; mix. *ti chicóo bishí, ti chichóo yatú* — *huertas solares*
p.c. fruto (FRUTAS)

88. *Prosopis* sp. — BTC
n.c. mezquite — Silvestre
p.c. fruto (FRUTAS), semilla (GRANOS Y SEMILLAS)

89. *Sena occidentalis* (L.) Link — Ruderal
n.c. hediondo
p.c. semilla (GRANOS Y SEMILLAS)

90. *Tamarindus indica* L. — Cultivada
n.c. tamarindo — *huertas*
p.c. fruto (FRUTAS)

LILIACEAE

91. *Allium cepa* L. (dos variedades locales) — Cultivada
n.c. cebolla blanca, cebolla morada; mix. *ticúmi*
p.c. bulbo (RAÍCES, TUBÉRCULOS Y BULBOS)

92. *Allium glandulosum* Link. & Otto. — BTC, BE
n.c. cebolleja; mix. *ticúmi shá* — Silvestre
p.c. bulbo (RAÍCES, TUBÉRCULOS Y BULBOS)

93. *Allium sativum* L.	Cultivada
n.c. ajo	
p.c. bulbo (RAÍCES, TUBÉRCULOS Y BULBOS)	

MALPIGHIACEAE

94. *Bunchosia palmerii* Wats.	BTC
n.c. nanche de zorro	Silvestre
p.c. fruto (FRUTAS)	
95. *Byrsonima crassifolia* (L.) H.B.K.	BTC
n.c. nanche	Silvestre
p.c. fruto (FRUTAS)	Cultivada
	huertas

MALVACEAE

96. *Anoda cristata* (L.) Schl.	Arvense
n.c. alache; mix. *yiwa tio*	
p.c. quelite (VERDURAS)	
97. *Malva parviflora* L.	BE
n.c. malva; mix. *yiwa taio*	Silvestre
p.c. quelite (VERDURAS)	Arvense

MARTYNIACEAE

98. *Martynia annua* L.	BTC, VR
n.c. toritos	Silvestre
p.c. semilla (GRANOS Y SEMILLAS)	Ruderal
	Arvense

MORACEAE

99. *Ficus cotinifolia* H.B.K. (dos variedades locales)	VR
n.c. amate de zorro, amate grande; mix. *tunihu tuu*, *tunihu naho*	Silvestre
p.c. fruto (FRUTAS)	
100. *Ficus carica* L.	Cultivada
n.c. higuera	*huertas*
p.c. fruto (FRUTAS)	*solares*
101. *Morus sp.*	Cultivada
n.c. mora	*huertas*
p.c. fruto (FRUTAS)	

MUSACEAE

102. *Musa paradisiaca* (tres variedades locales)	Cultivada
n.c. plátano manzano, plátano piña, plátano guineo	*huertas*
p.c. fruto (FRUTAS)	*solares*

MYRTACEAE

103. *Psidium guajava* L. (cinco variedades locales)	Cultivada
n.c. guayaba blanca, g. criolla, g. de algodón,	*huertas*
g. pirulera, roja	VR, BE
p.c. fruto (FRUTAS)	Silvestre
104. *Psidium sp.*	VR
n.c. guayaba tlahuanca	Silvestre
p.c. fruto (FRUTAS)	Cultivada
	solares
105. *Psidium sartorianum*	Cultivada
n.c. guayabillo, arrayán	BTC
p.c. fruto (FRUTAS)	Silvestre

NYCTAGINACEAE

106. *Salpianthus purpurascens* (Cav. ex Lag) Hook & Arn.	
n.c. quelite de marrano; mix. *yiwa quini*	Arvense
p.c. quelite (VERDURAS)	

OLEACEAE

107. *Olea europea* L.	Cultivada
n.c. olivo	*solares*
p.c. fruto (FRUTAS)	*huertas*

OXALIDACEAE

108. *Oxalis sp.*	Arvense
n.c. cuyule; mix. dushaa	
p.c. quelite (VERDURAS)	

PALMAE

109. *Brahea sp.*	BE
n.c. palmillo	Silvestre
p.c. palmito (VERDURAS)	
110. *Brahea dulcis* (H.B.K.) Mart.	BTC, BE
n.c. palma; mix. *iñu*	Silvestre
p.c. fruto (FRUTAS), palmito (VERDURAS)	
111. *Phoenix sp.*	Cultivada
n.c. dátil	*solares*
p.c. fruto (FRUTAS)	

PASSIFLORACEAE

112. *Passiflora sp.*	VR

n.c. granadita	Silvestre
p.c. fruto (FRUTAS)	
113. *Passiflora choconiana* Wats.	Cultivada
n.c. granada	*huertas*
p.c. fruto (FRUTAS)	

PHYTOLACCACEAE

114. *Phytolacca icosandra* L.	VR
n.c. lava ropa; mix. *yiwa chi'ná*	Silvestre
p.c. quelite (VERDURAS)	Arvense
115. *Phtyolacca octandra* L.	VR
n.c. lava ropa; mix. *yiwa chi'ná*	Silvestre
p.c. quelite (VERDURAS)	Arvense

PIPERACEAE

116. *Piper auritum* H.B.K.	Cultivada
n.c. hierba santa	*huertas*
p.c. hoja, tallo (VERDURAS)	*solares*

POLYGONACEAE

117. *Rumex sp.*	Arvense
n.c. hoja de pescado; mix. *yiwa tiahcá*	
p.c. quelite (VERDURAS)	

PORTULACACEAE

118. *Portulaca oleracea* L.	Arvense
n.c. verdolaga; mix. *yiwa xiquitú*	
p.c. quelite (VERDURAS)	

PUNICACEAE

119. *Punica granatum* L.	Cultivada
n.c. granada	*huertas*
p.c. fruto (FRUTAS)	

ROSACEAE

120. *Crataegus pubescens* (H.B.K.) Steud.	Cultivada
n.c. tejocote	*huertas*
p.c. fruto (FRUTAS)	
121. *Cydonia oblonga* Mill.	Cultivada
n.c. membrillo	*huertas*
p.c. fruto (FRUTAS)	
122. *Eriobotrya japonica* Lind.	Cultivada
n.c. níspero	*huertas*
p.c. fruto (FRUTAS)	

123. *Malus pumila* Mill. Cultivada
n.c. manzana *huertas*
p.c. fruto (FRUTAS)
124. *Prunus persica* L. Cultivada
n.c. durazno, prisco *huertas*
p.c. fruto (FRUTAS)

RUBIACEAE
125. *Coffea arabica* L. Cultivada
n.c. café *huertas*
p.c. fruto (BEBIDAS)

RUTACEAE
126. *Casimiroa edulis* Llave & Lex. Cultivada
n.c. zapote blanco *huertas*
p.c. fruto (FRUTAS) VR, BE
Silvestre
127. *Citrus aurantifolia* (Christ) Swingle (tres variedades locales) Cultivada *huertas*
n.c. limón agrio, limón dulce, limón real *solares*
p.c. fruto (FRUTAS)
128. *Citrus limetta* Risso (dos variedades locales) Cultivada
n.c. lima criolla, lima reina *huertas*
p.c. fruto (FRUTAS)
129. *Citrus maxima* (Brum) Merr. (dos variedades locales) Cultivada *huertas*
n.c. toronja blanca, toronja morada
p.c. fruto (FRUTAS)
130. *Citrus novilis* Lour. Cultivada
n.c. mandarina *solares*
p.c. fruto (FRUTAS) *huertas*
131. *Citrus auriantum* L. Cultivada
n.c. naranja agria, naranja de marrano *solares*
p.c. fruto (FRUTAS) *huertas*
132. *Citrus sinensis* Osbeck. Cultivada
n.c. naranja *solares*
p.c. fruto (FRUTAS) *huertas*

SAPOTACEAE
133. *Pouteria sapota* Cultivada
n.c. mamey *huertas*
p.c. fruto (FRUTAS)

SOLANACEAE

134. *Capsicum annum* L. var. *acuminatum* Fring. Cultivada
n.c. chile serrano; mix. *yáa*
p.c. fruto (VERDURAS)

135. *Capsicum annum* L. var. *grossum* Sendt. Cultivada
n.c. chile poblano, chilaca
p.c. fruto (VERDURAS)

136. *Capsicum annum* L. var. *longum* Sendt. Cultivada
n.c. chile pasilla; mix. *yáa*
p.c. fruto (VERDURAS)

137. *Capsicum frutescens* L. var. *baccatum* Irish. Cultivada
n.c. chiltepín; mix. *yáa* Arvense
p.c. fruto (VERDURAS) *solares*

138. *Lycopersicum sp.* Arvense
n.c. tomate de culebra, tomate de venado Cultivada
p.c. fruto (VERDURAS)

139. *Lycopersicum esculentum* Mill. Cultivada
n.c. jitomate de bola
p.c. fruto (VERDURAS)

140. *Lycopersicum esculentum* Mill. var. *piriforme* Hort. Cultivada
n.c. jitomate guaje
p.c. fruto (VERDURAS)

141. *Physalis philadelphica* Lam. Arvense
n.c. tomate cascarudo; mix. *tinana*
p.c. fruto (VERDURAS)

142. *Solanum nigrum* L. VR, BE
n.c. hierba mora; mix. *yiwa tii* Silvestre
p.c. quelite (VERDURAS) Arvense

STERCULIACEAE

143. *Guazuma ulmifolia* Lam. BTC
n.c. cuagulote; mix. *tiahma* Silvestre
p.c. fruto (FRUTAS)

UMBELLIFERAE

144. *Apium leptophyllum* (Pers.) F. Muell. Cultivada
n.c. cilantro
p.c. hoja y tallo (VERDURAS) (CONDIMENTOS)

VERBENACEAE

145. *Vitex mollis* H.B.K. VR
n.c. coyotomate; mix. *tuti cua* Silvestre
p.c. fruto (FRUTAS), hoja (BEBIDAS) Ruderal

VITACEAE

146. *Vitis* sp. Cultivada
n.c. parra
p.c. fruto (FRUTAS)

PLANTAS NO IDENTIFICADAS (NOMBRE COMÚN)

147. *Chi ndi* (mix.) BE
p.c. quelite (VERDURAS) Silvestre
148. Camote de marrano BTC
p.c. raíz (RAÍCES Y TUBÉRCULOS) Silvestre
149. Cashanca (Asclepiadaceae) VR, BE
p.c. quelite (VERDURAS) Silvestre
150. Camote de vaquero VR
p.c. raíz (RAÍCES Y TUBÉRCULOS) Silvestre
151. Ejote de monte VR
p.c. quelite (VERDURAS) Silvestre
152. Quelite de fierro; mix. *yiwa caa* VR
p.c. quelite (VERDURAS) Silvestre
153. Quelite podrido; mix. *yiwa tai* BE
p.c. quelite (VERDURAS) Silvestre
154. Quelite de sapo; mix. *yiwa ndicondo* Arvense
p.c. quelite (VERDURAS)
155. *Yiwa shiqui* (mix.) Arvense
p.c. quelite (VERDURAS)
156. *Yiwa yoo livisa* (mix.) BE
p.c. quelite (VERDURAS) Silvestre
157. *Yiwa yoo owa* (mix.) BTC, BE
p.c. quelite (VERDURAS) Silvestre
158. Ciruelilla VR
p.c. fruto (FRUTAS) Silvestre
159. *Yiwa yoo lapiz* (mix.) VR
p.c. quelite (VERDURAS) Silvestre
160. *Yiwa yoo* (mix.) BTC
p.c. quelite (VERDURAS) Silvestre
161. Aleluya (1) BE
p.c. tubérculo (RAÍCES Y TUBÉRCULOS) Silvestre
162. Aleluya (2) VR
p.c. tubérculo (RAÍCES Y TUBÉRCULOS) Silvestre

IV. PLANTAS ORNAMENTALES

ACANTHACEAE	
1. *Ruellia pilosa* Desv.	BTC
n.c. maravilla	Silvestre
APOCYNACEAE	
2. *Thevetia peruviana* (Pers) Merr.	BTC, VR
n.c. veneno	Silvestre
3. *Thevetia thevetioides* K. Schumann	BTC
n.c. veneno	Silvestre *solares*
ARISTOLOCHIACEAE	
4. *Aristolochia* aff. *littoralis*	BTC
n.c. patito, tlacopaxtle	Arvense Cultivada *solares*
BEGONIACEAE	
5 *Begonia balmisiana* Ruiz ex Kl	*milpa*
n.c. begonia; mix. *yita tushaia*	Arvense BTC Silvestre
BIGNONIACEAE	
6. *Jacaranda mimosaefalia* Don.	Cultivada
n.c. jacaranda	*solares* *huertas*
CASUARINACEAE	
7. *Casuarina equisetifolia* L.	Cultivada
n.c. casuarina	*huertas* *solares*

COMBRETACEAE	
8. *Terminalia catappa* L.	Cultivada
n.c. almendro	*huertas*
COMPOSITAE	
9. *Tagetes erecta* L. (dos variedades locales)	Cultivada
n.c. cempasúchil, cempasúchil china; mix. *yita cua*,	*milpas*
yita cua china	*solares*
10. *Tagetes tenuifolia* Cav.	BTC, BE
n.c. flor de muerto; mix. *yita cua*	*solares*
	Silvestre
	Ruderal
11. *Tithonia tubaeiformis* Cass.	BTC, BE
n.c. acahual; mix. *yita tunu*	*milpas*
	solares
	Arvense
	Ruderal
12. *Zinnia peruviana*	VR
n.c. gallito; mix. *yita chele*	*milpas*
	BE
	Silvestre
	Ruderal
13. *Zinnia violacea* Cav.	VR
n.c. flor de San Miguel	*milpas*,
	BE, BTC,
	solares
	Silvestre
	Ruderal
CONVOLVULACEAE	
14. *Ipomoea triloba* L.	BE
n.c. flor morada	Ruderal
EUPHORBIACEAE	
15. *Euphorbia dentata* Michx.	VR
n.c. pascuarilla	*huertas*
16. *Euphorbia heterophylla* L.	VR
n.c. pascuarilla	*huertas*
	Silvestre
17. *Euphorbia pulcherrima*	Cultivada
n.c. nochebuena	

IRIDACEAE	
18. *Tigrida melagris*	BE
n.c. empanadita	Silvestre
LAURACEAE	
19. *Litsea glaucescens* H.B.K.	VR
n.c. laurel	Silvestre
20. *Bauhinia sp.*	Cultivada
n.c. orquídea	*huertas*
21. *Aloe vera* L.	Cultivada
n.c. sábila	*huertas*
LYTHRACEAE	
22. *Lagerstroemia indica*	Cultivada
n.c. astronómica	*solares*
	huertas
MELIACEAE	
23. *Trichilia havenensis* Jacq.	Cultivada
NYCTAGINACEAE	
24. *Bugambillia*	Cultivada
n.c. bugambilia	*huertas*
	solares
25. *Mirabilis jalapa*	Ruderal
OLEACEAE	
26. *Fraxinus comunis*	VR
n.c. fresno	Silvestre
PIPERACEAE	
27. *Piper auritum* H.B.K.	Cultivada
n.c. hierba santa	*huertas*
	solares
POLYPODIACEAE	
28. *Adiantum sp.*	VR, BE
n.c. culantrillo	Silvestre
29. *Polypodium aureum* L.	VR, BE
n.c. canahuala	Silvestre
30. *Polypodium polypodioides*	BP, BPE
	Silvestre
ROSACEAE	
31. *Rosa sinensis*	Cultivada
	huertas
	solares

V. PLANTAS FORRAJERAS DE ALCOZAUCA

AGAVACEAE

1. *agave sp.* 1	BTC, BE
n.c. ixtle; mix. *daa yave*	Silvestre
(HOJAS)	
2. *agave sp.* 2	BTC, BE
n.c. maguey mezcalero; mix. *yaave ndishi*	Silvestre
(HOJAS)	

AMARANTHACEAE

3. *Amaranthus hibridus*	Arvense
n.c. quintonil; mix. *yiwa ticu uni*	
(HIERBA)	
4. *Amaranthus hypocondriacus*	Cultivada
n.c. alegría; mix. *yiwa ticu uni*	
(HIERBA)	
5. *Iresine sp.*	BTC, BE
n.c. sangrinaria	Silvestre
(HIERBA)	Ruderal
6. *Iresine calea* (Ibáñez) Stand.	BTC
n.c. tlancuaya	Silvestre
(HIERBA)	

ANACARDIACEAE

7. *Comocladia mollisima* H.B.K.	BTC
(FRUTOS)	Silvestre
8. *Pseudosmodingium perniciosum* L.	BTC
n.c. cuajiote colorado	Silvestre
(HOJAS)	

9. *Spondias mombin* L.	BTC
n.c. ciruela; mix. *tihcahua*	Silvestre
(HOJAS)	Cultivada
	huertas
	solares

APOCYNACEAE

10. *Thevetia thevetioides* K. Schumann	BTC
n.c. veneno	Silvestre
(HOJAS)	

ASCLEPIADACEAE

11. *Sarcostema pannasum* Decne
(HOJAS)

BOMBACACEAE

12. *Ceiba parvifolia* Rose	BTC
n.c. pochote; mix. *ticacho me*	Silvestre
(HOJAS)	

BORAGINACEAE

13. *Cordia curassavica* (Jack) R. & S.	BTC
n.c. palito negro	Silvestre
(HOJAS)	
14. *Cordia cylindrostachya* (Ruiz & Pav.) Roem & Shult	BTC
n.c. chiche de virgen	Silvestre
(HOJAS)	Ruderal
15. *Cordia dentata* Poiret	BTC
n.c. zajamil, bojote	Silvestre
(HOJAS)	
16. *Tournefortia hartwegiana* Steud	BE
n.c. tlachichinole	Silvestre
(HOJAS)	

BROMELIACEAE

17. *Hecktia sp.*	BTC, VR,
n.c. lechuguilla	BE
(HOJAS)	Silvestre

CACTACEAE

18. *Opuntia sp.* 1	BTC
n.c. nopal; mix. vih nialacui	*solares*
(TALLOS Y FRUTOS)	Silvestre

19. *Opuntia sp.* 2	Cultivada
n.c. nopal fino	*huertas*
(TALLOS)	
20. *Opuntia sp.* 3	Cultivada
n.c. nopal tunero	*huertas*
(TALLOS Y FRUTOS)	*solares*
21. *Stenocereus weberii*	Cultivada
n.c. pitahaya	BTC
(TALLOS Y FRUTOS)	Silvestre
CHENOPODIACEAE	
22. *Chenopodium ambrosioides* L.	*solares*
n.c. epazote	*huertas*
(HOJAS)	*milpas*
	Arvense
23. *Chenopodium berlandieri* Moq.	Cultivada
n.c. quelite de manteca; mix. *yiwa yaa*	*milpas*
(HOJAS)	*solares*
	huertas
	Arvense
CELASTRACEAE	
24. *Wimmania pubescens* Radlk	Silvestre
n.c. palito chino	
(HOJAS)	
COMPOSITAE	
25. *Galinsoga parviflora* Cav.	*milpas*
n.c. mix. *yiwa ndu*	Arvense
(HIERBA)	
26. *Melampodium divaricatum* (Rich ex Pers.) D.C.	BTC
n.c. ojo de perico, ojo de guajolote	Silvestre
27. *Montanoa frutescens* (Mairet) Hensl	
(HOJAS)	
28. *Perymenius mendezii* L.C.	
n.c. chiche de virgen	
(HIERBA)	
29. *Porophyllum ruderale* (Jacq) Cass	*milpas*
n.c. pápalo; mix. *yiwa papalo*	VR
(HIERBA)	*solares*
	Arvense

30. *Porophyllum nutans* Rob. & Greenm. n.c. tlapanche (HIERBA)	*milpas* VR *solares* Arvense
31. *Porophyllum tagetoides* D.C. n.c. pipicha (HIERBA)	*milpas* VR *solares* Arvense
32. *Sanvitalia procumbens* Lam. n.c. ojo de pollo (HIERBA)	BTC Silvestre Arvense Ruderal
33. *Schkuhria pinnata* var. *virgata* (Llave & Lex) Heiser n.c. escobas; mix. *ndacu* (HOJAS)	BE *milpas* Silvestre
34. *Senecio salignus* D.C. n.c. jarilla (HOJAS)	BE Silvestre
35. *Simsia sanguinea* A. Gray (HOJAS)	
36. *Tagetes sp.* n.c. flor de pinta (HIERBA)	BTC, VR Silvestre Arvense
37. *Tagetes erecta* L. n.c. cempasúchil; mix. *yita cuáa* (FLORES)	Cultivada *milpas* *solares*
38. *Tagetes lucida* H.B.K. n.c. pericón; mix. *yita perico o* (HOJAS)	BE Silvestre Ruderal
39. *Tagetes tenuifolia* Cav. n.c. flor de muerto; mix. *yita cua* (HIERBA)	BTC, BE *solares* Silvestre Ruderal
40. *Tagetes filifolia* Lag. n.c. anís; mix. *tacua mishi* (HIERBA)	BE Silvestre Ruderal
41. *Tithonia tubaeiformis* Cass n.c. acahual; mix. *yita tunu* (TALLOS, HOJAS, FLORES)	BTC, BE *milpas* *solares* Arvense Ruderal
42. *Tridax mexicana* n.c. rosabilis (HIERBA)	BE Silvestre Arvense

43. *Verbesina virgata* Car.	
n.c. cuilote	
(HOJAS)	
44. *Zinnia peruviana*	VR
n.c. gallito; mix. *yita chele*	*milpas*
(HIERBA)	BE
	Silvestre
	Ruderal

CRUCIFERAE

45. *Brassica campestris* L.	*milpas*
n.c. mostaza; mix. *yiua calishi*	*solares*
(HIERBA)	BE
	Arvense

CUCURBITACEAE

46. *Cucurbita ficifolia* Bouche	Cultivada
n.c. chilacayote	
(FRUTOS)	
47. *Cucurbita mixta* Pang.	Cultivada
n.c. calabaza chompo	
(FRUTOS)	
48. *Cucurbita moschata* Duch.	Cultivada
n.c. calabaza de quiña; mix. *ndi quiña*	
(FRUTOS)	
49. *Cucurbita pepo* L.	Cultivada
n.c. calabaza tamaloyota	
(FRUTOS)	
50. *Melothria pringleii*	BTC, VR
n.c. sandiíta; mix. *tinana*	*solares*
(FRUTOS)	Arvense

CYPERACEAE

51. *Cyperus flavus* (Vahl.) Nees.	BTC
n.c. pasto	*solares*
(HIERBA)	Silvestre
	Arvense
52. *Cyperus hermaphroditus* (Jack) Standley	BE
(HIERBA)	Silvestre

EUPHORBIACEAE

53. *Euphorbia graminea* Jacq.	BE

n.c. fraile; mix. *yiwa shusha* Silvestre
(HIERBA)

FAGACEAE

54. *Quercus castanea* Nee BE, BPE
n.c. encino negro Silvestre
(FRUTOS)
55. *Quercus glaucoides* Mart & Gal. BE, BPE
n.c. encino prieto Silvestre
(FRUTOS)
56. *Quercus magnoliaefolia* Nee BE, BPE
n.c. encino blanco; mix. *tiahta* Silvestre
(FRUTOS)
57. *Quercus obtusata* Humb. *et* Bonpl. BE, BPE
n.c. encino chimeco; mix. *tiahta* Silvestre
(FRUTOS)
58. *Quercus urbanii* Trel. BE, BPE
n.c. encino de cuchara; mix. *tucuoyo* Silvestre
(FRUTOS)

GRAMINEAE

59. *Agrostis ghhiespregthii* Four.
(HIERBA)
60. *Andropogon sp.* Silvestre
(HIERBA)
61. *Andropogon barbinodis* Lag. BE
(HIERBA) Silvestre
62. *Andropogon hirtiflorus* (Nes) Kunth Silvestre
(HIERBA)
63. *Andropogon hirtiflorus* var *frensis* (fourn) Hack Silvestre
(HIERBA)
64. *Andropogon pertusus* (L.) Wild. Silvestre
n.c. pasto BTC
(HIERBA)
65. *Andropogon tener* (Nees) Kunth Silvestre
(HIERBA)
66. *Andropogon wrightii* Haeck Silvestre
(HIERBA)
67. *Aristida adsensionis* L. Silvestre
(HIERBA)
68. *Aristida hitchcockiana* Henr. Silvestre
(HIERBA)

69. *Aristida shiedeana* Trein C. Rap. Silvestre
(HIERBA)
70. *Aristida ternipes* Cav. Silvestre
(HIERBA)
71. *Bambusa sp.*
(HIERBA)
72. *Botrichloa* aff. *ischacmum* (L.)
(HIERBA)
73. *Botrichloa kong* var. *songarica* (Rupr) Cel. & Har.
(HIERBA)
74. *Botrichloa pertusa*
(HIERBA)
75. *Botrichloa saccaroides* (SW) Rydd. var, *lagariodes*
(HIERBA)
76. *Bouteloua chonchrosioides*
(HIERBA)
77. *Bouteloua curtipendula* Michx. Ton
(HIERBA)
78. *Bouteloua gracilis* (H.B.K.) Lag. *ex.* Stued.
(HIERBA)
79. *Bouteloua radicosa* (Faurn) Griffiths
(HIERBA)
80. *Bouteloua triana* (Trin) Scribn.
(HIERBA)
81. *Cynodon sp.*
(HIERBA)
82. *Digitaria bicornis*
(HIERBA)
83. *Digitaria cilaris* Retz.
(HIERBA)
84. *Elyonorus barbiculmis*
(HIERBA)
85. *Elyonorus muticus* var. *parviflorus* (Scr.) Beetle
(HIERBA)
86. *Eragrostys mexicana* (Hornem) Link
(HIERBA)
87. *Eragrostys pectinacea* (Michx). Nees BE, BPE
n.c. pasto de semillas de pajarito; mix. *ihta zaa* Silvestre
(HIERBA)
88. *Heteropogon contortus* (L.) Beau.
(HIERBA)
89. *Lasciasis ruscifolia* (H.B.K.) Hitch.
(HIERBA)

90. *Michrochlos lunthii* Desv.
(HIERBA)
91. *Muhlenbergia sp.*
(HIERBA)
92. *Muhlenbergia distichophylla* (Prest.) Kunth
(HIERBA)
93. *Muhlenbergia montanoa* (Nult) Hitchc.
(HIERBA)
94. *Muhlenbergia robusta* Scheb.
(HIERBA)
95. *Muhlenbergia versicolor* Swallan
(HIERBA)
96. *Oplismenus burmanii* Retz.
(HIERBA)
97. *Paspalum humboldtianum* Flugge
(HIERBA)
98. *Paspalum panniculatum* L.
(HIERBA)
99. *Pereleina crinitum* Presl.
(HIERBA)
100. *Piptochaetium pringleii* (Beal) Porodi
(HIERBA)
101. *Rinchelytrum repens* (Wild.) C.E. Hubb. BTC, VR,
n.c. pasto BP, BPE,
(HIERBA) BE
Silvestre
102. *Sacharum officinalis* Cultivada
n.c. caña de azúcar
(BAGAZO)
103. *Setaria geniculata* (Lam.) Beauv
(HIERBA)
104. *Sorghum vulgare* Pers. Cultivada
n.c. mai milos, alelón
(HOJAS, TALLOS, SEMILLAS)
105. *Stipa ichu* (R.J.P.) Kunth
(HIERBA)
106. *Trachipogon montufari* (H.B.K.) Nees
(HIERBA)
107. *Trachipogon palmeri* Nash
(HIERBA)
108. *Trachipogon plumosus* (H & B) Nees
(HIERBA)

109. *Triniochloa stipoides* (H.B.K.) Hitch.
(HIERBA)
110. *Zea mays* L. Cultivada
n.c. maíz; mix. *nuhní*
(HOJAS, TALLOS, SEMILLAS)
111. *Zea mexicana* BTC, BE
n.c. milpa de pájaro, teozintle Silvestre
(HOJAS, TALLOS, SEMILLAS)

JULIANACEAE
112. *Amphyterigium adstringens* Schiede ex Schlecht
(HOJAS)

LEGUMINOSAE
113. *Acacia angustissima* (Mill) Kuntze BTC
n.c. palo de pulque Silvestre
(HOJAS, FRUTOS)
114. *Acacia bilimeki* Macbride BTC
n.c. tehuiztle Silvestre
(HOJAS, FRUTOS)
115. *Acacia cochliacantha* BTC, BE
n.c. cuwata prieta Silvestre
(HOJAS, FRUTOS)
116. *Acacia farnesiana* (L.) Wild. BTC, BE
n.c. huizache; mix. *inu cua* Silvestre
(HOJAS, FRUTOS)
117. *Acacia painteri* BTC, BE
n.c. guaje Silvestre
(HOJAS, FRUTOS)
118. *Acacia pennatula* (Schl. & Cham.) Stand. BTC, BE
n.c. cuwata blanca Silvestre
(HOJAS, FRUTOS)
119. *Brongniartia sp.* BE
n.c. palo cenizo Silvestre
(HOJAS, FRUTOS)
120. *Cologania sp.* VR
n.c. bejuco; mix. *yo o* Silvestre
(HOJAS, FRUTOS)
121. *Crotalaria pumila* Ortega Arvense
n.c. chipil; mix. *yiwa bishi*
(HIERBA)
122. *Crotalaria sagittalis* L. BTC, BE

cascabel; mix. *yucu shioco o*	BPE
(HIERBA)	Silvestre
	Arvense
123. *Crotalaria* sp.	Arvense
n.c. chipil; mix. *yiwa bishi*	
(HIERBA)	
124. *Desmodium cericophyllum*	BTC
n.c. guaje de ratón	Silvestre
(HOJAS, FRUTOS)	
125. *Desmanthus virgatus* (L.) Wild.	BTC
n.c. guaje de ratón	Silvestre
(HOJAS, FRUTOS)	
126. *Diphysa floribunda*	BTC
n.c. chicharroncillo	Silvestre
(HOJAS, FRUTOS)	
127. *Eriosema grandiflorum* (Schl. & Cham.) Seem.	BE
(HOJAS, FRUTOS)	Silvestre
128. *Erythrina americana* Mill.	Cultivada
n.c. pipe; mix. *tusavi*	*solares*
(HOJAS)	Ruderal
129. *Eysenhardtia polystachya* (Ort.) Sarg.	BTC, BE
n.c. palo dulce; mix. *yitu bishi*	Silvestre
(HOJAS, FRUTOS)	
130. *Eysenhardtia sp.*	BTC
n.c. yapaquelite	Silvestre
(HOJAS, FRUTOS)	Cultivada
131. *Leucaena esculenta* (Moc. & Sess.) Benth. subsp.	BTC, VR
Esculenta	BE
n.c. guaje colorado; mix. *nduva cuaá*	Silvestre
(HOJAS, FRUTOS)	Cultivada
	solares
	huertas
132. *Leucaena esculenta* (Moc. & Sess.) Benth. subsp.	BTC, VR
paniculata	BE
n.c. guajentuchi; mix. *nduva nduchi*	Silvestre
(HOJAS, FRUTOS)	
133. *Leucaena leucocephala* (Lam.) De Wit. subsp.	Cultivada
leucocephala	*solares*
n.c. guaje verde; mix. *nduva manso*	*huertas*
(HOJAS, FRUTOS)	
134. *Leucaena leucocephala* (Lam.) De Wit. subsp.	Cultivada
glabrata	*huertas*

n.c. guaje verde; mix. *nduva manso*	*solares*
(HOJAS, FRUTOS)	
135. *Leucaena macrophylla* Benth. *ssp. macrophylla*	BTC, VR,
n.c. guaje de caballo; mix. *nduva cuallo*	BE
(HOJAS, FRUTOS)	Silvestre
136. *Lysiloma acapulcensis* (Kunth.) Benth.	BTC, BE
n.c. tepeguaje	Silvestre
(HOJAS, FRUTOS)	
137. *Lysiloma divaricata*	BTC, BE
n.c. tlauhtole; mix. *tuhni shusha*	Silvestre
(HOJAS, FRUTOS)	
138. *Macroptilium astroperpureum* (Sessè ex DC) Urb.	
(HOJAS)	
139. *Pithecollobium dulce* (Roxb.) Benth.	BTC, VR
n.c. guamúchil; mix. *ti chicóo*	Silvestre
(HOJAS, FRUTOS)	*huertas*
	solares
140. *Prosopis juliflora*	BTC
n.c. mezquite	Silvestre
(HOJAS, FRUTOS)	

LORANTACEAE

141. *Psittacanthus* aff. *calyculatus*	
n.c. injerto de encino	
(HOJAS, TALLOS)	

MALPIGHIACEAE

142. *Thryallis glauca* (Cav.) Kuntze	BTC
n.c. flor de yitaquiti, hierba de piojo, veneno de coyote	Silvestre
(HOJAS)	
143. *Byrsonima crassifolia* (L.) H.B.K.	BTC
n.c. nanche	Silvestre
(FRUTOS)	Cultivada
	huertas

MALVACEAE

144. *Anoda cristata* (L.) Schl.	Arvense
n.c. alache; mix. *yiwa tio*	
(HIERBA)	
145. *Sida rhombifolia* L.	BTC
n.c. barabarisco	Silvestre
(HOJAS)	

146. *Sida spinosa* L. BTC
n.c. mix. *ndacua* Silvestre
(HOJAS)
147. *Sphaeralcea angustifolia* (Cav.) G. Don
(HOJAS)

MORACEAE

148. *Ficus cotinifolia* H.B.K. (dos variedades locales) VT
n.c. amate de zorro, amate grande; mix. *tunihua tu*, *tunihu nahno* Silvestre
(FRUTOS)

NYCTAGINACEAE

149. *Salpianthus purpurascens* (Cav. ex Lag) Hook & Arn. Arvense
n.c. quelite de marrano; mix. *yiwa quini*

PHYTOLACCACEAE

150. *Phytolacca icosandra* L. VR
n.c. lava ropa; mix. *yiwa chi na* Silvestre
(HOJAS) Arvense
151. *Phytolacca octandra* L. VR
n.c. lava ropa, mix. *yiwa chi na* Silvestre
(HOJAS) Arvense

POLYGONACEAE

152. *Polygonum lapathifolium* L. VR
n.c. alegría montañera Silvestre
(HIERBA)
153. *Rumex sp.* Arvense
n.c. hoja de pescado; mix. *yiwa taca*
(HIERBA)

PORTULACACEAE

154. *Portulaca oleracea* L. Arvense
n.c. verdolaga; mix. *yiwa xiqui tu*
(HIERBA)

SAPINDACEAE

155. *Cuppania sp.*
(HOJAS)
156. *Serjania triquetra* Radlk

n.c. bejuco de leña
(HOJAS)

SOLANACEAE

157. *Lycopersicum sp.* — Arvense
n.c. tomate de culebra, tomate de venado — Cultivada
(HOJAS, FRUTOS)

158. *Lycopersicon esculentum* Mill. — Cultivada
n.c. jitomate
(HOJAS, FRUTOS)

159. *Physalis philadelphica* Lam. — Arvense
n.c. tomate cascarudo; mix. *tinana*
(HOJAS, FRUTOS)

160. *Solanum nigrum* L. — VR, BE
n.c. hierba mora; mix. *yiwa tii* — Silvestre
(HOJAS) — Arvense

STERCULIACEAE

161. *Guazuma ulmifolia* Lam. — BTC
n.c. cuagulote; mix. *tiahma* — Silvestre
(HOJAS, FRUTOS)

TILIACEAE

162. *Heliocarpus donell-smithii* Rose — BTC, VR,
n.c. cuetlo, calahuate — BE
(HOJAS) — Silvestre

163. *Heliocarpus microcarpus* — BTC, VR
n.c. cuetlo, calahuate — BE
(HOJAS) — Silvestre

VERBENACEAE

164. *Lantana camara*
(HOJAS)

165. *Lantana hintoni*
(HOJAS)

166. *Lantana hispida* H.B.K. — BTC
n.c. salvereal — Silvestre
(HOJAS) — Ruderal

167. *Lantana* aff. *hispida* — BE
n.c. salvia — Silvestre
(HOJAS) — Ruderal

168. *Vitex mollis* H.B.K. — VR

n.c. coyotomate; mix. *tuti cua* Silvestre
(HOJAS, FRUTOS) Ruderal

PLANTAS NO IDENTIFICADAS (NOMBRE COMÚN)

169. Hierba de venado; mix. *yiwa izu* BTC
forraje Silvestre
170. Guayabillo negro BTC
forraje Silvestre
171. Hierba de burro BTC, VR
forraje Silvestre
Ruderal
172. *Chi ndi* (mix.) BE
comestible: quelite (VERDURAS) Silvestre
173. *Ndiqui iya* (mix.) BE, BPE
forraje Silvestre
174. *Tutavi* (mix.) BE
forraje Silvestre
175. Quelite de fierro; mix. *yiwa caa* VR
Silvestre
176. Quelite podrido; mix. *yiwa tai* BE
Silvestre
177. Quelite de sapo; mix. *yiwa ndicondo* Arvense
178. *Yita yata* (mix.) BTC
forraje Silvestre

VI. PLANTAS UTILIZADAS COMO LEÑA EN ALCOZAUCA

AGAVACEAE

1. *Agave sp.* 2	BTC, BE
n.c. maguey mezcalero; mix. *yaave ndishi*	Silvestre

APOCYNACEAE

2. *Stemadenia* aff. *obovata*	BTC
n.c. cojón; mix. *chii nta*	Silvestre
3. *Thevetia peruviana* (Pers.) Merr.	BTC, VR
n.c. veneno	Silvestre
4. *Thevetia thevetioides* K. Schumann	BTC
n.v. veneno	Silvestre

BURSERACEAE

5. *Bursera sp.*	BTC
n.c. copal	Silvestre
6. *Bursera aloexilon* (Schiede ex Schecht) Eng.	BTC
n.c. lináloe	Silvestre
7. *Bursera aptera* Ramírez	BTC
	Silvestre
8. *Bursera ariensis*	BTC
	Silvestre
9. *Bursera bicolor* (Willd. ex Schlcht) Eng.	BTC
	Sílvestre
10. *Bursera bipinnata* (Sesse & Moc) ex D.C.	BE, BTC
n.c. copal	Silvestre
11. *Bursera bolivarii* Rzedowski	BTC
	Silvestre

12. *Bursera bonetii* Rzedowski	BTC
	Silvestre
13. *Bursera copallifera* (Sesse & Moc) ex D.C.	BTC
n.c. copal	Silvestre
14. *Bursera discolor* Rzedowsky	BTC
	Silvestre
15. *Bursera fagaroides*	BTC
n.c. palo mulato	Silvestre
16. *Bursera glabrifolia* (H. B. K.) Engl	BTC
n.c. copal	Silvestre
17. *Bursera* aff. *laxifolia*	BTC
	Silvestre
18. *Bursera lancifolia* (Schlecht) Engl	VR, BTC
	Silvestre
19. *Bursera longipes* Rose	BTC
	Silvestre
20. *Bursera mirandae* Toledo	BTC
	Silvestre
21. *Bursera morelensis*	BTC
	Silvestre
22. *Bursera* aff. *multifolia* (Rose) Eng.	BTC
	Silvestre
23. *Bursera schlechtendalli* Engler	BTC
	Silvestre
24. *Bursera simaruba* (L.) Sarg.	BTC
n.c. palo mulato	Silvestre
25. *Bursera submoliniformis* Engler	BTC
	Silvestre
26. *Bursera suntui* Toledo	BTC
	Silvestre
27. *Bursera vejar-vasquezii* Miranda	BTC
	Silvestre
28. *Bursera xochipalensis* Rzedowski	BTC
	Silvestre

CONVOLVULACEAE

29. *Ipomoea arborescens* (Humb *et* Bomp.) Don.	BTC
n.c. casahuate blanco	Silvestre
30. *Ipomoea murucoides* (Roemet) Schult.	BTC
n.c. casahuate prieto	Silvestre

CUPRESACEAE

31. *Juniperus flaccida* Schl.	VR, BE
n.c. sabino; mix. *tu iti*	Silvestre

FAGACEAE

32. *Quercus acutifolia* Nee	BE, BPE
n.c. encino	Silvestre
33. *Quercus candicans* Nee	BE, BPE
n.c. encino	Silvestre
34. *Quercus castanea* Nee	BE, BPE
n.c. encino negro	Silvestre
35. *Quercus conspersa* Benth.	BE, BPE
n.c. encino de tinta	Silvestre
36. *Quercus crassifolia* H & B	BE, BPE
n.c. encino	BMM[1]
	Silvestre
37. *Quercus elliptica* Nee	BE, BPE
n.c. encino	Silvestre
38. *Quercus glaucoides* Mart & Gal.	BE, BPE
n.c. encino prieto	Silvestre
39. *Quercus laeta* Liebm.	BE, BPE
n.c. encino	Silvestre
40. *Quercus laurina* Humb. *et* Bonpl.	BE, BPE
n.c. encino	BMM
	Silvestre
41. *Quercus magnoliaefolia* Nee	BE, BPE
n.c. encino blanco; mix. *tiahta*	Silvestre
42. *Quercus martinezii* C.H. Muller	BE, BPE
n.c. encino	BMM
	Silvestre
43. *Quercus obtusata* Humb. *et* Bonpl.	BE, BPE
n.c. encino chimeco; mix. *tiahta*	Silvestre
44. *Quercus peduncularis* Nee	BE, BPE
n.c. encino	Silvestre
45. *Quercus resinosa* Liebman	BE
n.c. encino	Silvestre
46. *Quercus rugosa* Nee	BE
n.c. encino prieto	Silvestre
47. *Quercus rubramenta* Trel.	BMM
n.c. encino	Silvestre

[1] Bosque Mesófilo de Montaña.

48. *Quercus scytophylla* Liebm.	BE, BPE
n.c. encino	Silvestre
49. *Quercus urbanii* Trel.	BE, BPE
n.c. encino de cuchara; mix. tucuoyo	Silvestre

JULIANACEAE

50. *Amphyterigium adstringens* Schiede. ex Schlecht

LEGUMINOSAE

51. *Acacia angustissima* (Mill) Kuntze	BTC
n.c. palo de pulque	Silvestre
52. *Acacia bilimeki* Macbride	BTC
n.c. tehuiztle	Silvestre
53. *Acacia cochliacantha*	BTC, BE
n.c. cuwata prieta	Silvestre
54. *Acacia farnesiana* (L.) Wild.	BTC, BE
n.c. huizache; mix. *inu cua*	Silvestre
55. *Acacia painteri*	BTC, BE
n.c. guaje	Silvestre
56. *Acacia pennatula* (Schl. & Cham.) Stand.	BTC, BE
n.c. cuwata blanca	Silvestre
57. *Bauhinia sp.* 1	VR
n.c. pata de cabra; mix. *yucu ndachiu*	Silvestre
58. *Brongniartia sp.*	BE
n.c. palo cenizo	Silvestre
59. *Desmodium cericophyllum*	BTC
n.c. guaje de ratón	Silvestre
60. *Desmanthus virgatus* (L.) Wild.	BTC
n.c. guaje de ratón	Silvestre
61. *Diphysa floribunda*	BTC
n.c. chicharroncillo	Silvestre
62. *Erythrina americana* Mill.	Cultivada
n.c. pipe; mix. *tusavi*	*solares*
	Ruderal
63. *Eysenhardtia polystachya* (Ort.) Sarg.	BTC, BE
n.c. palo dulce; mix. *yitu bishi*	Silvestre
64. *Eysenhardtia sp.*	BTC
n.c. yapaquelite	Silvestre
	Cultivada
65. *Gliricidia saepium* (Jack.) Steud.	BTC
n.c. cuacuite, primavera	Silvestre
66. *Indigofera suffruticosa* Mill.	BTC
n.c. añil, jiquilite	Silvestre

67. *Leucaena esculenta* (Moc. & Sess.) Benth. *ssp. esculenta*	BTC, VR
	BE
n.c. guaje colorado; mix. *nduva cuaa*	Silvestre
	Cultivada
	solares
	huertas
68. *Leucaena esculenta* (moc. & Sess.) Benth. *ssp. paniculata*	BTC, VR
	BE
n.c. guajentuchi; mix. *nduva nduchi*	Silvestre
69. *Leucaena macrophylla* Benth. *ssp. macrophylla*	BTC, VR
n.c. guaje de caballo; mix. *nduva cuallo*	BE
	Silvestre
70. *Lysiloma acapulcensis* (Kunth.) Benth.	BTC, BE
n.c. tepeguaje	Silvestre
71. *Lysiloma divaricata*	BTC, BE
n.c. tlauhtole; mix. *tuhni shusha*	Silvestre
72. *Mimosa polyantha* Benth.	BTC, BE
n.c. uña de gato	Silvestre
73. *Pithecollobium dulce* (Roxb.) Benth.	BTC, VR
n.c. guamúchil; mix. *tichi coo*	Silvestre
	huertas
	solares
74. *Prosopis sp.*	BTC
n.c. mezquite	Silvestre
75. *Sena occidentalis* (L.) Link	Ruderal
n.c. hediondo	
76. *Willardia mexicana* Mill.	BTC
n.c. palo de piojo, talizte	Silvestre

MALPHIGHIACEAE

77. *Bunchosia palmerii* Wats.	BTC
n.c. nanche de zorro	Silvestre

MORACEAE

78. *Ficus cotinifolia* H.B.K. (dos variedades locales)	VR
n.c. amate de zorro, amate grande; mix. *tunihu tuu, tunihu nahno*	Silvestre

OLEACEAE

79. *Fraxinus comunis*	VR
n.c. fresno	Silvestre
80. *Fraxinus purpusii* Brand.	BE
n.c. zapotillo	Silvestre

PAPAVERACEAE	
81. *Bocconia sp.*	VR
n.c. jarilla real	Silvestre
PINACEAE	
82. *Pinus ayacahuite* Ehr.	BPE, BP
n.c. ocote; mix. *tuusha*	Silvestre
83. *Pinus lawsoni* Roezl.	BPE, BP
n.c. ocote; mix. *tuusha*	Silvestre
84. *Pinus michoacana* var. *cornuta* Martínez	BPE, BP
n.c. ocote; mix. *tuusha*	Silvestre
85. *Pinus michoacana* var. *tumida* Martínez	BPE, BP
n.c. ocote; mix. *tuusha*	Silvestre
86. *Pinus montezumae* Lamb.	BPE, BP
n.c. ocote; mix. *tuusha*	Silvestre
87. *Pinus montezumae* var. *macrocarpa*	BPE, BP
n.c. ocote; mix. *tuusha*	Silvestre
88. *Pinus oocarpa* var. *ochoterenai* Martínez	BPE, BP
n.c. ocote; mix. *tuusha*	Silvestre
89. *Pinus pringlei* Shaw	BPE, BP
n.c. ocote; mix. *tuusha*	Silvestre
90. *Pinus pseudostrobus* Lindl.	BPE, BP
n.c. ocote; mix. *tuusha*	Silvestre
91. *Pinus pseudostrobus* var. *oaxacana* Martínez	BPE, BP
n.c. ocote; mix. *tuusha*	Silvestre
92. *Pinus teocote* Schl. & Cham.	BPE, BP
n.c. ocote; mix. *tuusha*	Silvestre
RUTACEAE	
93. *Zanthoxylum* aff. *arborescens*	VR, BPE
n.c. hierba para matar pescado; mix. *yucu tisoma*	Silvestre
SAPINDACEAE	
94. *Sapindus saponaria* L.	VR
n.c. silbato	Silvestre
95. *Serjania triquetra* Radlk	
n.c. bejuco de leña	
STERCULIACEAE	
96. *Guazuma ulmifolia* Lam.	BTC
n.c. cuagulote; mix. *tiahma*	Silvestre

TAXODIACEAE

97. *Taxodium mucronatum* Tenn.	VR
n.c. ahuehuete	Silvestre

TILIACEAE

98. *Heliocarpus donell-smithii* Rose	BTC, VR,
n.c. cuetlo, calahuate	BE
	Silvestre
99. *Heliocarpus microcarpus*	BTC, VR
n.c. cuetlo, calahuate	BE
	Silvestre

VERBENACEAE

100. *Vitex mollis* H.B.K.	VR
n.c. coyotomate; mix. *tuti cua*	Silvestre
	Ruderal

VII. PLANTAS UTILIZADAS COMO MADERA EN ALCOZAUCA

BURSERACEAE

1. *Bursera aloexilon* (Schiede ex Schecht) Eng.	BTC
n.c. lináloe	Silvestre
2. *Bursera aptera* Ramírez	BTC
	Silvestre
3. *Bursera ariensis*	BTC
	Silvestre
4. *Bursera bicolor* (Willd. ex Schlcht) Eng.	BTC
	Silvestre
5. *Bursera bipinnata* (Sesse & Moc) ex D.C.	BE, BTC
n.c. copal	Silvestre
6. *Bursera bolivarii* Rzedowski	BTC
	Silvestre
7. *Bursera bonetii* Rzedowski	BTC
	Silvestre
8. *Bursera copallifera* (Sesse & Moc) ex D.C.	BTC
n.c. copal	Silvestre
9. *Bursera discolor* Rzedowsky, Colección	BTC
Toledo *et al.*	Silvestre
10. *Bursera fagaroides*	BTC
n.c. palo mulato	Silvestre
11. *Bursera glabrifolia* (H.B.K.) Engl.	BTC
n.c. copal	Silvestre
12. *Bursera* aff. *laxifolia*	BTC
	Silvestre
13. *Bursera lancifolia* (Schlecht) Engl.	VR, BTC
	Silvestre

14. *Bursera longipes* Rose	BTC Silvestre
15. *Bursera mirandae* Toledo	BTC Silvestre
16. *Bursera morelensis*	BTC Silvestre
17. *Bursera* aff. *multifolia* (Rose) Eng.	BTC Silvestre
18. *Bursera schlechtendalli* Engler	BTC Silvestre
19. *Bursera simaruba* (L.) Sarg. n.c. palo mulato	BTC Silvestre
20. *Bursera submoliniformis* Engler	BTC, BTSC Silvestre
21. *Bursera suntui* Toledo	BTC, BTSC Silvestre
22. *Bursera vejar-vasquezii* Miranda	BTC Silvestre
23. *Bursera xochipalensis* Rzedowski	BTC Silvestre
COMPOSITAE	
24. *Tithonia tubaeiformis* Cass. n.c. acahual; mix. *yita tunu*	BTC, BE *milpas* *solares* Arvense Ruderal
CUPRESACEAE	
25. *Juniperus flaccida* Sch. n.c. sabino; mix. *tu iti*	VR, BE Silvestre
EBENACEAE	
26. *Dyospiros digyna* Jacq. n.c. zapote negro; mix. *doco tuhú*	Cultivada *huertas*
FAGACEAE	
27. *Quercus acutifolia* Nee n.c. encino	BE, BPE Silvestre
28. *Quercus candicans* Nee n.c. encino	BE, BPE Silvestre
29. *Quercus castanea* Nee n.c. encino negro	BE, BPE Silvestre

30. *Quercus conspersa* Benth.	BE, BPE
n.c. encino de tinta	Silvestre
31. *Quercus crassifolia* H & B	BE, BPE
n.c. encino	BMM
	Silvestre
32. *Quercus elliptica* Nee	BE, BPE
n.c. encino	Silvestre
33. *Quercus glaucoides* Mart & Gal.	BE, BPE
n.c. encino prieto	Silvestre
34. *Quercus laeta* Liebm.	BE, BPE
n.c. encino	Silvestre
35. *Quercus laurina* Humb. *et* Bonpl.	BE, BPE
n.c. encino	BMM
	Silvestre
36. *Quercus magnoliifolia* Nee	BE, BPE
n.c. encino blanco; mix. *tiahta*	Silvestre
37. *Quercus martinezii* C.H. Muller	BE, BPE
n.c. encino	BMM
	Silvestre
38. *Quercus obtusata* Humb. *et* Bonpl.	BE, BPE
n.c. encino chimeco; mix: *tiahta*	Silvestre
39. *Quercus peduncularis* Nee	BE, BPE
n.c. encino	Silvestre
40. *Quercus resinosa* Liebman	BE
n.c. encino	Silvestre
41. *Quercus rugosa* Nee	BE
n.c. encino prieto	Silvestre
42. *Quercus rubramenta* Trel.	BMM
n.c. encino	Silvestre
43. *Quercus scytophylla* Liebm.	BE, BPE
n.c. encino	Silvestre
44. *Quercus urbanii* Trel.	BE, BPE
n.c. encino de cuchara; mix. *tucuoyo*	Silvestre

JUGLANDACEAE

45. *Juglans mollis* Engelm.	BE, BPE
n.c. nuez corriente; mix. *tih ti*	*huertas*
	Silvestre
46. *Juglans regia* L.	Cultivada
n.c. nuez de Castilla	*huertas*

LEGUMINOSAE	
47. *Acacia bilimeki* Mcbride	BTC
n.c. tehuiztle	Silvestre
48. *Acacia cochliacantha*	BTC, BE
n.c. cuwata prieta	Silvestre
49. *Acacia pennatula* (Schl. & Cham.) Stand.	BTC, BE
n.c. cuwata blanca	Silvestre
50. *Brongniartia sp.*	BE
n.c. palo cenizo	Silvestre
51. *Erythrina americana* Mill.	Cultivada
n.c. pipe; mix. *tusavi*	*solares*
	Ruderal
52. *Eysenhardtia polystachya* (Ort.) Sarg.	BTC, BE
n.c. palo dulce; mix. *yitu bishi*	Silvestre
53. *Lysiloma acapulcensis* (Kunth.) Benth.	BTC, BE
n.c. tepeguaje	Silvestre
54. *Lysiloma divaricata*	BTC, BE
n.c. tlauhtole; mix. *tuhni shusha*	Silvestre
55. *Mimosa polyantha* Benth.	BTC, BE
n.c. uña de gato	Silvestre
56. *Pithecollobium dulce* (Roxb.) Benth.	BTC, VR
n.c. guamúchil; mix. *tichi coo*	Silvestre
	huertas
	solares
57. *Prosopis sp.*	BTC
n.c. mezquite	Silvestre
MORACEAE	
58. *Ficus cotinifolia* H.B.K. (dos variedades locales)	VR
n.c. amate de zorro, amate grande; mix. *tunihu tuu, tunihu nahno*	Silvestre
MYRTACEAE	
59. *Psidium guajava* L.	Cultivada
n.c. guayaba	*huertas*
	VR, BE
	Silvestre
60. *Psidium sp.*	VR
n.c. guayaba tlahuanca	Silvestre
	Cultivada
	solares

OLEACEAE	
61. *Fraxinus comunis*	VR
n.c. fresno	Silvestre
62. *Fraxinus purpusii* Brand.	BE
n.c. zapotillo	Silvestre
PINACEAE	
63. *Pinus ayacahuite* Ehr.	BPE, BP
n.c. ocote; mix. *tuusha*	Silvestre
64. *Pinus lawsoni* Roezl.	BPE, BP
n.c. ocote; mix. *tuusha*	Silvestre
65. *Pinus michoacana* var. *cornuta* Martínez	BPE, BP
n.c. ocote, mix. *tuusha*	Silvestre
66. *Pinus michoacana* var. *tumida* Martínez	BPE, BP
n.c. ocote; mix. *tuusha*	Silvestre
67. *Pinus montezumae* Lamb.	BPE, BP
n.c. ocote; mix. *thuusha*	Silvestre
68. *Pinus montezumae* var. *macrocarpa*	BPE, BP
n.c. ocote; mix. *tuusha*	Silvestre
69. *Pinus oocarpa* var. *ochoterenai* Martínez	BPE, BP
n.c. ocote; mix. *tuusha*	Silvestre
70. *Pinus pringlei* Shaw	BPE, BP
n.c. ocote; mix. *tuusha*	Silvestre
71. *Pinus pseudostrobus* Lindl.	BPE, BP
n.c. ocote; mix. *tuusha*	Silvestre
72. *Pinus pseudostrobus* var. *oaxacana* Martínez	BPE, BP
n.c. ocote; mix. *tuusha*	Silvestre
73. *Pinus teocote* Schl. & Cham.	BPE, BP
n.c. ocote; mix. *tuusha*	Silvestre
TAXODIACEAE	
74. *Taxodium mucronatum* Tenn.	VR
n.c. ahuehuete	Silvestre

VIII. PLANTAS PRODUCTORAS DE RESINAS

BURSERACEAE

1. *Bursera aloexilon* (Schiede ex Schecht) Eng.	BTC
n.c. lináloe	Silvestre
2. *Bursera aptera* Ramírez	BTC
	Silvestre
3. *Bursera ariensis*	BTC
	Silvestre
4. *Bursera bicolor* (Willd. ex Schlcht) Eng.	BTC
	Silvestre
5. *Bursera bipinnata* (Sesse & Moc) *ex* D.C.	BE, BTC
n.c. copal	Silvestre
6. *Bursera bolivarii* Rzedowski	BTC
	Silvestre
7. *Bursera bonetii* Rzedowski	BTC
	Silvestre
8. *Bursera copallifera* (Sesse & Moc) ex D.C.	BTC
n.c. copal	Silvestre
9. *Bursera discolor* Rzedowsky, Colección Toledo *et al.*	BTC
	Silvestre
10. *Bursera fagaroides*	BTC
n.c. palo mulato	Silvestre
11. *Bursera glabrifolia* (H.B.K.) Engl.	BTC
n.c. copal	Silvestre
12. *Bursera* aff. *laxifolia*	BTC
	Silvestre
13. *Bursera lancifolia* (Schlecht) Engl.	VR, BTC
	Silvestre

14. *Bursera longipes* Rose	BTC Silvestre
15. *Bursera mirandae* Toledo	BTC Silvestre
16. *Bursera morelensis*	BTC Silvestre
17. *Bursera* aff. *multifolia* (Rose) Eng.	BTC Silvestre
18. *Bursera schlechtendalli* Engler	BTC Silvestre
19. *Bursera simaruba* (L.) Sarg. n.c. palo mulato	BTC Silvestre
20. *Bursera submoliniformis* Engler	BTC Silvestre
21. *Bursera suntui* Toledo	BTC Silvestre
22. *Bursera vejar-vasquezii* Miranda	BTC Silvestre
23. *Bursera xochipalensis* Rzedowski	BTC Silvestre
CUPRESACEAE	
24. *Juniperus flaccida* Schl. n.c. sabino; mix. *tu iti*	VR, BE Silvestre
PINACEAE	
25. *Pinus ayacahuite* Ehr. n.c. ocote; mix. *tuusha*	BPE, BP Silvestre
26. *Pinus lawsoni* Roezl. n.c. ocote; mix. *tuusha*	BPE, BP Silvestre
27. *Pinus michoacana* var. *cornuta* Martínez n.c. ocote; mix. *tuusha*	BPE, BP Silvestre
28. *Pinus michoacana* var. *tumida* Martínez n.c. ocote; mix. *tuusha*	BPE, BP Silvestre
29. *Pinus montezumae* Lamb. n.c. ocote; mix. *tuusha*	BPE, BP Silvestre
30. *Pinus montezumae* var. *macrocarpa* n.c. ocote; mix. *tuusha*	BPE, BP Silvestre
31. *Pinus oocarpa* var. *ochoterenai* Martínez n.c. ocote; mix. *tuusha*	BPE, BP Silvestre
32. *Pinus pringlei* Shaw n.c. ocote; mix. *tuusha*	BPE, BP Silvestre

33. *Pinus pseudostrobus* Lindl.	BPE, BP
n.c. ocote; mix. *tuusha*	Silvestre
34. *Pinus pseudostrobus* var. *oaxacana* Martínez	BPE, BP
n.c. ocote; mix. *tuusha*	Silvestre
35. *Pinus teocote* Schl. & Cham.	BPE, BP
n.c. ocote; mix. *tuusha*	Silvestre

IX. PLANTAS SAPONÍFERAS USADAS COMO SUSTITUTO DE JABÓN

PHYTOLACCACEAE

1. *Phytolacca icosandra* L. VR
n.c. lava ropa; mix. *yiwa chi na* Silvestre
p.u. fruto Arvense

2. *Phytolacca octandra* L. VR
n.c. lava ropa; mix. *yiwa chi na* Silvestre
p.u. fruto Arvense

SAPINDACEAE

3. *Sapindus saponaria* L. VR
n.c. silbato Silvestre
p.u. fruto

SOLANACEAE

4. *Solanum lanceolatum* VR, BE
n.c. comida de chinaca, canicas; mix. *ticoondu u* BTC
p.u. hojas Silvestre

5. *Solanum verbascifolium* L. Arvense
n.c. lava platos VR, BTC
p.u. hojas Silvestre

X. PLANTAS UTILIZADAS COMO CERCA VIVA

AGAVACEAE	
1. *Agave sp.* 2	*BTC, BE*
n.c. maguey mezcalero; mix. *yaave ndishi*	Silvestre
ANACARDIACEAE	
2. *Cyrtocarpa procera* H.B.K.	VR, BTC
n.c. chupandía	Silvestre
3. *Spondias mombin* L.	BTC
n.c. ciruela; mix. tihcahua	Silvestre Cultivada *huertas* *solares*
4. *Spondias purpurea* L.	Cultivada
n.c. ciruela	*huertas* *solares* BTC Silvestre
APOCYNACEAE	
5. *Thevetia peruviana* (Pers) Merr.	BTC, VR
n.c. veneno	Silvestre
6. *Thevetia thevetioides* K. Schumann	BTC
n.c. veneno	Silvestre
BURSERACEAE	
7. *Bursera sp.*	BTC
n.c. copal	Silvestre
8. *Bursera aloexilon* (Schiede ex Schecht) Eng.	BTC
n.c. lináloe	Silvestre

9. *Bursera aptera* Ramírez	BTC Silvestre
10. *Bursera ariensis*	BTC Silvestre
11. *Bursera bicolor* (Willd. ex Schlcht) Eng.	BTC Silvestre
12. *Bursera bipinnata* (Sesse & Moc) ex D.C. n.c. copal	BE, BTC Silvestre
13. *Bursera bolivarii* Rzedowski	BTC Silvestre
14. *Bursera bonetii* Rzedowsdi	BTC Silvestre
15. *Bursera copallifera* (Sesse & Moc) ex D.C. n.c. copal	BTC Silvestre
16. *Bursera discolor* Rzedowsky	BTC Silvestre
17. *Bursera fagaroides*	BTC Silvestre
18. *Bursera glabrifolia* (H.B.K.) Engl. n.c. copal	BTC Silvestre
19. *Bursera* aff. *laxifolia*	BTC Silvestre
20. *Bursera lancifolia* (Schlecht) Engl.	VR, BTC Silvestre
21. *Bursera longipes* Rose	BTC Silvestre
22. *Bursera mirandae* Toledo	BTC Silvestre
23. *Bursera morelensis*	BTC Silvestre
24. *Bursera* aff. *multifolia* (Rose) Eng.	BTC Silvestre
25. *Bursera schlechtendalli* Engler	BTC Silvestre
26. *Bursera simaruba* (L.) Sarg. n.c. palo mulato	BTC Silvestre
27. *Bursera submoliniformis* Engler	BTC Silvestre
28. *Bursera suntui* Toledo	BTC Silvestre
29. *Bursera vejar-vasquezii* Miranda	BTC Silvestre

30. *Bursera xochipalensis* Rzedowski	BTC Silvestre
CACTACEAE	
31. *Opuntia sp.* 1 n.c. nopal; mix. *vih nialacui*	BTC *solares* Silvestre
32. *Opuntia sp.* 2 n.c. nopal fino	Cultivada *huertas*
33. *Opuntia sp.* 3 n.c. nopal tunero	Cultivada *huertas* *solares*
34. *Stenocereus sp.* n.c. pitahaya	Cultivada BTC Silvestre
LEGUMINOSAE	
35. *Acacia farnesiana* (L.) Wild. n.c. huizache; mix. *inu cua*	BTC, BE Silvestre
36. *Erythrina americana* Mill. n.c. pipe; mix. *tusavi*	Cultivada *solares* Ruderal
37. *Eysenhardtia sp.* n.c. yapaquelite	BTC Silvestre Cultivada
38. *Gliricidia saepium* (Jack.) Steud. n.c. cuacuite, primavera	BTC Silvestre
MUSACEAE	
39. *Musa paradisiaca* n.c. plátano	Cultivada *huertas* *solares*
MYRTACEAE	
40. *Psidium guajava* L. n.c. guayaba	Cultivada *huertas* VR, BE Silvestre
41. *Psidium sp.* n.c. guayaba tlahuanca	VR Silvestre Cultivada *solares*

XI. PLANTAS USADAS PARA LA ELABORACIÓN DE ARTESANÍAS

AGAVACEAE

1. *Agave sp.* 1 — BTC, BE
n.c. ixtle; mixt. *daa yave* — Silvestre
p.u. hojas (fibra para elaborar cuerdas)

2. *Agave sp.* 2 — BTC, BE
n.c. maguey mezcalero; mix. *yaave ndishi* — Silvestre
p.u. hojas (fibra para elaborar cuerdas)

APOCYNACEAE

3. *Thevetia peruviana* (Pers) Merr. — BTC, VR
n.c. veneno — Silvestre
p.u. semillas (cascabeles)

BOMBACACEAE

4. *Ceiba parvifolia* Rose — BTC
n.c. pochote; mix. *ticacho me* — Silvestre
p.u. frutos (fibra para elaborar almohadas, cerámica y telas)

BORAGINACEAE

5. *Cordia dentata* Poiret — BTC
n.c. zajamil, bojote — Silvestre
p.u. frutos (para cuajar el colorante índigo)

BROMELIACEAE

6. *Hecktia sp.* — BTC, VR, BE
n.c. lechuguilla — Silvestre
p.u. hojas (elaboración de adornos)

BURSERACEAE	
7. *Bursera aloexilon* (Schiede ex Schecht) Eng.	BTC
n.c. lináloe	Silvestre
p.u. tronco (para elaborar cajas aromáticas)	
COMPOSITAE	
8. *Schkuhria pinnata* var. *virgata* (Llave & Lex) Heiser	BE
n.c. escobas; mix. *ndacu*	*milpas*
p.u. ramas (para elaborar escobas)	Silvestre
9. *Tithonia tubaeiformis* Cass.	BTC, BE
n.c. acahual; mix. *yita tunu*	*milpas*
p.u. tallos (para elaborar altares)	*solares*
	Arvense
	Ruderal
CUCURBITACEAE	
10. *Lagenaria siceraria*	Cultivada
n.c. bule, guaje	*milpas*
p.u. frutos (para elaborar recipientes)	*solares*
11. *Luffa operculata*	Cultivada
n.c. estropajo	*solares*
p.u. fruto (para elaborar estropajos)	
FAGACEAE	
12. *Quercus conspersa* Benth.	BE, BPE
n.c. encino de tinta	Silvestre
p.u. corteza (para curtir pieles)	
LABIATAE	
13. *Hyptis suaveolens* (L.) Poir	Cultivada
n.c. chía gorda, chía grande, chía de Colima	Ruderal
p.u. semillas (aceite para artesanías laqueadas)	
LEGUMINOSAE	
14. *Acacia bilimeki* Macbride	BTC
n.c. tehuiztle	Silvestre
p.u. corteza (para curtir pieles)	
15. *Bauhinia sp.*	VR
n.c. pata de cabra; mix. *yucu ndachiu*	Silvestre
p.u. ramas (para elaborar los cestos llamados tlacopetes)	
16. *Erythrina americana* Mill.	Cultivada
n.c. pipe; mix. *tusavi*	*solares*

p.u. tallos (madera para elaborar máscaras y figuras labradas)

17. *Indigofera suffruticosa* Mill. BTC
n.c. añil, jiquilite Silvestre
p.u. fruto (para extraer colorante)

MARTYNIACEAE

18. *Martynia annuna* L. BTC, VR
n.c. toritos Silvestre
p.u. semillas (para elaborar figuras artesanales)

MORACEAE

19. *Ficus cotinifolia* H.B.K. (dos variedades locales) VR
n.c. amate de zorro, amate grande; mix. *tunihu tuu*, *tunihu nahno* Silvestre
p.u. corteza (para fabricar papel)

PALMAE

20. *Brahea dulcis* (H.B.K.) Mart. BTC, BE
n.c. palma; mix. *inu* Silvestre
p.u. brotes foliares, corteza (para elaborar sombreros, petates y aparejos de burro, tlacopaxtles)

BIBLIOGRAFÍA

Acuña, R. (ed.), *Relaciones geográficas del siglo XVI: Antequera*, México, UNAM, t. I, 1984a, 340 pp.

________, *Relaciones geográficas del siglo XVI: Antequera*, México, UNAM, t. II, 1984b, 337 pp.

________, *Relaciones geográficas del siglo XVI: Tlaxcala*, México, UNAM, t. II, 1985a, 350 pp.

________, *Relaciones geográficas del siglo XVI: México*, México, UNAM, t. I, 1985b, 400 pp.

________, *Relaciones geográficas del siglo XVI: México*, México, UNAM, t. II, 1986, 316 pp.

Alcorn, J. B., *Huastec Mayan ethnobotany*, Austin, University of Texas Press, 1984, 982 pp.

Amador, H. M. y G. P. Casasa, "Un análisis cultural de juegos léxicos reconstruidos del proto-otomangue", en *Estudios lingüísticos en lenguas otomangues*, México, SEP/INAH (Científica, 68), 1979, pp. 13-19.

Arias, T. y J. Carabias, "Usos tradicionales de leña y otros combustibles en un municipio rural de subsistencia en el estado de Guerrero", XI Congreso Mexicano de Botánica, Oaxtepec, Morelos, Programas y Resúmenes, 1991.

Armillas, P., "Notas sobre sistemas de cultivo en Mesoamérica. Cultivos de riego y humedad en la cuenca del río de las Balsas", en *Anales del INAH*, vol. III, 1949, pp. 85-113.

________, "Land use in precolumbian America", en L. Dudley Stamp (ed.), *A history of land use in arid regions*, vol. XVII, UNESCO, 1961, pp. 255-276.

Arriaga, V., "Fenología de 12 especies de la Montaña de Guerrero, México: elementos para su manejo en una comunidad campesina", México, tesis profesional, Facultad de Ciencias, UNAM, 1991, 95 pp.

Bates, D. M., "Plant utilization: patterns and prospects", en *Economic Botany*, núm. 39, vol. 3, 1985, pp. 241-265.

Benítez, F., *Los indios de México*, México, ERA, 4a. ed., 1981.

Borah, W. y S. F. Cook, "The population of central Mexico in 1548", en *Iberoamericana*, núm. 43, Berkeley-Los Ángeles, University of California Press, 1960.

Bourges, H., "Panorama de la alimentación y la nutrición en México", en T. T. Reyna (ed.), *Seminario sobre la alimentación en México*, México, Instituto de Geografía, UNAM, 1984, pp. 27-48.

_______, A. Chávez y P. Arroyo, *Recomendaciones de nutrimentos para la población mexicana*, México, pub. L-17, División de Nutrición, INN, 1970.

Burgoa, fray Francisco de, *Palestra historial*, México, 1934, citado en B. Dahlgren, *La Mixteca. Su cultura e historia prehispánicas*, México, UNAM (Cultura Mexicana, 11), 1966.

Bye, R. A., Jr., "Ethnoecology of the tarahumar of Chihuahua, Mexico", Cambridge, Mass., University of Harvard, 1976.

_______, "Quelites: Ethnoecology of edible greens-past, present and future", en *Journal of Ethnobiology*, núm. 1, vol. 1, 1981, pp. 109-123.

Byers, D. S. (ed.), *The prehistory of the Tehuacan Valley. Environment and subsistence*, vol. 1, Austin, University of Texas Press, 1967, 331 pp.

Caballero, N. J., "Recursos comestibles potenciales", en T. T. Reyna (ed.), *Seminario sobre la alimentación en México*, México, Instituto de Geografía, UNAM, 1984, pp. 114-125.

_______ y C. Mapes, "Gathering and subsistence patterns among the Piurhepecha", en *Journal of Ethnobiology*, núm. 5, vol. 1, 1985.

Callen, E. O., "Dietary patterns in Mexico between 6 500 BC and 1 580 AD", en C. E. Smith, *Man and his foods. Studies in the ethnobotany of nutrition-contemporary, primitive, and prehistoric non-European Diets*, The University of Alabama Press, 1973, pp. 29-49.

Casas, F. A., "Etnobotánica y procesos de domesticación en *Leucaena esculenta* (Moc. *et* Sesse ex A.DC.) Benth", México, tesis de maestría, Facultad de Ciencias, UNAM, 1992, 233 pp.

Caso, A., *Reyes y reinos de la mixteca*, 2 t., México, FCE, 1917.

Clavijero, F. J., *Historia antigua de México*, México, Porrúa (Sepan Cuántos), 1987, 220 pp.

Cook, S. F. y W. Borah, "The indians populations of central Mexico, 1531-1610", en *Iberoamericana*, núm. 44, Berkeley-Los Ángeles, University of California Press, 1960.

_______, "The aboriginal population of central Mexico on the even of the spanish conquest, en *Iberoamericana*, núm. 45, Berkeley-Los Angeles, University of California Press, 1963.

Coplamar, *Necesidades esenciales en México. Alimentación*, México, Siglo XXI, 1983.

Chávez, A., "Nutrición: problemas y alternativas", en P. González Casanova y E. Florescano (coords.), *México, hoy*, México, Siglo XXI, 3a. ed., 1979.

Dahlgren, B., *La Mixteca. Su cultura e historia prehispánicas*, México, UNAM (Cultura Mexicana, 11), 1966, 350 pp.

Felger, R. S. y M. B. Moser, "Seri indian food plants: desert subsistence without agriculture", en *Ecology of Food and Nutrition*, núm. 5, 1976, pp. 13-27.

Flannery, K. V. (ed.), *Guilá Naquitz*, Nueva York, Academic Press, 1986, 538 pp.

Food and Agriculture Organization (FAO), *Calories requirements. Nutritional studies*, núm. 5, 1950; y núm. 15, 1957.

García, E., *Modificaciones al sistema de clasificación climática de Koppen (Para adaptarlo a las condiciones de la República Mexicana)*, México, Offset Larios, 1981, 243 pp.

Gobierno del Estado de Guerrero, H. Ayuntamiento de Alcozauca, *Plan municipal de desarrollo urbano. Alcozauca*, Chilpancingo, 1980.

Harlan, J. R., *Crops and man*, Madison, Wisconsin, Foundation for Modern Cropscience Series/American Society of Agronomy, 1975, 295 pp.

Hawkes, J. G., *The diversity of crops plants*, Cambridge, Mass., Harvard University Press, 1983, 184 pp.

Hernández, F., *Historia natural de Nueva España*, en *Obras completas*, México, UNAM, 1959.

Hernández, M. A. Chávez y H. Bourges, *Valor nutritivo de los alimentos mexicanos. Tablas de uso práctico*, México, pub. L-12, División de Nutrición, INN, 1983.

Incháustegui, Carlos, "Economía de la palma y del sombrero de palma en las Mixtecas", mecanoescrito, Huajuapan de León, Oaxaca, Centro Regional Puebla-Tlaxcala, 1972.

Instituto Nacional de la Nutrición (INN), *Encuestas Nutricionales de México*, México, 1976.

Instituto Nacional Indigenista (ed.), *Los mixtecos de la parte baja*, monografía, México, INI, 1982.

Kelly, I., y A. Palerm, *The Tajin Totonac, I: History, subsistence, shelter and technology*, Washington, D. C., pub. 13, Institute of Social Anthropology, 1952.

Krickeberg, W., *Las antiguas culturas mexicanas*, México, FCE, 1982, 476 pp.

Landa O., R., "Evaluación regional del deterioro ambiental en la Montaña de Guerrero", México, tesis de maestría, Facultad de Ciencias, UNAM, 1992, 105 pp.

Levi-Strauss, C., "The use of wild plants in tropical South-America", en *Handbook of South-America Indians*, Bor. Amer. Ethnoll. Bull., núm. 143, vol. 6, 1950.

Mac Neish, R. S., *Preliminary archaeological investigations in the sierra de Tamaulipas, Mexico*, Filadelfia, American Philosophical Society, Transactions, vol. 48, parte 6, 1958.

_______, "*A summary of the subsistence*", en D. S. Byers (ed.), *The prehistory of the Tehuacan Valley. Environment and subsistence*, vol. 1, Austin, University of Texas Press, 1967.

Mapes, C., V. M. Toledo, N. Barrera y J. Caballero, "La agricultura en una región indígena: la cuenca del lago de Pátzcuaro", en R. T. Rojas (coord.), *Agricultura indígena: pasado y presente*, México, La Casa Chata, 1990, pp. 275-341.

Mastache, F., A. G., y E. N. Morett S., *El trabajo de la palma en la región de la Montaña, Guerrero*, México, Universidad Autónoma de Guerrero (Cuadernos de Ciencias Sociales, 4), 1982.

Muñoz, Maurilio, *Mixteca Nahua-Tlapaneca*, Memorias del Instituto Nacional Indigenista, vol. IX, México, INI, 1963.

Oettinger, M., *Una comunidad tlapaneca: sus linderos sociales y territoriales*, México, Instituto Nacional Indigenista, 1980.

Organización Mundial de la Salud (OMS), "Protein requeriments", Informe técnico FAO/WHO, Ginebra, núm. 301, 1955.

_______, "Necesidades de vitamina A, tiamina, riboflavina y niacina", Informe técnico FAO/OMS, Ginebra, núm. 362, 1965.

Pennington, C. W., *The tarahumar of Mexico. Their environment and material culture*, Salt Lake, University of Utah Press, 1963.

_______, *The Tepehuan of Chihuahua. Their material culture*, Salt Lake, University of Utah Press, 1969.

Ramos-Elorduy, C. J., "Los insectos como un recurso actual y potencial", en T. T. Reyna, *Seminario sobre la alimentación en México*, México, Instituto de Geografía, UNAM, 1984, pp. 126-139.

Ravicz, R. S., *Organización social de los mixtecos*, México, Instituto Nacional Indigenista (Antropología Social), 1980.

Reyes, fray Antonio de los, *Arte en la lengua mixteca*, París, Charencey, 1890; citado en B. Dahlgren, *La Mixteca. Su cultura e historia prehispánicas*, México, UNAM (Cultura Mexicana, 11), 1966.

Reyes, K. I., *Educación y promoción nutricional en áreas interétnicas, para realizar el Servicio Social de Licenciatura en Nutrición, Zapotitlán Tablas, Guerrero*, México, 1982.

Reyna, L., *Las luchas campesinas en México*, México, Siglo XXI, 1984.

Robson, J. R. K. y J. N. Elias, "Nutricional significance of the Guilá Naquitz food remains", en K. V. Flannery (ed.), *Guilá Naquitz*, Nueva York, Academic Press, 1986, cap. 23, pp. 297-301.

Rodiles, H. R., "La acuacultura en la región de la Montaña de Guerrero", México, tesis profesional, Facultad de Ciencias, UNAM, 1991, 149 pp.

Rzedowski, J., *Vegetación de México*, México, Limusa, 1978, 432 pp.

Sahagún, fray Bernardino de, *Historia de las cosas de la Nueva España*, México, Porrúa (Sepan Cuantos, 300), 1985, 670 pp.

Schwanitz, F., *The origins of cultivated plants*, Cambridge, Mass., Harvard University Press, 1966, 175 pp.

Secretaría de Industria y Comercio, *IV Censo Agrícola, Ganadero y Ejidal 1960. Estado de Guerrero*, México, 1965.

Secretaría de Programación y Presupuesto (SPP), *V Censo Agrícola, Ganadero y Ejidal, 1970. Estado de Guerrero*, México, Dirección General de Estadística, 1975.

________, *Anuario estadístico de los Estados Unidos Mexicanos*, México, 1981a.

________, *Atlas nacional del medio físico*, México, 1981b.

________, *X Censo Nacional de Población y Vivienda. Estado de Guerrero*, vols. 1 y 2, México, t. 12, 1983.

________, *Manual de estadísticas básicas del estado de Guerrero*, México, 1984.

________, *XI Censo Nacional de Población y Vivienda. Estado de Guerrero. Cifras preliminares*, México, 1991.

Semo, E., *Historia del capitalismo en México. Los orígenes, 1521-1763*, México, ERA, 1978, 281 pp.

Soustelle, J., *La vida cotidiana de los aztecas en vísperas de la Conquista*, México, FCE, 1983, 283 pp.

Toledo, M. C., "Las unidades ambientales y su aprovechamiento en el municipio de Alcozauca, Guerrero", México, tesis de maestría, Facultad de Ciencias, UNAM, 1993.

Toledo, M., V. M., "La ecología del modo campesino de producción", en *Antropología y Marxismo*, núm. 3, México, abril-septiembre, 1980.

________, "La diversidad biológica de México", en *Ciencia y Desarrollo*, núm. 81, vol. XIV, 1988, pp. 17-30.

________, Argueta, P. Rojas, C. Mapes y J. Caballero, "Uso múltiple del ecosistema: estrategia del desarrollo", en *Ciencia y Desarrollo*, núm. 2, vol. 11, 1976, pp. 33-39.

Vargas, G. L. A., "La historia de la alimentación en México", en T. T.

Reyna (ed.), *Seminario sobre la alimentación en México*, México, Instituto de Geografía, UNAM, 1984, pp. 13-26.

Vargas-Mena, A., "Sobrevivencia y crecimiento de leguminosas utilizadas en la reforestación de Selva Baja Caducifolia en la Montaña de Guerrero", México, tesis profesional, Facultad de Ciencias, UNAM, 1991, 74 pp.

Vázquez, C., "Uso tradicional de plantas comestibles no cultivadas en dos comunidades nahuas del sur del estado de Puebla", México, tesis profesional, Facultad de Ciencias, UNAM, 1986, 104 pp.

_______, "Tendencias en el proceso de domesticación del papaloquelite (*Porophylum ruderale* (Jacq.) Cass. subsp. *macrocephalum* (D.C.), R. R. Johnson *Asteraceae*)", México, tesis de maestría, Facultad de Ciencias, UNAM, 1991, 153 pp.

Villa, C. A., "Las plantas utilizadas en forma tradicional en la alimentación en una comunidad nahua del este del estado de Hidalgo", México, tesis profesional, Facultad de Ciencias, UNAM, 1991, 130 pp.

Viveros, J. L. y A. Casas, "Etnobotánica mixteca: alimentación y subsistencia en la Montaña de Guerrero", México, tesis profesional, Facultad de Ciencias, UNAM, 1985, 240 pp.

Wet, J. M. J. de, y J. R. Harlan, "Weeds and domesticates: evolution in the man-made habitat", en *Economic Botany*, núm. 29, 1975, pp. 99-107.

Wilken, G. C., "The ecology of gathering in a mexican farming region", en *Economic Botany*, núm. 24, vol. 3, 1969, pp. 286-295.

Wolf, E., *Pueblos y culturas de Mesoamérica*, México, ERA, 1986, 251 pp.

Zizumbo V., D. y P. Colunga, *Los huave. La apropiación de los recursos naturales*, México, Departamento de Sociología Rural, Universidad Autónoma de Chapingo, 1982.

Esta obra se terminó de imprimir
en el mes de noviembre de 1994
en los talleres de
Editorial y Litografía Regina
de los Ángeles, S.A.
Avenida Trece núm. 101-L
CP 03660, México, D.F.
con un tiraje de 3 000 ejemplares

Cuidado de edición y diseño de portada:
Dirección General de Publicaciones del
Consejo Nacional para la Cultura y las Artes